面向21世纪课程教材配套实验教程

畜禽生产学实验教程

周　贵　王立克
黄瑞华　臧素敏　主编

中国农业大学出版社

前　言

《畜禽生产学实验教程》的编写，是根据目前各高校实验、实践教学课程开设状况及社会对动物科学专业本科生实践能力需求情况，定位于各门专业课理论教学的补充，着眼于让学生更多地了解畜禽业的发展动态，更快地掌握实践操作技能，更好地适应素质教育和创新能力培养的要求，满足社会对专业人才的需要，以科学性、先进性、实用性、系统性和相对完整性为目标，借鉴国内及美国、加拿大、澳大利亚的畜禽养殖技术成果，将牛、羊、猪、禽生产实验课程内容合编为一本力求指导性强、实践性强的实验指导教程。

本实验教程是多个高校、多个领域教学第一线的专家们集体智慧的结晶，是各位编者在教学和生产实践中不断总结、改进、充实的基础上合作完成的。教程内容与结构充分考虑到各校课程设置形式与内容的差异，力求让本教程成为本课程体系中最为理想的辅导教材。

本教程既适用于高等院校动物科学专业及相关专业课程的实践、实验教学的需要，也适用于广大教学、生产、科研工作者和生产经营人员实验、实践技能培训需要。

在编写过程中得到有关专家的指点，参阅了很多文献资料，但由于篇幅等原因未能一一列出，特此一并致谢。

由于编写水平有限，虽经大家努力，但书中的疏漏、错误和不妥之处仍在所难免，所以，殷切希望使用本教材的各位老师、同学给予批评、指正。

编　者

2005 年 11 月

目　　录

第一篇　牛生产学实验教程 …………………………………………（1）
实验一　牛的品种识别 …………………………………………（3）
实验二　牛的编号、打号和去角…………………………………………（4）
实验三　牛的外貌认识、体尺测量与体重估测…………………………………………（9）
实验四　牛的年龄鉴别 …………………………………………（15）
实验五　牛的体型外貌评定 …………………………………………（20）
实验六　奶牛体型线性评定 …………………………………………（24）
实验七　奶牛体况评分 …………………………………………（29）
实验八　母牛配种产犊计划的编制 …………………………………………（32）
实验九　牛群周转计划的编制 …………………………………………（35）
实验十　奶牛生产力的计算与分析 …………………………………………（37）
实验十一　牛群产奶计划的编制 …………………………………………（42）
实验十二　牛奶采样和感观、密度、新鲜度测定 …………………………………………（46）
实验十三　牛奶的卫生质量检测 …………………………………………（50）
实验十四　牛奶脂肪含量(乳脂率)的测定 …………………………………………（53）
实验十五　肉牛屠宰和肉用性能的测定 …………………………………………（56）
实验十六　泌乳奶牛的日粮配方制定 …………………………………………（67）
实验十七　计算机在奶牛场生产管理中的应用 …………………………………………（70）
附录Ⅰ　牛场参观教学实习提纲 …………………………………………（76）
附录Ⅱ　牛场生产常用表格 …………………………………………（78）
第二篇　羊生产学实验教程 …………………………………………（85）
实验一　分析毛样的采集 …………………………………………（87）
实验二　羊毛(绒)纤维组织结构观察 …………………………………………（89）
实验三　羊毛纤维类型分析及羊毛种类的识别 …………………………………………（91）
实验四　羊毛(绒)细度的测定 …………………………………………（94）
实验五　羊毛长度测定 …………………………………………（96）

实验六 羊毛密度的测定 …… (98)
实验七 净毛率的测定…… (100)
实验八 羔皮与裘皮的品质鉴定…… (102)
实验九 羊品种的识别…… (107)
实验十 细毛羊、半细毛羊的外貌鉴定 …… (108)
实验十一 乳用山羊的外貌鉴定…… (114)
实验十二 肉用山羊的外貌鉴定…… (117)
实验十三 绒用山羊的外貌鉴定…… (119)
实验十四 肉用羊的屠宰测定…… (121)
实验十五 羊肉品质的测定…… (124)
实验十六 现代化养羊场的设计与布局…… (127)
第三篇 猪生产学实验教程 …… (129)
实验一 猪的品种、外貌鉴定与仔猪编号 …… (131)
实验二 种猪卡认识与猪的系谱图建立…… (136)
实验三 规模化猪场建设常规知识…… (143)
实验四 公猪的采精与精液品质检查…… (149)
实验五 猪的配种技术…… (155)
实验六 仔猪接产与管理…… (161)
实验七 猪的行为特征观察…… (167)
实验八 猪的屠宰测定…… (173)
实验九 猪的肉质评定…… (177)
实验十 猪场生产经营管理…… (181)
实验十一 猪场生产记录档案…… (186)
实验十二 猪场生产计划的编制…… (193)
第四篇 禽生产学实验教程 …… (203)
实验一 家禽外貌识别、鉴定及生产性能评定 …… (205)
实验二 家禽内部器官观察…… (211)
实验三 家禽品种识别与鉴定…… (214)
实验四 家禽的屠宰和肌肉品质测定…… (222)
实验五 禽蛋构造及品质鉴定…… (228)
实验六 家禽人工授精…… (234)

实验七　孵化器的构造及操作管理…………(237)
实验八　胚胎观察与孵化效果检查…………(240)
实验九　孵化计划的编制和孵化效果的计算…………(252)
实验十　初生雏鸡的雌雄鉴别…………(255)
实验十一　雏鸡的分级、剪冠、断喙、去趾及其他管理技术…………(258)
实验十二　家禽饲养设备的构造及其使用…………(260)
实验十三　家禽场的参观…………(265)
实验十四　家禽饲养管理综合技术实例(录像或 VCD)…………(268)
实验十五　禽场计划编制…………(270)
参考文献…………(276)

第一篇

牛生产学实验教程

第一篇　牛生产学实验教程
主　编　周　贵（吉林农业大学）
副主编　张栓林（山西农业大学）
徐恢仲（西南大学）
郗伟斌（沈阳农业大学）
参　编　吴红翔（江西农业大学）
主　审　石永春（吉林农业大学）

实验一　牛的品种识别

一、实验目的

通过实验使学生认识不同品种牛的产地、类型、外貌特征和相关生产性能，获得识别牛品种的基本知识，了解我国地方品种资源及现状，在育种工作中能更好地保存与合理地利用国内外常见品种。通过实验重点掌握国内外优良品种和重要地方品种，掌握不同类型牛的品种特征和识别要点。

二、实验原理

各种类型、产地不同的牛，有特定的外貌特征和生产性能。

三、实验仪器和材料

VCD播放设备和软件、计算机、多媒体投影仪、幻灯机、牛品种课件、图片、幻灯片，亦可组织学生参观当地的牛品种改良站，进行现场教学。

四、实验内容

(1)学习前，参阅相关牛品种部分的教材，熟悉各品种的外貌特征、生产性能和在育种工作中的应用现状和前景。以便在观看多媒体材料时，有较深刻的感性认识。

(2)经过人们长期有目的地选择与培育，形成了许多专门化的牛品种，按经济用途可分为乳用、肉用、兼用、役用牛等品种，主要内容由指导教师对照图片讲解，简介参见表1-1至表1-4。

表1-1　乳用品种牛外貌特征及生产性能　kg，%

品种	产地	毛色	体重(公)	体重(母)	年泌乳量	乳脂率
中国黑白花	沿海引入荷兰牛与本地品种杂交	黑白花	1 020	575	5 000～5 500	3.2～3.4
荷斯坦	荷兰	黑白相间	900～1 200	650～750	6 000～7 000	3.6～3.8
娟姗	英吉利海峡的娟姗岛	褐色为主	650～700	360～400	3 000～3 600	5.2

表1-2　肉用品种牛外貌特征及生产性能　kg，%

品种	产地	毛色	体重(公)	体重(母)	屠宰率
海福特	英国西南部海福特县	黄红色夹有白毛	850～1 100	600～700	60～65
安格斯	英国的阿伯丁、安格斯	黑色	800～900	500～600	60～65
短角	英国英格兰东北部	被毛红色	800～1 200	600～700	65
夏洛来	法国的夏洛来	乳白或枯草黄色	1 100～1 200	700～800	60～70
利木赞	法国利木赞高原	黄棕色	950～1 200	600～800	63
契安尼娜	意大利中西部	被毛白色，尾帚黑色	1 500	800～1 100	60～70

表 1-3 兼用品种牛外貌特征及生产性能 kg,%

品种	产地	毛色	体重(公)	体重(母)	屠宰率	年泌乳量	乳脂率
西门塔尔	瑞士阿尔卑斯山区	黄白或红白花	800～1 200	650～800	65	3 500～4 500	3.64～4.13
瑞士褐牛	瑞士阿尔卑斯山区	浅褐到深褐不等	930	600	50～60	2 500～3 800	3.23～3.87
丹麦红牛	丹麦的默恩、西兰等岛	红色或深红	1 000～1 300	650	57	6 712	4.31
三河牛	呼伦贝尔盟的三河地区	红白花片	1 050	547.9	50～55	2 000	4.1～4.47

表 1-4 我国役肉兼用品种牛外貌特征及生产性能 kg,%

品种	产地	毛色	体重(公)	体重(母)	屠宰率	挽力占体重比例
蒙古牛	兴安岭东、西两麓	黄褐色及黑色	350～450	206～350	53	96
秦川牛	陕西关中平原	多为紫红色	594.50	381.2	58.3	71.7～77
南阳牛	河南省南阳地区	黄、米黄、草白	647.9	464.7	64.5	64.8～74
晋南牛	山西省晋南盆地	枣红	607	339.4	52.3	55
鲁西牛	山东省西部	浅黄到棕红色	644.40	358.0	53～55	54.9
延边牛	吉林省延边	呈深浅不同的黄色	450	350	57.7	75

五、实验方法和步骤

(1)由指导教师讲述各品种牛的特征要点,并概括讲解各品种牛的识别要点。

(2)由学生识别各品种牛图片,并说出主要特征与生产性能,教师补充说明。

六、作业

(1)比较乳用品种、肉用品种、兼用品种、役肉兼用品种牛的外貌特点。

(2)说明国内、外著名牛品种的外貌特点。

(3)完成以上实验内容和实验报告。

实验二 牛的编号、打号和去角

一、实验目的

了解牛的编号、打号和去角的原理与方法。

二、实验内容和方法

(一)牛的编号

牛的编号是人给牛的一个代号,对牛起到一个名字或身份证的作用,以利于进行管理和育种等工作。牛最简单的编号方法是按牛的出生年度和年内出生顺序编号。出生顺序于每年1月1日开始,从001号(或01,依据牛场规模而定)编排,在顺序编号前冠以年度号。简单的编号一般为四位数或六位数,当编号为四位数时,只反映出生年度和年内出生顺序,如0156就是2001年出生的、全场母牛编排顺序第56号的意思。当编号为六位数时,可反映出生年度、出生月份和年内出生顺序,如010856就是2001年8月出生的、全场母牛编排顺序第56号的意思。

在生产实际中,由于牛的出生地不同,同一牛场可能饲养的品种不同,出生牛的性别不同(奶牛场饲养母牛,肉牛场饲养公、母牛,种公牛站饲养公牛)等,还有近年来奶牛交易日趋频繁,为确保惟一性,编号可借鉴身份证的编号方法,即把省(市、自治区)、牛场、出生年度、年内出生顺序一并编排,这种编排一般采用十位数编号(在打号允许时)。具体编号方法是:省(市、自治区)编号(二位)+省(市、自治区)内牛场编号(三位)+年度编号(二位)+年内牛出生顺序(三位)。我国大陆各省(市)的编号见表2-1。

表2-1　我国大陆省(市、自治区)编号

省(市、自治区)	编号	省(市、自治区)	编号	省(市、自治区)	编号	省(市、自治区)	编号	省(市、自治区)	编号	省(市、自治区)	编号	省(市、自治区)	编号	省(市、自治区)	编号
北京	01	上海	02	天津	03	重庆	04	河北	05	山西	06	内蒙古	07	辽宁	08
吉林	09	黑龙江	10	山东	11	安徽	12	江西	13	江苏	14	浙江	15	福建	16
湖北	17	河南	18	湖南	19	广东	20	广西	21	海南	22	四川	23	贵州	24
云南	25	陕西	26	甘肃	27	新疆	28	宁夏	29	青海	30	西藏	31		

当同一牛场同时饲养公、母牛时,一般用单号表示公牛,双号表示母牛;不同品种的牛用不同符号表示,编号前冠以品种符号。当用塑料耳标时,可用不同颜色的耳标简单区别不同品种。

品种的符号:HF—海福特,BF—婆罗福特,AG—安格斯,BG—婆罗格斯,SH—短角,MR—墨瑞灰,CL—夏洛来,LM—利木辛,ST—西门达尔,DM—抗旱王,SG—圣塔·格特鲁迪斯,F—荷兰牛等。

牛的编号在我国没有统一的规定,各牛场的习惯不同,不过编号必须编得既科学又实用,编号方法不能经常变化。

(二)打号

把牛的编号标记在牛体上就是打号。打号的方法有很多种,常用的有耳标、刺墨、烙号、剪耳和冷冻打号等方法。不管哪种方法均要求操作简便、耐久、成本低和易于辨认。

1. 耳标　耳标有许多种类和样式。金属耳标比较轻巧,把牛的编号用钢印打在金属耳标上,用耳号钳把它嵌在耳壳上打下的小孔上并使之固定;塑料耳标(图2-1)是把编号用不退色的色笔将牛号写在塑料制耳标上,卡在牛耳壳上所打的孔中并使之悬挂。

塑料耳标较大,比金属耳标易辨认和识别,并可使用不同颜色塑料耳标来表示不同的含义,所以近年来被广泛使用。耳标的成本低,使用方便,其缺点是不耐久,易脱落丢失,特别是金属耳环,距离稍远或牛头摇动时难以辨别。

塑料耳标的打号方法和步骤如下:

(1)保定。防止操作时牛的顶撞。

(2)装耳标。在耳标钳的夹片下水平安装已编号的耳标阴牌(较大的一片),阳牌(较小的一片)充分插入耳标钳(图 2-2)的针上。

图 2-1 不同类型的塑料耳标

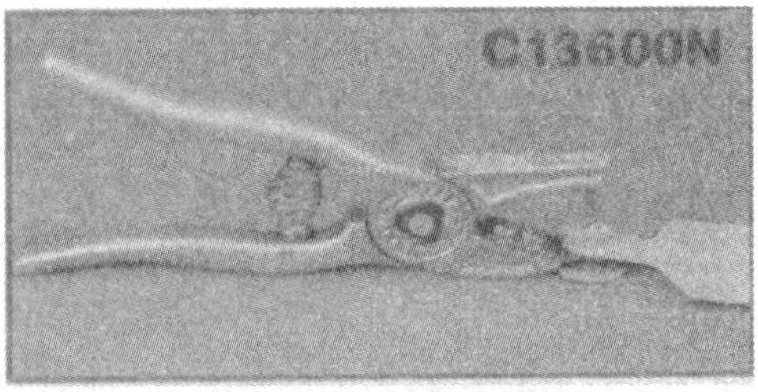

图 2-2 塑料耳标钳

(3)消毒。把耳标钳连同耳标一起浸泡消毒。

(4)打耳标。一手固定耳朵,另一手执耳标钳,在无大血管的耳部中心用力一夹,使耳标阴牌下 1/3 露在耳朵外即可。

2. 刺墨 是辨别牛身份的永久可靠标记。操作时用刺字钳(图 2-3)把编号用钢针排成的字形钳刺在耳壳内,再涂上墨汁,使碳素颗粒留在愈合的皮肤内,因而留下永久的印记,这种方法的优点是操作简单,成本低,刺后耐久性好。缺点是耳壳小而刺墨字型不变,所以号码多时排不开。另外刺后如果感染则容易失败,使数码辨不清;不把牛抓住,则看不清标记。

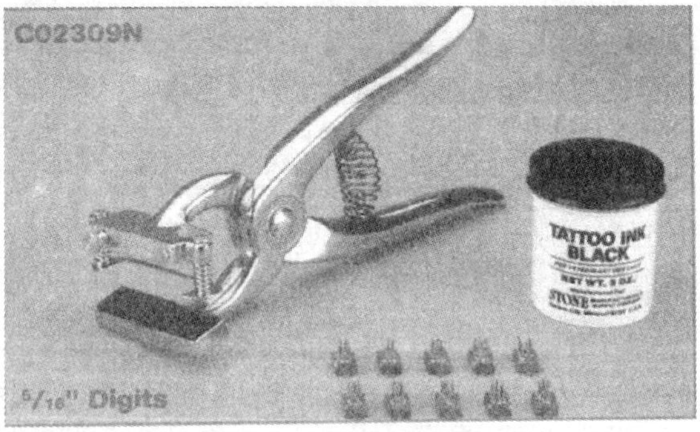

图 2-3 刺字钳

3. 烙号 烙号有两种方法,一种是烙角号,用烧热的铁号码把牛号的一个个数字烙在牛角上。这种方法成本低,但操作麻烦,牛比较痛苦。烙上的字迹也会随着牛的长大和角的磨损而逐渐模糊或消失;牛在打架或碰撞时,也会使牛角的角质层脱落而失号。另外,无角品种的牛也无法使用这个方法。另一种是烙号法,与马匹烙号相同,把编号烙在臀部或肩部,把皮肤烫伤结疤,痊愈后留下不长被毛的永久疤痕。此法成本低,烙成后字迹清楚,容易辨认。其缺点是操作复杂,牛十分痛苦。因打号时牛的拼命挣扎和过高温度的刺激等因素影响,往往使号码的笔画模糊,字迹不清,加上感染化脓等问题造成创痕一片,字迹几乎消失,难以识别。有时由于牛的强烈挣扎，则常常会使烙号工作失败。此外，这种方法严重影响牛的皮革质量，造成一定的经济损失。

4. 剪耳　是用剪耳钳(图 2-4)把耳朵剪出一些豁口或圆孔，不同位置的豁口或圆孔分别代表不同的数字，以此进行标记。不同牛场的习惯表示方法不同，一般多采用左耳大，右耳小；下缘大，上缘小的原则。例如，左耳上缘的 1 个缺口代表 10，右耳与此相对的缺口代表 1；左耳下缘的 1 个缺口代表 30，右耳与此相对的缺口代表 3；左耳尖端的缺口代表 200，右耳与此相对的缺口代表 100；左耳中央的一个圆孔代表 800，右耳与此相对的圆孔代表 400 等。

剪耳号的优点是操作简单，成本低，剪好后永久保留；缺点是可编数码仅能达到三位数，只能作最简单的编号，适用于小型牛场，而且耳朵剪成许多豁口也不美观。辨别牛号同样也不方便，但由于简单和成本低，所以仍在应用。

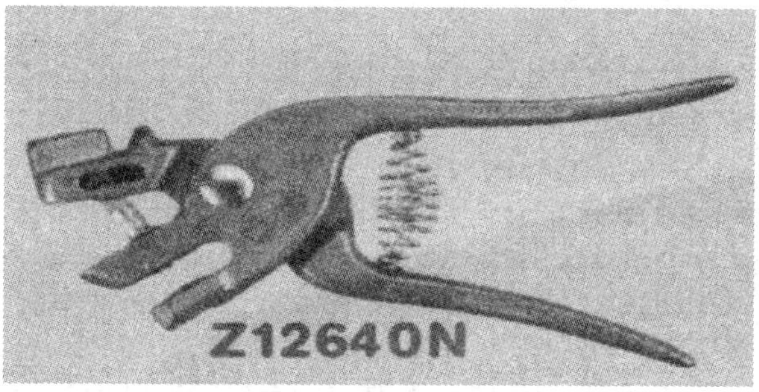

图 2-4　剪耳钳

在牛耳上剪豁口时，应注意掌握豁口的大小和位置，不宜太大或太小，太小时愈合后不容易看清；太大时耳朵发生变形。操作时还应避开耳部较大的血管，以减少出血。剪耳钳和耳朵均应事先消毒，最好在犊牛阶段即剪号，以减少操作困难。

5. 冷冻打号　是利用超低温破坏皮肤中产生色素的色素细胞或造成毛囊冻伤，以后冷冻部位会重新长出白色被毛或不长毛，使编号在牛体上清楚地显示出来，即使距离牛体较远也能看清楚。打号时，牛的痛苦较小，所以易于进行操作，且号码清晰。缺点是操作繁琐费时，需要的设备投资较多。但这是目前较好的打号方法。现将冷冻打号的操作方法详细介绍如下。

(1)器材：液氮罐、液态氮、专用打号器(图 2-5)、95%酒精、皮手套、剪毛剪、毛刷、牛保定栏等。

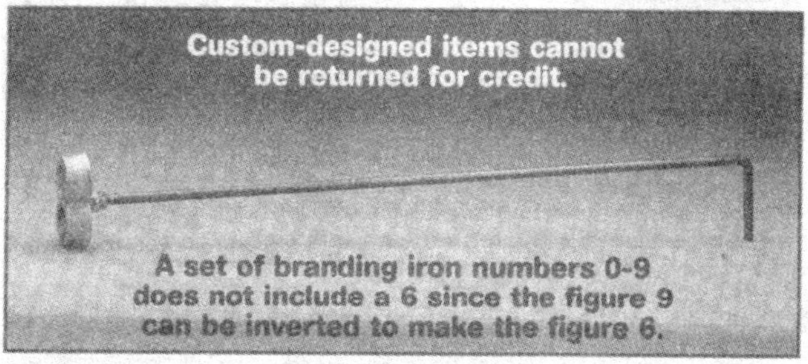

图 2-5　冷冻打号器

(2)方法和步骤:分剪毛和不剪毛两种。剪毛法费工,但节省材料(酒精和液氮损耗少);不剪毛法则省工。打号的部位最好是在平坦、肉多、打号时不易活动的部位,例如尻部和肥牛的肩后部,不应打在腰角、髋结节、臀端和荐椎上。如畜体的被毛是黑白、黄白等花色时,应尽量避开在深浅被毛的界限处打号。

剪毛打号时应把打号部位的被毛剪掉,用毛刷刷掉皮屑污物,每打一个号码之前,用酒精湿润准备打号的部位(用酒精作为冷却的介质);不剪毛法在打号前必须把打号部位用毛刷刷掉污物、泥土等,同样要用酒精湿润打号部位。

打号时应把打号器浸泡于液氮中降温,须待沸腾基本停止后才能使用。打号完毕,打号字迹部位立即出现冻僵现象,变得发硬,凹进如烙印字号的形状一样。其症状如冻伤一样,皮肤变红而且肿胀。经 1 周左右,原来的被毛脱落,变为光秃,再过 6 周至 4 个月,该部位长出明显的白色被毛。

不剪毛打号时,奶牛的打号压力约为 10 kg,持续时间 15～20 s;剪毛打号时,其压力为 5～7 kg,持续时间 5～20 s,白毛的牛应增加 15～20 s。肉牛因为皮肤稍厚,应比奶牛延长 5 s。

(三)去角

牛角不是家养牛生命活动不可缺少的器官,反而由于牛会用角争斗,而造成人畜的伤害,避免不必要的经济损失。因此,无角品种牛在生产中很受欢迎,并且通过育种,利用某些品种牛的无角性状是显性遗传的特性,来逐步扩大无角牛的比例。

牛角也可以采取人工方法使其去掉。目前生产上采取的方法是犊牛期间牛角正在生长发育,长出于皮肤之前,破坏其生长点,从而早期抑制了角的生长和长出。常用的破坏牛角生长点的方法有以下几种。

1. *化学方法* 10 日龄以前,把犊牛放倒保定好,剪去角周围的被毛,并在角周围皮肤上涂上凡士林。用棒状苛性钾(钠)蘸水在膨起的角部摩擦、烧蚀,直到皮肤开始脱落,并微有出血时为止,以后该部位结痂,痂皮脱落后,角也不再长出。在操作过程中,应注意不可将苛性钾溶液流入眼中,以免意外造成牛失明。

2. *去角钳法* 该方法是在角长出之前用去角钳(图 2-6)把角的生长点夹掉。术前把犊牛保定好,剪去角膨出部位四周的被毛,用 5%碘酊消毒,然后用消毒的去角钳夹掉角的生长点,再进行药物止血和包扎。

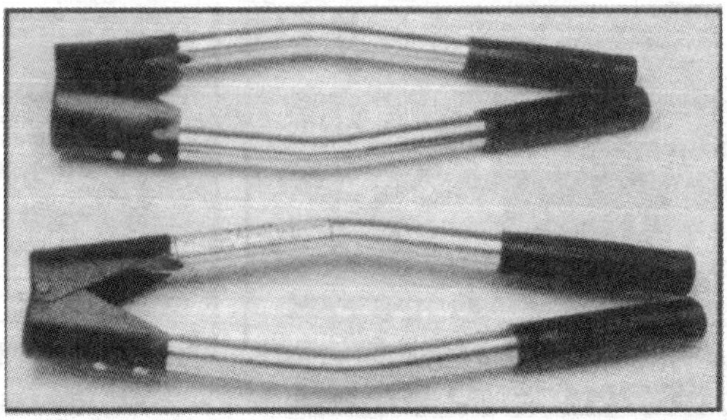

图 2-6 去角钳

3. 烙铁法　用烧热的火烙铁或专用电烙铁(图 2-7),将初生犊牛角生长点烫伤,使之变色、坏死,以后即不再生长,从而达到去角的目的。

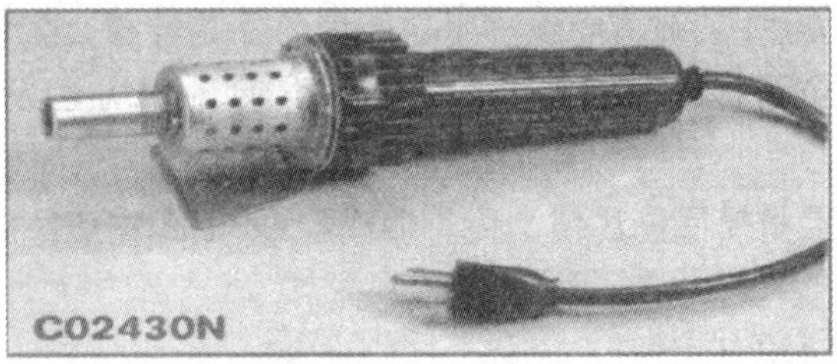

图 2-7　烙角器

在这几种方法中,以化学烧蚀方法最为安全可靠;热烙法最简单,但痊愈较慢。

三、作业

由教师用实验动物牛进行讲解和示范操作,或在牛场结合生产实际进行观摩学习。

实验三　牛的外貌认识、体尺测量与体重估测

一、实验目的

通过本实验,使学生认识牛的体表部位名称,了解不同用途牛的外貌特点差异,并通过外貌鉴别其生产性能和生长发育状况,为外貌评分、生产性能鉴定及牛的育种工作打下基础。同时学会估测体重的方法。

二、实验原理

牛的外貌特征与生产性能和生长发育状况、经济用途密切相关。

(1)牛的外貌可鉴别生产性能,一般外形良好的牛有较高的生产性能。

(2)外貌可鉴别健康状况、年龄和性别,健康牛胸宽深,背腰平直,骨骼结实,眼耳灵活,精神好。

(3)外貌上的优缺点,可作为选种选配的依据。

(4)外貌可表现出品种特征及遗传性,任何牛都有其品种特征,从各部位的形状和毛色可区别不同的品种,还可区别其品种的纯度及遗传的稳定性。

三、实验要求

(1)掌握牛的保定方法,了解不同经济用途的牛的外貌特点。

(2)熟悉牛体表部位名称,掌握体尺测量部位、体尺测量方法及体型指数计算和分析方法。

(3)掌握称量牛体重和根据体尺估测体重的方法,并能在生产实践中应用。

四、实验仪器和材料

在牛场选择不同类型的实验牛各1头,计算机、多媒体投影仪、VCD播放设备和软件,牛体外貌特征的多媒体课件、图片、幻灯片等材料,卷尺、圆形测定器、测杖等测量器具。

五、实验方法和步骤

(一)牛的保定方法

1.拴系　以缰绳拴牛需打结,绳结常用活结和猪蹄结。活结应系在横木栏上,再结一单结;如是垂木栏,则要用猪蹄结,打结后再打一单结,或在猪蹄结上套个圈,这样不易下滑。

2.戴笼头　科学管理的牛要求戴笼头,笼头一般有皮笼头和麻绳笼头两种。

3.穿鼻环　公牛在8个月至1岁时开始穿鼻环,以便于控制。

(二)牛的外貌认识

(1)牛体大致可分为四大部位:头颈部、前躯部、中躯部和后躯部

头颈部:包括头和颈两部分,在躯体的最前端,它以鬐甲和肩端的连线与躯干分界。头部是品种的象征,也是生产性能和健康状况的表现。牛的头部形态因品种、性别而有长短、宽窄、轻重、粗细之分,不同经济用途的牛,头颈部的形态要求不同。公牛的头粗大,母牛的头略清秀。乳用牛的头部清秀、较长,颈细长。肉用牛的头部宽阔,颈粗短。役用牛头稍宽、重大,长短适中;颈结实粗壮、长短适中。

前躯部:是在颈后、肩胛骨后缘垂直切线之前,包括鬐甲、前肢、胸等主要部位。从这些部位可以看出其生长发育情况和生产性能。健康牛的鬐甲宽广、结实,当早期营养不良时,会出现双鬐甲和尖鬐甲,这在役用牛是最大的缺点。胸部是心肺所在,是健康状况的表现,胸宽深,表示心肺发达。

中躯部:是臂之后、腰角与大腿之前的中部躯段,包括背、腰、肋部、腹四部位,该部位容纳消化器官。肋骨开阔,背腰宽深,说明消化系统发育良好。牛的背腰要求宽广、平直,同时肩背、背腰、腰荐结合良好,肋部窄小和凹背、凸背都是发育不良的表现。

后躯部:是从腰角的前缘与中躯分界,是以荐骨和后肢诸骨为解剖基础的体表部位,为体躯的后端,包括尻、臀、后肢、乳房和生殖器官等部位。一般生产性能好的牛其后躯均宽阔,尻部长、宽、方。短、窄、尖、斜尻都属严重缺陷。只有役用牛的尻,一般要求稍稍倾斜。

(2)牛体外貌部位的认识见图3-1。

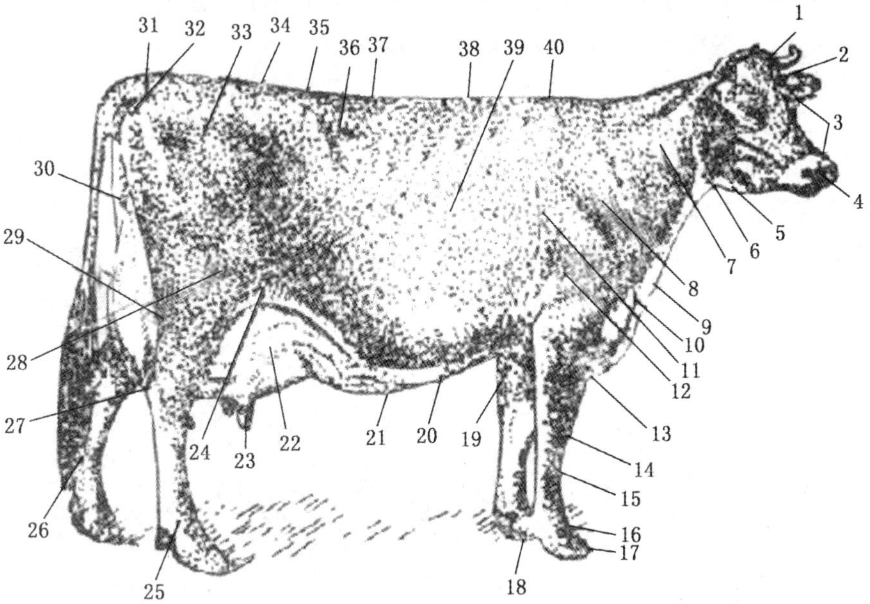

1.额顶 2.前额 3.面部 4.鼻镜 5.下颚 6.咽喉 7.颈部 8.肩 9.垂皮 10.胸部 11.肩后区 12.臂 13.前臂 14.前膝 15.前管 16.系部 17.蹄 18.副蹄 19.肘端 20.乳井 21.乳静脉 22.乳房 23.乳头 24.后肋 25.球节 26.尾帚 27.飞节 28.后膝 29.大腿 30.乳镜 31.尾根 32.坐骨端 33.髋(臀角) 34.尻 35.腰角 36.肷 37.腰 38.背 39.胸侧 40.鬐甲

图 3-1　牛体各部位名称

(牛生产学,昝林森,2000)

(3)外貌观察:古代伯乐相马,宁戚相牛,也是这种方法。观察牛外貌前,让牛自然站在宽广的场地,鉴别者站在离牛 5～8 m 远处环视一周,分别从前面、右侧、后面、左侧观察,了解牛的总体轮廓及外貌特点。看牛体各部位发育是否匀称,从前面看头部及品种特征、前肢肢势、胸腹的宽度、肋骨的开张度,再从右侧看鬐甲的形态、胸的深度、尻的倾斜度、乳房发育状况、各部位结合是否良好,从后面看体躯容积、后躯发育情况,最后从左边补充观察,看左右两侧发育是否对称。

奶牛的外貌特点要求:头轻而稍长,轮廓清晰,颈长而薄,鬐甲略尖,不宜丰满,胸、腹宽深,背腰长宽且直,后躯和乳房发达,皮薄骨细,被毛软而密,皮肤弹性好,前望、侧望、上望均呈"楔形"。

肉牛的外貌特点要求:头宽而短,眼距宽,颈短宽、多肉,但颈不能太短,鬐甲宽圆,胸宽深、肋弯,背腰宽平,腹不宜过大,背腹线平行,尻部长宽多肉,全身肌肉丰满,前望、侧望、上望和后望均呈"矩形",整体似圆筒状。

役用牛的外貌特点要求:头宽、长短适中,颈粗壮,皮薄骨粗,肌肉结实,鬐甲高、长、丰圆结实有力,肩应长而较倾斜,胸深、宽,背腰宽广、平直、肌肉发达,尻长宽,略斜,四肢健壮,筋腱分明,蹄大而圆,总之前躯强大,而后躯结实呈"倒梯形"。所谓"前山高一寸,力气使不尽",役用牛行走时后蹄落地超过前蹄,这样步伐大,行走快。

种公牛的外貌特征要求：体躯高大雄壮，颈粗壮，鬐甲宽广，胸深而宽，腹部充实、不宜过大，中躯呈圆筒状，生殖器官发育良好，睾丸大而对称。

(4)外貌鉴别时应注意区分：①狭长肩、短立肩、广长斜肩、瘦肩、肥肩和松弛肩；②尖鬐甲、宽鬐甲、双鬐甲、正常鬐甲；③长而平的背腰、凹背、凸背；④卷腹、发育良好的腹、垂腹；⑤高尻、尖斜尻、发育良好的尻；⑥X 型腿、H 型腿和 O 型腿。

(三)体尺测量与体型指数的计算与分析

1. 牛体尺的测量部位　测量部位数依目的而定，为了检查牛的生长发育情况测量部位可有 5 个(鬐甲高，体长，胸围，胸宽，管围)至 8 个(另加尻高，胸深，腰角宽)；在牛的育种登记簿上规定的测量部位为 13～15 个。测量方法见图 3-2 和表 3-1。

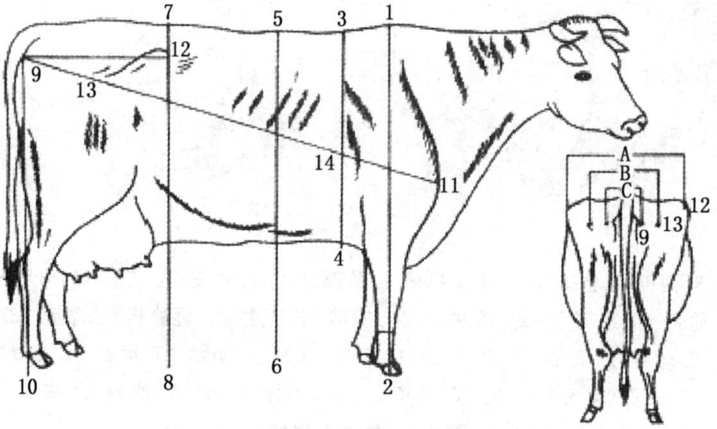

1—2. 体高 3—4. 胸围 5—6. 背高 7—8. 腰高 9—10. 臀端高 9—11. 体斜长 9—12. 尻长 14. 胸宽 A. 后躯宽 B. 髋宽 C. 臀端宽

图 3-2 牛体尺测量位置

(养牛学，王根林，2002)

表 3-1 牛体尺测量的项目和主要部位

名称	测量部位	测量用具
体高	又称鬐甲高，为鬐甲最高点到地面的垂直距离	测杖
体直长	肩胛前缘(肱骨突)与坐骨结节间的水平距离	测杖
体斜长	由肩端(即肱骨突)前端至同侧坐骨结节后缘间的距离。测家畜体长则用测杖量取两点间的最短距离，估测牛的体重时，则用卷尺测量	测杖或卷尺(需注明)
头长	额顶(角间线)至鼻镜上缘间的距离	卷尺或圆形测定器
额大宽	两眼眶的最远点的距离	圆形测定器
胸深	沿着肩胛骨后缘，从鬐甲至胸骨间的垂直距离	测杖
胸宽	两肩胛后缘胸部最宽处的距离	测杖或圆形测定器
胸围	肩胛骨后缘围体躯的周径，松紧度以能插入食指和中指为准	卷尺
背高	最后一个胸椎棘突到地面的垂直距离	测杖
腰高	又称十字部高，两腰角的中央到地面的垂直距离	测杖
腰角宽	两腰角外缘间的距离	圆形测定器
管围	前肢掌骨上 1/3 处(最细处)的周径	卷尺

续表 3-1

名称	测量部位	测量用具
荐骨高	又称尻高，为荐骨最高点到地面的垂直距离	测杖
臀长	又称尻长，为腰角前缘至坐骨结节间的水平距离	测杖或圆形测定器
髋宽	两臀角外缘的最宽距离	圆形测定器
坐骨宽	两坐骨结节外缘间的距离	圆形测定器

2. 体型指数的计算与分析　体型指数是指牛体某部位体尺对另一部位体尺的百分比，可以显示出两个部位间的相互关系，是整理和分析体尺材料的一种方法，反映各部位相对发育程度、体型特征及生产性能，看该牛的发育是否匀称和符合其生产类型、品种等的特征。不同经济用途、品种、年龄、性别的牛，体型指数常不同，见表 3-2。

表 3-2　体型指数的计算与说明的含义　%

指数名称	计算公式(×100)	指数说明的含义
体长指数	体斜长/体高	体长与体高的相对发育
体躯指数	胸围/体长	躯干围度与长度的相对发育程度
胸宽指数	胸宽/胸深	胸部宽、深的相对发育
胸围指数	胸围/体高	役牛役用能力的大小
管围指数	管围/体高	体躯骨骼的相对发育情况
尻宽指数	坐骨端宽/腰角宽	反映尻部发育是否匀称，尻宽指数越大，奶牛泌乳系统越发达
产肉指数	后腿围/体高	后肢肌肉的发育程度，对肉牛具有重要意义，与净肉率关系较大
肢长指数	(体高－胸深)/体高	牛四肢的相对长度
尻高指数	尻高/体高	前后躯在高度上的相对发育
头长指数	头长/体高	头部的相对发育
额宽指数	额大宽/头长	头部宽和长的相对发育

(四)牛的体重估测

(1)牛的体重测定，最好的方法是用地磅称量，获得牛的实际重量，有条件的应进行实际称重。在没有称量设备的情况下，可通过测量牛的体尺，用计算公式来估计牛的体重。

(2)原理：牛体可被视为一个近似的圆柱体，利用计算圆柱体积的公式($r^2\pi H$)可以近似计算出牛体的体积。体积乘以牛体的比重，即为牛的体重。

(3)方法：

①确定被测的牛只，了解被测牛只基本情况，如日常管理水平、妊娠与否等。

②在测定日的晨饲及饮水前(挤奶后)，用体尺测量工具对被测牛只进行体尺的测定。对体直长和体斜长的测定应分别用测杖和卷尺测量。

③为保证测定资料的准确性，每头牛最好连续 2 天测定，详细做好记录，计算连续 2 天测定结果之间的误差，如果超过 3%，在第 3 天还应再测定一次，取两次比较接近的结果的平均值作为最终结果。

④根据被测牛只的经济类型、品种、年龄和膘情等具体情况，选择适当的估测公式，用所测体尺数据计算被测牛的体重，并与实际称重结果相对比，计算估测误差，一般要求不超过 5%。

在实际工作中，不论采用哪个估重公式，都应事先进行校正，对公式中的常数(系数)，要作必要的修正，以求其准确。

估测牛体重的常用公式：

乳用牛及乳肉兼用牛估测公式：体重(kg)＝胸围^2(m)×体直长(m)×90

肉用牛体重估测公式：体重(kg)＝[胸围^2(cm)×体斜长(cm)]/10 800

水牛体重估测公式之一：体重(kg)＝胸围^2(m)×体直长(m)×100

水牛体重估测公式之二：体重(kg)＝胸围^2(m)×体斜长(m)×80＋50

黄牛体重估测公式：体重(kg)＝[胸围^2(cm)×体斜长(cm)]/估测系数，

估测系数＝实际体重(kg)/[胸围^2(cm)×体斜长(cm)]

估测系数是事先从同类牛群中选出有代表性的 6 头牛，实称其重量，再与体尺测量的结果比较而得出。

(五)注意事项

(1)外貌识别前，要将牛保定好，动作要柔和，不可激怒牛，以免被牛伤害。

(2)外貌鉴别时，除要全面观察外貌，必要时还要用手触摸，了解皮肤、皮下组织、肌肉、骨骼、被毛、乳房发育情况，观察行走肢势动作协调性。

(3)体尺测量时，会有误差，要求牛体保持自然站立姿势，肢势端正，左右两侧的前后肢均应在同一直线上，动作迅速，每个项目测量 2 次，取平均值。

(4)估测体重时，要考虑估测牛只的经济类型、品种、年龄和膘情等具体情况，在实践中，不论采用哪个估重公式，都应事先进行校正，对估测系数做必要的修正。

六、作业

(1)将实验牛体尺测量结果、根据体尺测定结果计算的各项体型指数和体重测定结果分别填入表 3-3 至表 3-5，并对结果进行分析。

(2)每个学生完成一头牛的全部数据资料的测量、记录和分析工作，完成实验报告。

表 3-3 牛体尺测量记录表 kg，cm

牛号	性别	品种	估测体重	体高	体直长	体斜长	胸围	胸深	胸宽	管围	背高	腰高	腰角宽	荐骨高

表 3-4 牛体型指数记录表 %

牛号	性别	品种	年龄	体尺指数值										
				体长指数	体躯指数	胸宽指数	胸围指数	管围指数	尻宽指数	腿围指数	肢长指数	尻高指数	头长指数	额宽指数

表 3-5　体重测定记录表　kg

牛号	品种	年龄	体重测定			误差原因
			称重	估重	误差	

实验四　牛的年龄鉴别

一、实验目的

牛的年龄与牛的育种、饲养管理有密切关系，是评价牛的经济价值和种用价值的重要指标，是制定牛场的生产计划和发展规划的基础。通过本实验使学生了解牛年龄鉴别的意义，了解门齿和角轮的变化规律，掌握牛的年龄鉴别的基本方法。要求学生学会打开口腔观察牛齿更换和磨损的情况，较准确地根据外貌、牙齿、角轮判断牛的年龄。

二、实验原理

牛的外貌，牙齿结构、生长、脱换、磨损随着牛的年龄增长有一定的规律，牛角因怀孕母牛的生长营养差异而有凹陷，形成角轮，因此可以根据牙齿更换的规律及母牛怀孕的营养规律来大致判断牛的年龄。

三、实验材料

在牛场选择不同年龄的实验牛 2 或 3 头，如有几个不同经济类型的牛更好。

四、实验方法和步骤

牛年龄鉴定的方法很多，但其精确性、可靠性和所要求的条件及所应用的范围也不同。在缺乏年龄记录的情况下，可根据门齿的变化鉴别其年龄。此外，通过角轮的观察和外貌的表现也可大致估计其年龄。

(一)根据记录资料了解牛的年龄

根据产犊记录确定牛年龄是最准确的，一般正规的奶牛场和种畜场，在牛出生时都进行测定和记录，并在牛身体上作明显的标记(如打耳号)，通过识别牛身上的标记，在相应的资料中查出牛的出生日期，确定牛的年龄。

(二)外貌鉴定法

不同年龄的牛在体型和外貌特征上有明显的差异，依此可判断牛年龄。此法只能判断出牛的老幼，无法确定其确切的年龄，可作为鉴定年龄时的参考，外貌鉴别见表 4-1。

表 4-1 幼年、壮年、老年牛的区别方法

项目	幼年牛	壮年牛	老年牛
头面部	头短而宽，嘴细，脸部干净	头大、嘴丰厚	嘴粗糙，面部多皱纹
眼部	眼睛活泼有神，眼皮较薄	眼反应灵敏	眼盂下陷，目光无神，黑色牛眼角周围开始出现白毛，进而颈部、躯干部也出现白毛
体型	体躯较短，浅而窄，四肢、后躯相对较高	膘肥体壮，体躯长宽深	比较清瘦，体躯宽深
被毛皮肤	被毛光润，细软，皮肤富有弹性	皮肤柔软，富有弹性，被毛粗硬适中而有光泽	被毛粗硬，干燥无光泽，绒毛较少，皮肤粗硬无弹性，被毛色变浅，更稀疏
牛角	质地粗糙	质地较光滑	质地光亮，角轮数目多
行动	反应敏捷	精力充沛，举动活泼	行动迟缓

(三)牙齿鉴定法

牛最初生有乳齿，随着牛的生长发育，乳齿脱落，更换以永久齿，永久齿在采食、咀嚼过程中不断磨损。根据乳齿与永久齿的更换、永久齿的磨损程度，可判断牛年龄。此法比外貌法和角轮法要准确得多。

1. 牛齿的构造　牙齿由齿冠、齿颈和齿根三部分组成(图 4-1a)。齿冠是齿上面露出的部分，齿根是埋植于齿槽内的部分，齿颈是位于齿冠与齿根中间的收缩部分。

牙齿由珐琅质、象牙质、白垩质和齿髓构成(图 4-1b)。齿冠的最外层是珐琅质，又称釉质，色青白而清晰光滑，是牙齿最坚固的部分，起保护牙齿的作用。再往里是象牙质，其色较黄，这是与珐琅质的主要区别。最里面是齿髓。齿根外面覆以白垩质，其作用是使牙齿固定而密着于齿槽内，呈黄色。

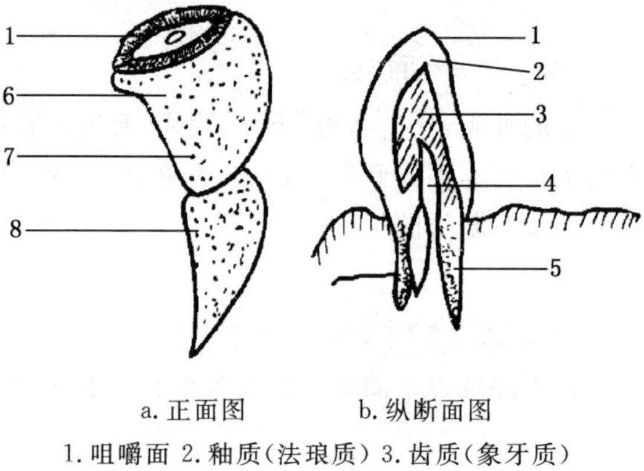

a. 正面图　　b. 纵断面图

1. 咀嚼面 2. 釉质(法琅质) 3. 齿质(象牙质) 4. 齿髓 5. 白垩质 6. 齿冠 7. 齿颈 8. 齿根

图 4-1 牛齿的构造

(牛生产学，邱怀，1995)

2. 牛牙齿的种类、数目、排列方式　根据牛牙齿出生的先后顺序，将其分为乳齿与永久齿(恒齿)。最先出生的是乳齿，有 20 枚，随着年龄的增长，两岁后逐渐脱换为永久齿，永久齿有 32 枚。牛没有上切齿和犬齿，乳齿还没有后臼齿。乳齿与永久齿在颜色、形态、排列方式上有较大的区别(表 4-2)。牛的下切齿有 4 对,当中一对称钳齿,钳齿两侧的一对称内中间齿,再外的一对称外中间齿,最边上的一对称隅齿,牛齿的排列方式如下：

$$\text{牛乳齿齿式}=\frac{003(\text{上切齿}+\text{上犬齿}+\text{前臼齿})}{403(\text{下切齿}+\text{下犬齿}+\text{前臼齿})}$$

$$\text{牛永久齿齿式}=\frac{0003(\text{上切齿}+\text{上犬齿}+\text{前臼齿}+\text{后臼齿})}{4033(\text{下切齿}+\text{下犬齿}+\text{前臼齿}+\text{后臼齿})}$$

表 4-2　乳齿与永久齿的区别

区别项目	乳 齿	永久齿
色泽	白色	齿冠乳黄色,齿根棕黄色
齿颈	明显	不明显
数量	20 枚	32 枚
形状	齿冠小而薄,有齿间隙	齿冠大而厚,无齿间隙
齿根	插入齿槽较浅,附着不稳	插入齿槽较深,附着很稳定
排列	排列不太整齐,齿间空隙大	排列整齐,齿间紧密无空隙

3. 牛的开嘴方法　牙齿鉴别首先必须学会开嘴,否则打不开嘴或被牛咬伤手。开嘴时人站在牛的左前侧,左手抓住鼻孔或鼻环,右手从牛左嘴角与舌头成直角伸入口嘴中,抓住舌头,口自然张开,右手拇指剥开下嘴唇,门齿露出,即可观察牙长出、磨损、牙缝、动摇与否等情况,进行牙齿鉴别。注意右手插入处没有犬齿,不可往嘴的深处插,那样会被牛的上下臼齿咬伤,如抓不住舌头,四指压住舌头,大拇指顶起上腭也可把嘴打开。

4. 牙齿鉴别的方法

(1)了解门齿变化次序:门齿长出、脱换和磨损都是从最中间的钳齿开始的,接着是内中间齿、外中间齿,最后是隅齿。

(2)门齿咀嚼面形态变化规律:门齿由于磨损而形成咀嚼面,磨损程度不同,咀嚼面的形态也不同,当磨损到齿髓上部时,齿髓受到刺激而从上到下,逐渐沉淀齿质,即发生齿髓的齿质化过程,在咀嚼面上可以看到象牙质中间有一颜色较浅的线,称齿线。继续磨损,线变宽变短,成矩形或椭圆形,这就是齿星,齿星磨损后还会逐渐变大(图 4-2)。

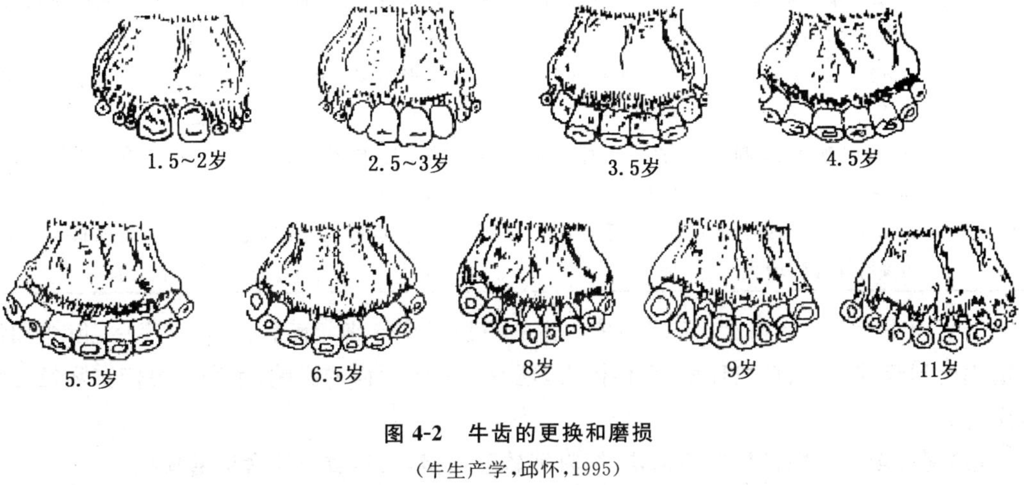

图 4-2　牛齿的更换和磨损

(牛生产学,邱怀,1995)

(3)臼齿也会脱换、磨损。乳牙前臼齿在生时或生后 2～3 周长出，2～2.5 岁脱换，第三对乳牙前臼齿要晚半年脱换，第一对后臼齿在生后 6～9 个月长出，第二对后臼齿在 1.5～2 岁长出，第三对后臼齿在 4～5 岁长出。后臼齿长出即为永久齿，不会更换，臼齿长出后都有其磨损规律，但因观察不便，一般只观察门齿。

(4)依牛齿的更换和磨损规律，可进行年龄鉴别。肉牛和奶牛可依照表 4-3 进行鉴定，水牛和黄牛要在此基础上加半岁。

表 4-3 牙齿的发生、更换和磨损期

年龄	钳齿	内中间齿	外中间齿	隅齿
出生	乳齿已长出	乳齿已长出	乳齿已长出	
2～3 周				乳齿已长出
4～6 月龄	长形咀嚼面	长形咀嚼面	长形咀嚼面	乳齿长齐
1 岁	方形咀嚼面有齿线	方形咀嚼面有齿线	长形咀嚼面有齿线	长形咀嚼面
1.5～2 岁	乳钳齿换生永久齿“对牙”			
2.5～3 岁	形成咀嚼面	内中间齿换生永久齿“四牙”		
3～3.5 岁	长形咀嚼面	形成咀嚼面	外中间齿换生永久齿“六牙/四六并扎”	
4～4.5 岁	长形咀嚼面	长形咀嚼面	永久齿长齐	隅齿换生永久齿
5 岁	长形咀嚼面有齿线	长形咀嚼面	形成咀嚼面	永久齿长齐“齐口”
6 岁	长方形咀嚼面有齿线	长形咀嚼面有齿线	长形咀嚼面	形成咀嚼面
7 岁	近方形咀嚼面齿线变粗	长方形咀嚼面有齿线	长形咀嚼面有齿线	长形咀嚼面“满口斑”或“双印”
8 岁	方形咀嚼面齿线变粗	近方形咀嚼面有齿线	长方形咀嚼面有齿线	长形咀嚼面有齿线“四印”
9 岁	方形咀嚼面椭圆齿星(珠)“九出珠”	方形咀嚼面齿线变粗	近方形咀嚼面齿线变粗	长方形咀嚼面有齿线
10 岁	方形咀嚼面椭圆形齿星	方形咀嚼面椭圆形齿星“二对珠”	方形咀嚼面齿线变粗	近方形咀嚼面齿线变粗
11 岁	方形咀嚼面近圆形齿星	方形咀嚼面椭圆形齿星	方形咀嚼面椭圆形齿星“三对珠”	方形咀嚼面齿线变粗
12 岁	三角形咀嚼面圆形齿星，齿间缝隙增大	方形咀嚼面近圆形齿星	方形咀嚼面椭圆形齿星	方形咀嚼面椭圆形齿星“十二满珠”

5. 影响牛齿变化的因素 5 岁前依门齿的脱换规律鉴别年龄较准确，5 岁后，齿线和齿星磨损受到营养饲料、自然环境、个体因素，还有一些畸形齿的影响，鉴别时要依实际情况综合考虑。

(1)饲料影响。饲料粗糙磨损快，饲料细软磨损慢，天然放牧比舍饲磨损快。

(2)营养水平:营养水平高,矿物质充足,体质发育好的牛,齿质坚硬,牙齿脱换正常,磨损慢,反之,牙齿脱换迟,磨损快。

(3)自然条件:在风沙多的山区磨损快,在湖泊潮湿地区磨损慢。

(4)受个体品种因素影响。早熟品种比中熟品种牙齿长出、磨损时期早 3～6 个月时间,中熟品种又比晚熟品种牙齿长出、磨损早 3～6 个月时间。

(5)牙齿排列异常:门齿和上颌骨齿板之间成的角度小,磨损慢。部分山区的黄牛易发生的竹板牙,竹板牙齿形大而长,阔而薄,向外倾倒生长,磨损时,始终不能形成圆珠形,只呈现月牙或半月状,在鉴别时要给牛加上 0.5～1 岁。

(6)畸形齿:由于各种原因,部分牙齿不长出,形成所谓"老五个牙,老六个牙",还有湖泊地区水牛易生马齿。这些都属于畸形齿。

(四)角轮鉴定法

1. *牛角的生长规律*　牛生后 2 个月即出现 1 cm 角,以后直到 20 月龄为止,每个月大约生长 1 cm,幼年牛沿着角的外缘,测量从角根到角尖的长度(厘米)加 1,即为该牛的大致月龄。在 20 月龄以后,角的生长速度受品种、营养及个体遗传因素影响,再根据角的长度判断牛的年龄就很难准确。

2. *角轮的形成原理*　角轮形成就像树的年轮形成,是由于牛受四季营养丰欠的影响,青草季节由于营养丰富,角生长快,枯草季节营养不良,角生长慢;母牛由于怀孕和哺乳,需要有更多的营养,常使角组织发育不充分,也引起角的生长程度的变化,形成长短、粗细相间的纹路,即角轮。一般种公牛和阉牛没有角轮,只有在极其不良的饲养条件下,才会有角轮。所有牛的角尖都是光滑无纹的,这是因为角尖生长阶段,是牛的生长期,营养供应稳定(图 4-3)。

图 4-3　牛的角轮

3. *母牛角轮估算方法*　母牛的角轮数大体与产犊数相一致,通常母牛多在 2.5～3 岁产犊,且每年产犊一次,这样一年一个角轮,由于母牛的妊娠期将近 1 年,因此可依角轮数,加上初产年龄即第一次产犊年龄减去妊娠期 1 年,就可估算出牛的大致年龄。若第一次产犊年龄不详,则可把角尖部分生长期(约 2 年)加上角轮数来估算牛的年龄。具体方法如下:

(1)母牛的年龄=角轮数+(2.5 或 3－1)。

(2)母牛的年龄=角轮数+角尖部位的生长期(约 2 年)。

4. *角轮鉴别法不准确的原因*　由于母牛流产、空怀、疾病等原因,对角的生长速度有影响,角轮的深浅、宽窄都不一样。因此这种方法不十分可靠,例如,母牛在中途流产,角轮比正常产犊时要窄得多(在 4～5 个月流产,角轮平均宽度为 0.5 cm,而在妊娠足月的情况下,约为 1.2 cm)。母牛在不良的饲养条件下,可加深角轮的凹陷程度,相反,则出现较浅、较细的角轮,不易辨别。如果空怀,则角轮间距极不规则,在最近妊娠期所形成的角轮,距离上次妊娠期形成的角轮甚远。另外,母牛不一定保证每年产犊一次,有时会长于一年。

5. *正确计算角轮的数目*　由于角轮形成原因复杂,角轮也常常不规则,在鉴别时,不仅要用肉眼观察角轮的深浅和距离,还可用手从角的基部向尾部触摸一遍,当感觉到宽而有规律的凹陷时，即为角轮，根据角轮的具体情况，通常只计算大而明显的角轮，角轮鉴别法只能作为参考，要准确判断牛的年龄，还要结合牙齿鉴别年龄的方法综合判断。

(五)注意事项

(1)牙齿鉴别时，要考虑牛的品种与饲养管理条件等其他影响牛齿变化的原因，在鉴别时适当加减半年。

(2)角轮鉴别时，当出现浅细、彼此会合不易分辨的角轮，还要用手触摸角轮的数目。

五、作业

(1)根据牛牙齿的标本或活体打开口腔鉴别年龄。

(2)参看牛角的标本，认识角轮数目，并大致估测年龄。

(3)将估测的年龄与实际年龄相比，是否产生误差，分析产生误差的原因。

实验五　牛的体型外貌评定

一、实验目的

通过实验使学生理解和掌握奶牛体型外貌评定的原理、内容和方法。

二、实验原理

按照生产性能、体质和品种特征的系统性，将牛体的外貌性状分成若干项目，制定每个项目的评分标准，根据其相对重要性、选种方向及遗传力的大小规定其权数，使所有项目的总分为100分，对被评定的每头牛按标准进行评定，然后汇总，根据所得总分对牛进行分级。

三、评定的标准

(一)中国荷斯坦牛外貌评定标准

中国荷斯坦牛外貌评定的国家标准已于1983年5月1日由国家标准局试颁布实施。中国荷斯坦母牛和公牛的外貌评定包括一般外貌和乳用特征(公牛仅为一般外貌)、体躯、泌乳系统(公牛为其他特征)和肢蹄4个大项共16个小项目，各项目的评分标准分别见表5-1和表5-2。该标准规定，中国荷斯坦牛依外貌优劣程度分为4个等级，即特等、一等、二等和三等，各等级的外貌得分标准见表5-3。该标准还规定，母牛的评定时间为第一、第三、第五胎的第二个泌乳月各一次；公牛的评定时间为12月龄和16月龄各一次。

表 5-1　中国荷斯坦母牛外貌评定评分表

项 目	项目与给分标准	标准分
一般外貌与乳用特征	1.头、颈、鬐甲、后大腿等部位楞角和轮廓明显	15
	2.皮肤薄而有弹性,毛细而有光泽	5
	3.体高大而结实,各部结构匀称,结合良好	5
	4.毛色黑白花,界线分明	5
	小计	30
体躯	5.长、宽、深	5
	6.肋骨间距宽,长而开张	5
	7.背腰平直	5
	8.腹大而不下垂	5
	9.尻长、平、宽	5
	小计	25
泌乳系统	10.乳房形状好,向前后延伸,附着紧凑	12
	11.乳房质地:乳腺发达,柔软而有弹性	6
	12.四乳区:前乳区中等大,四个乳区匀称,后乳区高、宽而圆,乳镜宽	6
	13.乳头:大小适中,垂直呈柱形,间距匀称	3
	14.乳静脉弯曲而明显,乳井大。乳房静脉明显	3
	小计	30
肢蹄	15.前肢:结实,肢势良好,关节明显,蹄质坚实,蹄底呈圆形	5
	16.后肢:结实,肢势良好,左右两肋间宽,系部有力,蹄形正,蹄质坚,蹄底呈圆形	10
	小计	15
总 计		100

表 5-2　中国荷斯坦公牛外貌评定评分表

项 目	项目与给分标准	标准分
一般外貌	1.毛色黑白花,体格高大	7
	2.有雄相,肩峰中等,前躯较发达	8
	3.各部位结合良好而匀称	7
	4.背腰平直而结实,腰宽而平	5
	5.尾长而细,尾根与背线水平	3
	小计	30
体躯	6.中躯:长、宽、深	10
	7.胸部:胸围大,宽而深	5
	8.腹部紧凑,大小适中	5
	9.后躯:尻部长、平、宽	10
	小计	30
其他特征	10.头、体型、后大腿的棱角明显,皮下脂肪少	6
	11.颈长适中,垂皮少,鬐甲呈楔形,肋骨扁长	4
	12.皮肤薄而有弹性,毛细而有光泽	3
	13.乳头呈柱形,排列距离大,呈方形	4
	14.睾丸:大而左右对称	3
	小计	20

续表 5-2

项 目	项目与给分标准	标准分
肢蹄	15. 前肢：肢势良好，结实有力，左右两肢间距宽，蹄形正，质坚实，系部有力	10
	16. 后肢：肢势良好，结实有力，左右两肢间距宽，飞节轮廓明显，系部有力，蹄形正，蹄质结实	10
	小 计	20
总 计		100

表 5-3 中国荷斯坦奶牛、良种黄牛、水牛及引进纯种肉牛外貌等级评定表

性 别	特 等	一 等	二 等	三 等
公	≥85	80～84.9	75～79.9	70～74.9
母	≥80	75～79.9	70～74.9	65～69.9

注：中国荷斯坦奶牛公、母牛的乳房、四肢和体躯中的任何一项有明显生理缺陷时，不能评为特级，有两项时不能评为一级，有三项时不能评为二级。

(二)肉用牛外貌评定标准

我国肉牛繁育协作组制定的纯种肉牛外貌评定标准见表 5-4。

表 5-4 肉用牛外貌评定评分表

评分部位	评定要求	评 分	
		公	母
整体结构	品种特征明显，结构匀称，体质结实，肉用体型明显，肌肉丰满，皮肤柔软有弹性	25	25
前躯	胸深宽，前胸突出，肩胛平宽，肌肉丰满	15	15
中躯	肋骨开张，背腰宽而平直，中躯呈圆筒形，公牛腹部不下垂	15	20
后躯	尻部长、平、宽，大腿肌肉突出伸延，母牛乳房发育良好	25	25
肢蹄	肢蹄端正，两肢间距宽，蹄形正，蹄质坚实，运步正常	20	15
合 计		100	100

注：本表适用于海福特、夏洛来、利木赞等纯种肉牛。纯种肉牛外貌等级评定参见表 5-3。

(三)良种黄牛外貌评定标准

我国良种黄牛育种委员会制定的良种黄牛外貌评定标准见表 5-5。

表 5-5 我国良种黄牛外貌评定评分表

项 目	评定标准	评 分	
		公	母
品种特征及整体结构	根据品种特征，要求该品种全身被毛、眼圈、鼻镜、蹄趾等的颜色、角的形状、长短和色泽符合该品种要求 体质结实，结构匀称，体躯宽深，发育良好，皮肤粗厚，毛细短、光亮，头型良好，公牛有雄相，母牛俊秀	30	30
前躯	公牛鬐甲高而宽，母牛较低但宽，胸部深宽，肋弯曲扩张，肩长而斜	20	15

续表 5-5

项目	评定标准	评分	
		公	母
中躯	背腰平直宽广，长短适中，结合良好，公牛腹部呈圆筒形，母牛腹大不下垂	15	15
后躯	尻宽长不过斜，肌肉丰满，公牛睾丸两侧对称，大小适中，副睾发育良好，母牛乳房呈球形，发育尚好，乳头较长，排列整齐	15	20
四肢	健壮结实，肢势良好，蹄大、圆、坚买、蹄缝紧，动作灵活有力，行走时后蹄能赶过前蹄	20	20
合计		100	100

注：①凡品种特征不符合表 5-5 规定者，不予评定，但基本符合品种特征要求，而与标准尚有一定差距者，可根据表现程度在"品种特征及整体结构"中适当扣分。

②在评分时，为了便于掌握，每一大项可先按三级初步定出最低分数，如"品种特征及整体结构"，公牛三级为 21 分（30×70%），然后根据该项外貌表现程度，适当增减分数。其他各项均可按此法进行评分。

③凡具有严重的狭胸、靠膝、交突、跛行、凹背、凹腰、尖尻、立系、卧系等缺陷的母牛，只能评为二级以下（包括二级），具有上述表现的公牛只能评为三级以下（包括三级）。

（四）水牛的外貌评定标准

全国水牛改良及育种协作组制定的水牛外貌评定评分标准见表 5-6，外貌等级评定见表 5-3。

表 5-6　水牛外貌评定评分表

项目	评定标准	评分	
		公	母
整体结构	头型良好，体质结实，前躯高于后躯，结构匀称，体躯宽深，发育良好，毛色、体态、头型和角形等具有品种特征	30	30
体躯	公牛鬐甲高而宽，母牛较低，肩长而斜，胸部宽深，肋弯曲扩张，肋骨长，弯曲良好，背腰宽广平直，长短适中。腹部公牛充实似圆筒，母牛大而不垂。尻部肌肉发达，长宽而略斜。公牛睾丸大小适中而对称，发育良好，母牛乳房呈球形，发育良好，乳头长短适中，排列对称	50	50
四肢	肢势良好，壮健有力，行走时后蹄超前蹄，动作灵活稳健，蹄形正，质地坚实	20	20
合计		100	100

注：母牛后躯应比公牛标准多 5 分，而公牛前躯要比母牛多 5 分，体躯总分不变。

四、评定方法和步骤

1. 准备被评定牛的基本资料　包括牛号、年龄、胎次、产犊日期、产奶量、怀孕与否等，以备评定时参考。同时准备好评定表格。

2. 对评定场地的要求　评定一般在奶牛场的运动场进行，最好在运动场内临时设一个小围栏，把牛圈在小围栏内进行。要求地面平坦宽敞，光线充足。

3. *对牛外貌评定* 外貌评定评分一般数人一组，逐头进行评定。将一头被评定的牛小心驱赶到小围栏内，评定小组成员在小围栏外评定。在运动场评定时，使牛站在场地中央，自然站立，可以活动。评定小组成员在牛的周围形成一个松散圆圈，这样既有利于评定成员从各个角度观察牛外貌，又可防止在评定过程中被评定的牛跑掉或运动场上其他牛产生干扰。

4. *对评定人员的要求* 评定人员首先站在距被评定牛适当距离的地方，对牛的整体进行观察(包括静止和随意运动状态)，以便对该牛有一个大致印象，从整体上看该牛大体上是属于哪一等级的牛。根据外貌评定评分表的内容，按项目逐一进行评定。根据评定项目的要求可调整评定人员与牛之间的距离，甚至可以走近牛体，对牛体进行触摸；也可根据评定要求，调整牛的站立姿势和使牛做必要的运动，其目的是全面客观地了解被评定牛每个评定细目的详细情况，做出正确判断。根据被评定牛各评定项目的实际情况与评定评分表中的理想型要求之差距和评分标准，给出每一项目的评定分数，记录于相应的表格内。

5. *汇总* 评定完每一个细目后，将各细目的得分按项目汇总，得到总分。

五、作业

(1)实验指导教师预先详细讲解外貌评定的标准，使学生对每个小项可能出现的多种形态做到心中有数。

(2)指导教师示范评定 2 或 3 头牛，对于每一项的评定结果详细说明其理由。

(3)把学生若干人分为 1 组，每个学生独立评定，最后把该组学生对每个小项和大项的评分及总分求出平均数，即为该牛的评分。

(4)每组至少评定 5 头牛，指导教师监督评定的可重复性，对分歧较大的小项由指导教师进行校正，然后重新评定，直至相对一致即可。

(5)每个学生完成 1 头牛的体型外貌评定实验报告。

实验六 奶牛体型线性评定

一、实验目的

通过学习使学生理解奶牛体型线性评定的基本原理，掌握奶牛体型线性评定的基本方法和要领。

二、实验原理

奶牛体型性状线性分析的概念最早于1976年由美国提出，1980年制定出奶牛体型线性评定方法，1983年正式应用于美国荷斯坦奶牛的评定。我国在1990年制定了《奶牛体型线性评定》，以后根据国际标准和在我国试行情况，于1996年由中国奶牛协会制定中国荷斯坦牛体型线性评定的标准，并一直沿用至今。它是根据奶牛的生物学特性，确定具有重要经济价值和生理功能价值的各性状的评定标准，按1～50分的范围从性状的一个极端到另一个极端作衡量(1～5分和45～50分为两个极端，25分是中间分)，确定该性状的线性评分，通过转换将线性评分转换为该性状的功能分，再根据各性状与生产性能的相关性大小，对每个性状赋予一加权系数，通过加权系数将各功能分总和为一个百分制的总体评分，根据总体评分评定该奶牛的外貌等级。和以往的描述性外貌评定方法相比较，它克服了易受鉴定员主观意志、个人爱好、牛群概况、实践经验所影响的缺点，具有客观性和可重复性，对于迅速提高奶牛生产性能，指导奶牛育种工作具有重要的意义。

三、评定方法和步骤

(一)性状评定方法

奶牛体型线性评定共涉及一般外貌、乳用特征、体驱容积和泌乳系统4个特征性状中的15个主要性状的评定。

1. 体型部分

(1)体高：体高根据尻高(十字部高)评分。尻高为140 cm者属中等，得25分，低于130 cm评1～5分，高于150 cm评45～50分，在此范围内每增减1 cm，增减2个线性分。

(2)胸宽(体强度)：胸宽反应了母牛保持高产水平和健康状况的能力。它指胸的宽度，即前内裆宽，前内裆宽为25 cm时属中等，得25分，低于15 cm评1～5分，大于35 cm评45～50分，在此范围内每增减1 cm，增减2个线性分。

(3)体深：体深与容纳粗饲料的能力相关。它以胸深率表示，即胸深与体高之比。当胸深率为50%时属中等，得25分，极浅评1～5分，极深评45～50分，在此范围内每增减1%，增减3个线性分。此外，还须考虑肋骨开张度，最后两肋间宽不足3 cm扣1分，超过者加1分，一般以左侧为好。

(4)棱角性(乳用性，清秀度)：棱角性是乳用特征的反映。中等程度为：头狭长清秀，颈细长，鬐甲棘突高出肩胛，鬐甲角度60°左右，从侧面能隐隐约约看到胸椎棘突突起和2或3根肋骨，大腿薄，四肢关节明显，全身皮肤薄，骨骼细，具有细致紧凑体型。极端肥胖的评1～5分，极端清秀的评45～50分。

2. 尻部部分

(5)尻角度：尻角度与牛的生产和繁殖性能有关，为腰角至同侧坐骨端的倾斜度，即坐骨端与腰角的相对高度。腰角高于坐骨端4 cm时为中等，得25分，腰角低于坐骨端4 cm时评1～5分，腰角高于臀端12 cm时评45～50分，在此范围内每增减1 cm，增减2.5个线性分。

(6)尻宽:尻宽与易产性有关,尻部越宽,产犊越顺利。尻宽用两坐骨端之间的距离来表示,尻宽为 20 cm 时属中等,得 25 分,低于 15 cm 时评 1～5 分,大于 24 cm 时评 45～50 分,在 20～24 cm 范围内每增加 1 cm,增加 5 个线性分。在 20～15 cm 范围内每减少 1 cm,减少 4 个线性分。

3. 肢蹄部分

(7)后肢侧视:后肢姿势可直接影响肢蹄部的耐力。它以飞节角度表示,飞节角度为 145°时属中等,评 25 分,大于 155°评 1～5 分,小于 135°评 45～50 分,在此范围内每增减 1°,减增 2 个线性分。

(8)蹄角度:蹄角度可反映蹄的耐久力。它指蹄壁与蹄底所呈角度。蹄角度为 45°时属中等,评 25 分,小于 25°评 1～5 分,大于 55°评 45～50 分,在 45°～25°范围内每减少 1°,减 1 个线性分,在 45°～55°范围内每增加 1°,增加 2 个线性分。

4. 乳房部分

(9)前乳房附着:它反映了乳房侧悬韧带附着的坚实程度,用前乳房与腹壁所呈角度表示,角度越大,附着越坚实。角度为 110°时属中等,评 25 分,小于 90°评 1～5 分,大于 130°评 45～50 分,在此范围内每增减 1°,增减 2 个线性分。

(10)后乳房高:它是乳房容积大小的因素之一,与产奶、贮奶能力直接相关。后乳房高用乳腺组织上缘与阴门基部的距离评定。当距离为 24 cm 时属中等,评 25 分,大于 32 cm 时评 1～5 分,小于 18 cm 时评 45～50 分,在 24～18 cm 范围内每减少 1 cm,增加 3. 33 个线性分,在 24～32 cm 范围内每增加 1 cm, 减少 2. 5 个线性分。

(11)后乳房宽:是乳房另一个潜在产奶、贮奶能力的标志。用乳腺组织上缘的距离表示。距离为 15 cm 时属中等,评 25 分,小于 7 cm 时评 1～5 分,大于 23 cm 时评 45～50 分,在此范围内每增减 1 cm,增减 2. 5 个线性分。由于后乳房宽与母牛所处泌乳月有关,处于泌乳高峰期时后乳房最宽,接近干乳期时后乳房宽度变窄,所以评定时应尽量在第 3 至第 5 泌乳月期间和挤奶前进行,并参考乳房皱褶数,每出现一条乳房皱褶,可加 1 分,超过 3 条以上者,仍以 3 条计。

(12)悬韧带:中央悬韧带的强弱直接决定了乳房的悬垂状况。中央悬韧带的强弱,用后乳房基部到中央悬韧带的深度表示。沟深为 3 cm 时属中等,评 25 分,沟深为 0 以下时评 1～5 分,沟深为 6 cm 以上时评 45～50 分,在此范围内,沟深每增减 1 cm,增减 6. 67 个线性分。

(13)乳房深度:乳房深度关系到乳房容积大小,一定的乳房深度有利于增大乳房容积,乳房太深时易引起损伤和乳房炎,是下垂的表现。当乳房底部高于飞节连线 5 cm 时属中等,评 25 分,当乳房底部低于飞节 5 cm 时评 1～5 分,高于飞节 15 cm 时评 45～50 分。在此范围内,每增减 1 cm,增减 2. 5 个线性分。

(14)乳头后视:它反映了乳头分布的均匀程度,乳头位置关系到挤奶操作的难易和是否容易发生损伤。乳头的中央分布为:把后乳房宽三等分,四个乳头的位置恰好处于三等分线上。乳头为中央分布时属中等,评 25 分,乳头分布越集中,分数越高,越离散,分数越低。

(15)乳头长度:乳头长度关系到挤奶操作的难易程度。乳头长度为 6 cm 时评 25 分,大于 9 cm 以上评 45～50 分,小于 3 cm 以下评 1～5 分,每长 1 cm 加 6. 67 个线性分,每少 1 cm 减 6. 67 个线性分。

(二)性状的评定

根据上述性状的评定要点，借助测杖、圆测器的测量，逐一评定，对于其中的几个描述性性状，主要依赖于评定人员的观察判断，将每项评分填入记录表 6-1 内。

表 6-1　乳牛线性外貌评定记录表

场主姓名：　　牛号：　　胎次：　　产犊日期：　　评定员：　　评定时间：

一般外貌	线性分	功能分	权重系数	乳用特征	线性分	功能分	权重系数	体躯容积	线性分	功能分	权重系数	乳房系统	线性分	功能分	权重系数
体高			15	棱角性			60	体高			20	前房附着			20
胸宽			10	尻角度			10	胸宽			30	后房高			15
体深			10	尻宽			10	体深			30	后房宽			10
尻角度			15	后肢侧视			10	尻宽			20	悬韧带			15
尻宽			10	蹄角度			10					后房深			25
后肢侧视			20									乳头后视			7.5
蹄角度			20									乳头长度			7.5

一般外貌评分	一般外貌权重	乳用特征评分	乳用特征权重	体躯容积评分	体躯容积权重	乳房系统评分	乳房系统权重
	30		15		15		40
整体评分				外貌等级			

(三)外貌等级评定

根据线性评分转换百分表 6-3，将线性评分转换成百分制功能分，对应填入表 6-1 内，根据表 6-1 所列性状的分类和权重计算出一般外貌、乳用特征、体躯容积、乳房系统和整体评分，根据表 6-2 进行外貌等级评定。

表 6-2　母牛外貌等级评定

整体评分	≥90	85～90	80～84	75～79	65～74	64 以下
等级	优	良	佳	好	中	差

表 6-3 线性评分转换百分表

线性评分	体高	胸宽	体深	棱角性	尻角度	尻宽	后肢侧视	蹄角度	前房附着	后房高	后房宽	悬韧带	后乳房深	乳头后视	乳头长度
50	80	75	75	75	51	88	51	80	80	97	97	80	70	75	70
49	82	75	76	76	53	89	52	81	82	96	96	83	71	78	71
48	84	76	77	77	56	90	53	82	84	94	95	86	72	81	72
47	86	76	79	79	59	91	54	83	86	92	94	89	73	84	73
46	88	77	82	82	62	93	55	84	88	91	93	92	74	87	74
45	90	77	85	85	65	95	56	85	90	90	92	95	75	90	75
44	93	78	86	87	66	97	57	86	92	89	92	94	76	90	76
43	95	78	87	89	67	95	58	87	94	88	91	93	77	89	77
42	97	79	88	91	68	93	59	88	95	87	91	92	79	89	78
41	96	82	89	93	69	91	60	89	94	86	90	91	82	88	79
40	95	85	90	95	70	90	61	90	92	85	90	90	85	88	80
39	94	88	89	93	71	89	62	91	90	84	89	89	87	87	81
38	93	91	88	91	72	88	64	92	88	83	88	88	89	87	82
37	92	94	87	89	73	87	66	93	87	82	87	87	90	86	83
36	91	92	86	87	74	86	68	94	86	81	86	86	91	86	84
35	90	90	85	85	75	85	70	95	85	81	85	85	92	85	85
34	89	88	84	84	76	84	71	93	84	80	84	84	91	85	86
33	88	86	83	83	77	83	72	91	83	80	83	83	90	84	87
32	87	84	82	82	78	82	73	89	82	79	82	82	89	84	88
31	86	82	81	81	79	82	74	87	81	78	81	81	87	83	89
30	85	80	80	80	80	81	75	85	80	78	80	80	85	83	90
29	84	79	79	79	82	80	78	83	79	77	79	79	82	82	90
28	83	78	78	78	74	80	81	81	78	77	78	78	79	82	88
27	82	77	77	77	76	79	84	79	77	76	77	77	77	81	85
26	81	76	76	76	88	78	87	77	76	76	76	76	76	81	83
25	80	75	75	76	90	78	90	76	76	75	75	75	75	80	80
24	79	75	75	75	88	77	87	75	75	75	74	74	74	79	78
23	78	74	74	74	86	76	84	74	74	74	73	73	73	78	76
22	77	74	74	73	84	76	81	73	73	72	72	72	72	77	74
21	76	73	73	72	82	75	78	72	72	71	71	71	71	76	72
20	75	73	73	70	80	74	75	71	70	70	70	70	70	75	70
19	74	72	72	69	78	73	73	70	69	70	69	69	69	73	69
18	73	72	72	68	76	72	71	69	68	69	68	68	68	71	68
17	72	71	71	67	74	71	69	69	67	69	67	67	67	69	67
16	71	70	70	66	72	70	67	68	66	68	66	66	66	67	66
15	70	69	69	65	70	69	65	68	65	68	65	65	65	65	65
14	69	68	68	64	69	68	64	67	64	67	64	64	64	64	64
13	68	67	67	63	67	67	63	67	63	67	63	63	63	63	63
12	67	66	66	62	66	66	62	66	62	66	62	62	62	62	62
11	66	65	65	61	65	65	61	65	61	66	61	61	61	61	61
10	64	64	64	60	64	64	60	64	60	65	60	60	60	60	60
9	63	63	63	59	63	63	59	63	59	64	59	59	59	59	59
8	61	61	61	58	61	61	58	61	58	63	58	58	58	58	58
7	60	60	60	57	60	60	57	59	57	61	57	57	57	57	57
6	58	58	58	56	58	58	56	58	56	59	56	56	56	56	56
5	57	57	57	55	57	57	55	56	55	58	55	55	55	55	55
4	55	55	55	54	555	55	54	55	54	55	54	54	54	54	54
3	54	54	54	53	54	54	53	53	53	53	53	53	53	53	53
2	52	52	52	52	52	52	52	52	52	52	52	52	52	52	52
1	51	51	51	51	51	51	51	51	51	51	51	51	51	51	51

(四)注意事项

(1)奶牛线性外貌评定的主要对象是母牛,从第一胎开始到第四胎止,每胎评定一次,从中取一最高成绩认定为该牛终身的成绩。

(2)评定的季节以春秋为宜,冬夏季会掩盖或夸大其棱角性,影响等级评定的准确性。

(3)评定的时间为每胎产后60~150天之间,即第3至第5泌乳月,以产后60天左右评定为最佳,并在挤奶前评定,在干乳期、围产期、疾病期等不评定。

(4)对于体躯左右侧均出现的某些性状,如蹄角度、后肢侧视等,应评定健康的、最佳的一侧。

(5)鉴定人员要注意安全,可用自身的体尺(如体高、臂长、拃长等)作为对照标准,估计各性状。

四、作业

(1)参照实验五的评定方法、步骤和组织实施到牛场对成年乳牛在挤奶前、加以保定后进行体型线性评定。

(2)将学生分为若干小组,每组评定2头牛,每人完成1头牛的体型线性评定实验报告。

实验七　奶牛体况评分

一、实验目的

通过本实验,使学生掌握奶牛体况评分的原理和基本方法,了解其在奶牛生产中应用的意义。

二、实验原理

牛的体况评分(body condition scoring,BCS)是评价牛体状况或脂肪沉积量或膘情的一种方法,是推测牛群生产力的一项重要指标。体况评分方法是用一系列的分数单位来描述牛的体况,在估测牛机体能量储备方面远优于现行的目测法或体重身高比率计算等方法。其最大优点是简便易行、易学、易于推广普及,不需要任何特殊的工具和设备就可快速得出结果。并且对于普遍的生产管理和研究来说,具有足够的准确性。更重要的是当描述牛体况时,每个评价者都能应用同一种语言来表达,这就比用那些含糊其辞的级别术语,例如像"肥"、"中等肥"、"稍肥"或"瘦"、"较瘦"等来描述,更为准确和统一。

三、实验材料

本实验在标准化饲养管理的奶牛场进行，选择有代表性的实验牛约10头。指导教师先给学生讲解实验原理和方法，并选择3或4头典型牛进行示范评定，对每一评定部位逐一说明，最后给出评分。

四、实验方法和步骤

(1)体况评分的主要部位和评定方法见图7-1和图7-2。

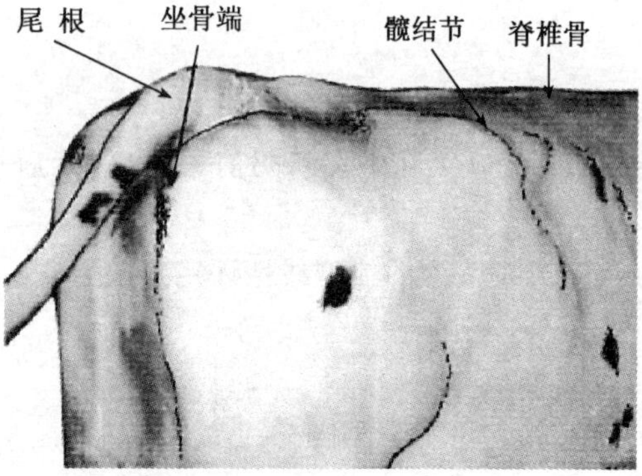

图7-1 奶牛体况评分的主要部位

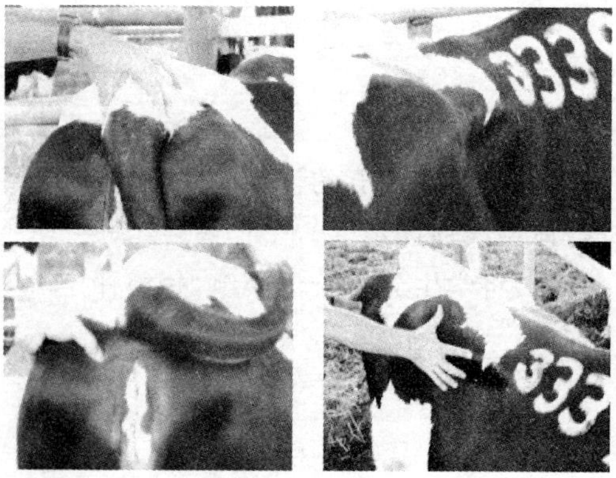

图7-2 奶牛牛体况评分的基本操作方法

牛体况评分的方法是通过观察和用手触摸牛体的某些特定部位，评价其皮下脂肪的沉积程度，依此评价牛体的膘情状况。评价的主要部位和方法如下：

①尾根：是指观察和触摸牛尾根部与骨盆的交接处周围皮下脂肪的沉积情况。

②坐骨端(坐骨结节)：用手触摸和挤压这一部位，感觉脂肪的覆盖程度。

③三角区：是指坐骨结节与髋结节之间、荐骨两侧的区域，用手触摸和按压，估测皮下脂肪含量。

④荐骨部：观察、触摸和评价荐骨上部的脂肪覆盖量。

⑤韧带：主要包括坐骨与尾根连接的韧带和荐骨与脊椎骨之间的韧带区域，确定其脂肪覆盖厚度。

⑥脊椎骨(背线)：目测和用手掌在该部移动按压，检查脊椎骨的突出程度，用以估价该部位的脂肪沉积量。

⑦短肋骨(腰椎肋横突)：将手放在牛的腰部，手指的指向与髋结节相对，用大拇指去触摸和感觉短肋骨部末端的脂肪覆盖量，观察并触摸短肋骨下方肷窝处的脂肪填充情况。

⑧观察并用手抚摩检查肋骨表面脂肪的覆盖程度。

(2)评分标准。

按照国际通行的英国评分标准体系，为5分制，即牛体况的评分级别是从1分(非常瘦)到5分(较肥)。具体评分标准如下：

1分：用手触摸牛的每一短肋骨，感觉轮廓清晰、明显凸出，呈锐角，没有脂肪覆盖其周围。髋结节、尾根和肋骨眼观突起鲜明。

2分：用手触摸，可分清每一单独的短肋骨，但感觉其端部不如1分体况那样锐利，有一些脂肪覆盖于尾根周围，髋结节和肋骨不明显。

3分：只有当用力下压时，才能触摸到短肋骨，很容易触摸到尾根部两侧区域有一些脂肪覆盖。

4分：触摸尾根周围覆盖的脂肪柔软，略呈圆形，尽管用力下压也难以触摸到短肋骨，可见更多的脂肪覆盖于肋骨，牛的整体脂肪量较多。

5分：牛体的骨架结构不明显，躯体呈短粗的圆筒状，尾根和髋结节几乎完全埋在脂肪里，肋骨和大腿部明显沉积大量脂肪，短肋被脂肪包围，牛体因积累大量脂肪而影响运动。

各种典型不同体况评分奶牛的参考示例见图7-3。

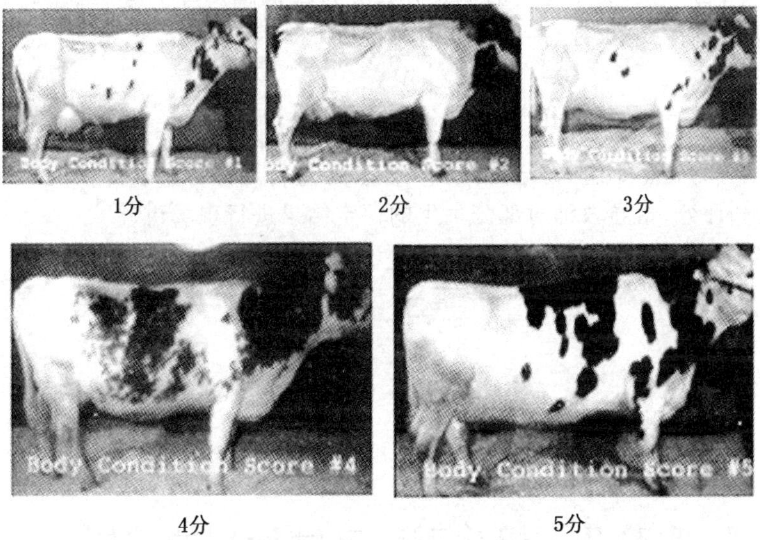

图7-3　奶牛体况评分参考示例

(3)在操作过程中，某一动物的体况可能介于两个等级之间，上下为半分之差，如2.5分，表示被测动物的体况是介于2分与3分之间。由于被毛丰满时，会从视觉上掩盖较差的体况，所以，体况评分不仅要靠眼观，更主要的是根据手的触觉，对动物体表某些特定部位的脂肪覆盖程度进行衡量而决定评分。

(4)本实验是以奶牛作为实验评价对象，其基本方法完全适用于肉用母牛和其他各类型牛的体况评分。

五、体况评分时间和结果评价

牛体况的评分的时间和理想的评分见表7-1。

表 7-1 评分时间和理想的评分

牛的类型	评分时间	理想的评分	变动范围
成年母牛	产犊期	3.5	3.25～3.75
	泌乳早期	3.0	2.75～3.25
	泌乳中期	2.75	2.5～3.0
	泌乳后期	3.25	3.0～3.5
	干乳期	3.5	3.25～3.75
后备母牛	6 月龄	3.0	2.75～3.25
	12 月龄(性成熟期)	3.25	3.0～3.5
	15 月龄(初配期)	3.5	3.25～3.75
	24 月龄(初产期)	3.5	3.25～3.75

成年母牛需要在每个生产年度的如下三个时期必须进行一次体况评分：

(1)秋季妊娠检查时或冬季饲养开始前进行一次评分，其理想分数为 3.0；

(2)产犊时评分一次，成年母牛的适宜分数应为 2.5，初产母牛为 3.0；

(3)配种开始前的 30 天评分一次，此时分数以 2.5 为宜。

六、作业

(1)将学生分为若干小组，每组选择 5 头实验牛进行评分。要求详细记录每头牛评分过程的文字描述和评分，指导教师对部分学生的评定结果进行现场讲评。

(2)每个学生完成 5 头牛的评分实验报告。

实验八　母牛配种产犊计划的编制

一、实验目的

学习编制牛场配种产犊计划，并掌握其编制计划的原理、根据和方法。

二、实验原理

通过应用牛场的母牛出生、配种、妊娠、产犊等多方面的生产记录材料，根据牛场的生产条件、发展规划等其他情况，合理制定出全场母牛配种产犊计划。

三、实验材料

(1)牛场母牛的实有头数和分娩交配记录(表 8-1)。

(2)牛场去年生和前年生育成母牛的出生日期等有关资料(表 8-2)。

(3)为了便于配种产犊计划的调整,还需了解牛群的基本情况,如生产性能、饲养管理条件和牛群健康状况等。

表 8-1　去年母牛分娩和交配记录表

牛号	305天泌乳量(kg)	最近一次产犊日期(年.月.日)	配种					产犊		营养情况
			与配公牛号	预定配种日期(年.月.日)	实际配种日期			产犊日期(年.月.日)	实际产犊日期	
					第1次	第2次	第3次			
143	6 854	04.05.31	0579	04.07.31	07.28			05.05.04		中
249	7 453	04.06.02	6625	04.08.02	08.06	10.04		05.07.10		上
…	…	…	…	…	…	…	…	…	…	…
237	7 846	04.09.01	1562	04.11.01	11.06			05.08.12		中
285	6 935	04.11.04	7798	05.01.04	01.02	01.23		05.10.29		中
270	6 862	04.12.03	4421	05.02.03	02.14			05.11.20		上
278	6 723	04.12.18	3292	05.02.18	02.18			05.11.24		中

表 8-2　前年生和去年生育成母牛出生年月表

牛号	血统		出生日期(年.月.日)	初生重(kg)	营养状况
	父号	母号			
326	6625	149	03.05.12	38	中
368	4421	170	03.08.19	40	上
…	…	…	…	…	…
466	3292	165	04.02.06	35	中
472	0579	143	04.09.17	37	上
489	1562	249	04.12.02	36	中

四、实验方法和步骤

编制本年度的配种产犊计划,具体方法举例如下。

(1)场内去年母牛及育成母牛的配种记录(表 8-1)按月进行归纳整理(表 8-3)。

表 8-3　去年母牛和育成母牛的配种日期及头数表

牛别	月份												合计
	1	2	3	4	5	6	7	8	9	10	11	12	
母牛				35	37	40	32	26	38	41	46	42	337
育成母牛					16	13	12						41

注:去年未曾交配的 40 头母牛,计划在本年 1 月份、2 月份分别配牛 18 头和 22 头。

(2)将场内去年生和前年生的育成母牛(表 8-2)按月份进行整理(除去淘汰和出售的)(表 8-4)。

表 8-4 前年生和去年生育成母牛的出生月份统计表

牛别	月份												总计
	1	2	3	4	5	6	7	8	9	10	11	12	
前年生						8	9	10	11	9	11	12	70
去年生	9	9	8	6	7	8	6	6	10	11	12	13	105

(3)将去年母牛及育成母牛配种受胎月份减 3 或往后推 9 个月。推算其预产的年月，就可编出计划年度(本年度)各月份的产犊计划。

(4)育成母牛第一次交配妊娠的年龄，按本场规定为 16～17 月龄(体重达到成年母牛的 65%～75%)。

(5)规定母牛产后 1～3 个月为计划配种月份(本场规定成母牛产后第 2 个月进行配种，第一次产犊，产后第 3 个月进行配种)。

(6)假定母牛的实际产犊数为 100%。

(7)一个产犊不均匀的牧场，要逐步进行调整，产犊计划的调整一般是将处女牛进行调整。

①采取提前或延迟 1～2 个月配种的方法，就能达到目的。

②也可利用成母牛产后缩短或延长配种期来调整(营养状况好的可缩短，差的或高产牛适当延长)。

(8)根据上述有关资料和要求，编制本年度牛群配种产犊计划，关于增殖速度，因场而异(表 8-5)。

表 8-5 本年度牛群配种产犊计划表

项 目	月 份												总 计
	1	2	3	4	5	6	7	8	9	10	11	12	
1. 去年配种头数													
母牛				35	37	40	32	26	38	41	46	42	337
育成母牛					16	13	12						41
共计				35	53	53	44	26	38	41	46	42	378
2. 本年度产犊数													
母牛	35	37	40	32	26	38	41	46	42	18	22	35	412
育成母牛		16	13	12						8	9	10	68
共计	35	53	53	44	26	38	41	46	42	26	31	45	480
3. 应产犊头数	35	53	53	44	26	38	41	46	42	26	31	45	480
4. 本年度配种头数													
母牛	18	22	35	37	40	32	26	38	41	46	42	18	395
初次产犊育成母牛					16	13	12						41
前年生育成母牛	8	9	10	11	9	11	12						70
去年生育成母牛						9	9	8	6	7	8	6	53
共计	26	31	45	48	65	65	59	46	47	53	50	24	559

注：①去年的配种数，包括母牛 337 头和育成母牛 41 头，共 378 头。

②本年度(计划年度)产犊数，包括去年配种的 378 头以及本年度头 3 个月配种的母牛 75 头和前年生的育成母牛 27 头，共计 480 头。

③因为假定母牛的实际产犊数为 100%，应产犊头数即是本年度产犊数 480 头。

④本年度配种头数，包括母牛 395 头，初次产犊母牛 41 头，前年生育成母牛 70 头和去年生育成母牛 53 头，共计 559 头。

五、作业

选择一典型的奶牛场或肉牛场作为实验现场，根据该地区、该牛场的具体情况和要求，编制其年度牛场配种产犊计划。

实验九　牛群周转计划的编制

一、实验目的

牛群周转计划是编制其他各项计划的基础，编制该计划的目的是掌握牛数增减情况，使牛群年终保持合理的结构，以便使饲料生产得到合理安排，并使劳动力、机械设备、房舍建筑得到合理使用，杜绝浪费，做到有计划地进行生产。通过牛群周转计划编制，使学生学习其编制的原理和方法。

二、实验原理

根据牛群在一年内的计划繁殖、购入、淘汰、转群、出售、死亡等各类牛数量发生变化的情况，编制全场牛群的周转计划。

三、实验材料

(1)本年度年初和年终牛群组成，主要指牛群中各种性别、年龄、不同用途牛所占比例，包括种公牛、繁殖母牛、后备育成牛(青年牛)、哺乳犊牛(公、母)等。不同用途牛群，组成结构是不同的，例如奶牛场或以繁殖为主的牛场，其繁殖母牛比例可达60%～70%，育成母牛为20%～30%，母犊牛约为10%，在肉用牛场或役用牛场，繁殖母牛至少占40%，采用冷冻精液人工授精的牛场可不养种公牛。

(2)牛群配种分娩数。

(3)本年度出售和淘汰牛头数及时间。

(4)预计购入牛头数及时间。

四、实验方法和步骤

牛群周转计划表(表9-1)将牛群分三类，即1～6月龄的哺乳犊牛、育成牛和成年牛，而育成牛又分6～12月龄育成牛、12～18月龄育成牛和准备产犊的后备育成牛。

制定计划前，要根据牛场人力、饲料、场地牛舍等设备条件确定养牛规模。假设要养100头成年奶牛，按成年奶牛占全群牛的60%计算，则全群牛数为167头，成母牛淘汰率按10%计算，各类牛的头数大致如下：

计划年度产犊的后备育成牛（青年牛）补充每年正常淘汰的10%（即10头）成母牛，至少应有10头，为留有选优去劣的余地，增加10%，即准备11头。

为保证有足够的产犊后备育成牛，12～18月龄的育成牛也应增加10%头数。

12月龄以内的育成牛数应多于12～18月龄育成牛头数。因为6月龄以内哺乳犊牛留得多。

哺乳犊牛的留数要考虑其淘汰死亡及选择，因此应为淘汰数的2倍，大约为20头。

种公牛的选留，由于人工授精、冷冻精液技术已达到很高水平，就不予考虑了。

有了各类牛头数后可将各类牛年初数分别填入其年初栏内，并计算各类牛按计划要达到的年末头数。

按本年度配种产犊计划，将各月要出生的母犊牛数（按公、母牛各半计算）分别填入母犊牛“增殖”或“出生”栏内。

再将各类牛转出数、转入数、死亡数、淘汰数、月初数、月末数计算好填入表9-1内。如要扩大牛群就可增加各类牛的头数。

以上是某个小型牛场牛群周转情况，根据此周转情况就可编制下一年度牛群计划，见表9-1，条件是成母牛占全群的60%左右，淘汰率为20%，犊牛、育成母牛无供应外单位任务，牛场保持现有规模。

表9-1 某牛场牛群2005年度周转情况

月份	哺乳犊牛						育成母牛						成母牛					
	月初数	增殖数	转出数	死亡数	淘汰数	月末数	月初数	增殖数	转出数	死亡数	淘汰数	月末数	月初数	增殖数	转出数	死亡数	淘汰数	月末数
1	22	2	2			22	46	2	1		1	46	100	1			1	100
2	22	2	2	1		21	46	2	3			45	100	3			1	102
3	21	3	2		1	21	45	2	2			45	102	2			1	103
4	21	1	1		1	20	45	1	1			45	103	1			1	103
5	20	1	2			19	45	2	1			46	103	1				104
6	19	2				21	46					46	104					104
7	21	4	2			23	46	2	1		2	45	104	1			1	104
8	23	2			2	23	45				3	42	104		1		1	102
9	23	3	2		1	23	42	2	1		1	42	102	1				103
10	23	2		1	1	23	42		1		1	40	103	1			1	103
11	23	2			2	23	40					40	103				1	102
12	23	2	2		1	22	40	2	2			40	102	2		1	2	101
全年		26	15	2	9			15	13	0	8			13	1	1	10	

五、作业

根据表 9-2，编制 2006 年度牛群周转计划。成母牛淘汰率占成母牛的 20%，牛场保持现有规模，也无供应外单位犊牛和育成母牛的任务。

表 9-2　2006 年度牛群周转计划表

月份	哺乳犊牛						育成母牛						成母牛					
	月初数	增殖数	转出数	死亡数	淘汰数	月末数	月初数	增殖数	转出数	死亡数	淘汰数	月末数	月初数	增殖数	转出数	死亡数	淘汰数	月末数
1	70						140						337					
2																		
3																		
4																		
5																		
6																		
7																		
8																		
9																		
10																		
11																		
12	70						140						337					
全年																		

实验十　奶牛生产力的计算与分析

一、实验目的

通过本实习，使学生熟悉和掌握牛场奶牛计算群体产乳量和个体产奶量的记录、计算和分析方法，为改进牛群的育种和饲养管理，提供科学依据。

二、实验材料

(1)计算器、直尺、坐标纸。

(2)某奶牛场 2438 号和 2057 号泌乳母牛 2004 年的产奶日记(表 10-3，表 10-4)，其中

2438 号牛的年平均乳脂率为 3.4％，2057 号牛的年平均乳脂率为 3.2％。

(3)该奶牛场 2004 年的生产记录资料，包括成母牛泌乳头日统计表(表 10-5)、成母牛饲养头日统计表(表 10-6)和 2004 年全场各月份产奶量统计表(表 10-7)。

三、实验方法和步骤

(一)个体产奶量和标准乳的计算方法

个体产奶量包括日产奶量、年度产奶量(是指 1 月 1 日至本年度 12 月 31 日为止的全年产奶量，包括干乳阶段)。生产中常以 305 天产奶量、305 天标准乳产量和全泌乳期实际产奶量(是指产犊后第 1 天开始到干奶为止的累计产奶量)为标准。

1. 305 天产奶量　是指自产犊后第一天开始到 305 天为止的产奶量。不足 305 天者，按实际产奶量；超过 305 天者，超过部分不计在内。

2. 305 天校正产奶量　是指实际产奶量乘上相对的系数，校正为 305 天的近似产量。产奶期不足 305 天的校正系数见表 10-1，产奶期超过 305 天的校正系数见表 10-2。

表 10-1　产奶期不足 305 天的校正系数

产奶天数	240	250	260	270	280	290	300	305
第 1 胎	1.182	1.148	1.116	1.036	1.055	1.031	1.011	1.00
2～5 胎	1.165	1.133	1.103	1.077	1.052	1.031	1.011	1.00
6 胎以上	1.155	1.123	1.094	1.070	1.047	1.025	1.009	1.00

表 10-2　产奶期超过 305 天的校正系数

产奶天数	305	310	320	330	340	350	360	370
第 1 胎	1.00	0.987	0.965	0.947	0.924	0.911	0.895	0.881
2～5 胎	1.00	0.988	0.970	0.952	0.936	0.925	0.911	0.904
6 胎以上	1.00	0.988	0.970	0.956	0.939	0.928	0.916	0.913

注：使用上述系数时采用 5 舍 6 进法，即产奶 265 天采用 260 天的系数，266 天采用 270 天的系数。

3. 标准乳的计算　标准乳也称乳脂校正乳(*FCM*)，是指乳脂率为 4％的乳。不同个体牛产的奶含脂率是不同的。在比较不同个体牛产奶性能时，应将不同含脂率的奶校正为含脂率为 4％的乳。换算公式为：

$$FCM=M(0.4+0.15F)$$

式中：M 为产奶量，F 为平均乳脂率。

(二)牛群体产奶量的计算方法

牛群体产奶量的统计，应分别计算成年母牛(包括产奶、干乳及空怀母牛)的全年平均产奶量和产奶母牛(指实际产奶母牛，干乳及不产奶的母牛不计算)的平均产奶量。

(1)按牛群全年实际饲养奶牛头数计算：

$$\text{成年母牛全年平均产奶量(kg)}=\frac{\text{全群全年总产奶量}}{\text{全年平均日饲养成年母牛头数}}$$

(2)按全年实际产奶牛头数计算：

$$产奶牛年平均产奶量(kg)=\frac{全群全年总产奶量}{全年平均日饲养产奶牛头数}$$

式中的“全年平均日饲养成年母牛头数”是指全年平均日饲养的成年母牛(包括产奶、干乳和空怀的各种成年母牛)总头数除以 365 天(闰年 366 天)；“全年平均日饲养产奶母牛头数”是指全年平均日饲养的产奶母牛总头数除以全年天数。

(三)泌乳曲线的绘制

泌乳曲线是根据奶牛的产奶量与泌乳时间所绘制的曲线，是评价奶牛生产性能的一项重要指标。其绘制方法是先在坐标纸上确定坐标位置，横坐标表示泌乳时间(泌乳月)，纵坐标表示产奶量(各泌乳月的日平均产奶量)。在两项指标的交汇点上标记出各泌乳月相应的点，最后将各点连接成光滑的曲线，即为泌乳曲线。

泌乳曲线一般有三种类型，即平稳下降曲线、波动曲线(这种曲线常出现两个或多个高峰)和急剧下降曲线。泌乳高峰期日产量高，下降缓慢，整个泌乳期产奶量稳定，说明产奶性能好。

四、作业

(1)根据该牛场 2004 年度的总产奶量、饲养牛的头日，该年度按饲养头数和泌乳头数计算每头牛年平均产奶量。

(2)计算 2438 号、2057 号泌乳母牛 305 天产奶量并计算出标准乳产量，比较 2 头牛的产奶量。

(3)绘制出以上 2 头牛的泌乳曲线，比较其生产性能。

(4)按饲养头数和泌乳头数分别计算全年日平均产奶量。

表 10-3　2004 年 2438 号牛产奶日记　　kg

日 期	月 份											
	1	2	3	4	5	6	7	8	9	10	11	12
1	15	—			31	37.5	36.5	33	28	24	21	17
2	15	6			31	37.5	36.5	32	28	24	21	17
3	15	—			31	38	36	32	28	24	21	17
4	15	—			32	38	36	32	28	24	21	17
5	15	2			32	38	36	32	28	24	20	17
6	15				32	38	36	32	27.5	23.5	20	17
7	14.5				32	38	36	31.5	27.5	23.5	20	17
8	14.5			8	32	37.5	35	31.5	27.5	23.5	20	16.5
9	14.5			11	34	37.5	35	31.5	27.5	23.5	20	16.5
10	14.5			13	34	37.5	35	31.5	27.5	23.5	19.5	16.5
11	14.5			15	34	37.5	35	31.5	27.5	23.5	19.5	16.5
12	14			20	34	37.5	35	31	27.5	23.5	19.5	16.5
13	14			21	34	38	34.5	31	27.5	23.5	19.5	16
14	14			25	35	38	34.5	31	27.5	23.5	19.5	16

续表 10-3

日 期	月 份											
	1	2	3	4	5	6	7	8	9	10	11	12
15	14			25	35	38	34.5	31	27.5	23.5	19	16
16	14			25	35	38	34.5	31	26	22.5	19	16
17	13			25	35	38	34.5	30	26	22.5	19	16
18	13			25	35	37.5	34	30	26	22.5	19	16.5
19	13			27	26	37.5	34	30	26	22.5	19	16.5
20	13			27	26	37.5	34	30	26	22.5	18	16.5
21	13			27	26	37.5	34	30	25.5	22	18	16.5
22	11			27	26	37.5	29.5	30	25.5	22	18	16.5
23	11			27	26	37	33.5	30	25.5	22	18	16
24	11			28	38	37	33.5	30	25.5	22	18	16
25	11			28	28	37	33.5	30	25.5	17.5	18	16
26	10			28	28	37	33.5	30	25	21.5	18	16
27	10			28	28	37	33.5	29	25	21.5	18	16
28	10			28	28	36.5	33	29	25	21.5	18	15.5
29	10			31	37.5	36.5	33	29	25	21.5	18	15.5
30	10			31	37.5	36.5	33	29	25	21.5	17	15.5
31	8				37.5		33	29	25	21	17	15.5
合 计												

表 10-4　2004 年 2057 号牛产奶日记　　kg

日 期	月 份											
	1	2	3	4	5	6	7	8	9	10	11	12
1		32	40	38	36	33.5	30.5	29	25	21.5		
2		32	40	37.5	35.5	33.5	30.5	29	25	21.5	—	
3		32	41	37.5	35.5	33.5	30.5	29	24	21	8	
4		32	41	37.5	35.5	33.5	30.5	29	24	21	—	
5		32	41	37.5	35.5	33.5	30.5	29.5	24	21	—	
6	10	34	41	37.5	35.5	33	30	29.5	24	21	4	
7	12	34	41	38	35	33	30	29.5	24	21		
8	15	34	40.5	38	35	33	30	29.5	22.5	20		
9	18	34	40.5	38	35	33	30	29.5	22.5	20		
10	20	34	40.5	38	35	33	30	28	22.5	20		
11	24	36	40.5	38	35	32.5	30.5	28	22.5	20		
12	25	36	40.5	37.5	35.5	32.5	30.5	28	22.5	20		
13	25	36	40	37.5	35.5	32.5	30.5	28	22	19		
14	25	36	40	37.5	35.5	32.5	30.5	28	22	19		
15	25	36	40	37.5	35.5	32.5	30.5	27	22	19		
16	25	38	40	37.5	35.5	33	31	27	22	19		
17	27	38	40	37	35	33	31	27	22	19		
18	27	38	39	37	35	33	31	27	22.5	18		
19	27	38	39	37	35	33	31	27	22.5	18		
20	27	38	39	37	35	33	31	26.5	22.5	18		

续表 10-4

日期	月份											
	1	2	3	4	5	6	7	8	9	10	11	12
21	27	38	39	37	35	32.5	30.5	26.5	22.5	18		
22	27	39	39	36.5	34.5	32.5	30.5	26.5	22.5	18		
23	27	39	38.5	36.5	34.5	32.5	30.5	26.5	22	16		
24	27	39	38.5	36.5	34.5	32.5	30.5	26.5	22	16		
25	27	39	38.5	36.5	34.5	32.5	30.5	26	22	16		
26	27	39	38.5	36.5	34.5	31	30	26	22	16		
27	27	40	38.5	36	34	31	30	26	22	16		
28	27	40	38	36	34	31	30	26	21.5	14		
29	27		38	36	34	31	30	26	21.5	14		
30	27		38	36	34	31	30	25	21.5	14		
31	27		38		34		29	25		14		
合计												

表 10-5　2004 年成母牛泌乳头日统计表

牛舍	月份											
	1	2	3	4	5	6	7	8	9	10	11	12
1	1 187	1 047	1 140	1 185	1 109	1 074	997	880	921	869	1 020	945
2	1 073	1 034	1 099	1 010	1 051	1 098	1 107	1 066	864	871	941	1 050
3	1 141	1 032	1 090	1 118	968	962	988	1 090	1 040	1 011	1 092	1 051
4	1 091	980	1 125	971	980	1 014	985	900	921	1 036	974	1 043
5	1 121	1 049	1 156	1 067	994	1 045	994	970	930	1 026	1 012	990
6	781	616	668	180								
7	677	588	669	707	682	616	622	588	659	717	684	712
8	781	188	513	709	961	1 067	1 117	1 188	1 191	1 187	1 159	1 019
合计												

表 10-6　2004 年成母牛饲养头日统计表

牛舍	月份											
	1	2	3	4	5	6	7	8	9	10	11	12
1	1 255	1 120	1 216	1 285	1 245	1 252	1 240	1 240	1 184	1 122	1 146	1 240
2	1 240	1 120	1 240	1 200	1 212	1 195	1 229	1 240	1 174	1 191	1 205	1 240
3	1 271	1 139	1 240	1 275	1 240	1 200	1 240	1 240	1 200	1 224	1 185	1 245
4	1 240	1 118	1 240	1 200	1 240	1 188	1 240	1 209	1 200	1 240	1 200	1 240
5	1 240	1 120	1 240	1 274	1 240	1 210	1 233	1 209	1 154	1 194	1 200	1 240
6	815	672	689	180								
7	837	756	837	810	837	810	837	837	810	837	780	806
8	28	118	515	709	961	1 067	1 117	1 118	1 191	1 209	1 189	1 357
合计												

表 10-7 2004 年各月份产奶量统计表 kg

月份	1	2	3	4	5	6
产奶量	136 604	124 265	135 086	131 534	130 067	130 960
月份	7	8	9	10	11	12
产奶量	133 746	131 144	125 689	130 356	139 779	149 386

实验十一 牛群产奶计划的编制

一、实验目的

产奶计划是奶牛场的主要生产计划之一，也是组织人力和物力生产的依据。通过本实验，使学生熟悉和掌握奶牛场个体产奶计划的制定方法及全场总产奶量计划拟定、编制的基本原理和方法。为保证完成产奶计划应采取各项技术措施和其他工作的计划打下良好的基础。

二、实验材料

实验牛场的全年产奶、配种、分娩记录及有关统计资料、产奶计划表和计算器、直尺、日历表等。

三、实验方法和步骤

(1)拟定产奶计划前，应当了解牛场的饲料状况、上年度牛群产奶情况及本牛群的生产潜力，了解母牛计划年度胎次、上一泌乳期产奶日数、305 天产奶量、最高日产奶量、最近分娩日期、配种日期及母牛的体重和健康状况等。

(2)掌握每头牛的最近分娩、配种日期和营养状况，其中营养状况可根据牛场的实际情况划分为良、中、下三个级别。用配种"月份减 3，日加 6"的方法推算出分娩日期和干乳期。根据以上情况确定母牛下一年度各月的泌乳日数。

(3)根据每头母牛上一个泌乳期的 305 天产奶量，按各胎次与产奶量的变化比例(表 11-1)推算出下一泌乳期理论产奶量。初产母牛的产奶量，根据其母亲第 1 胎产奶量或根据本场过去类似条件第 1 胎母牛的平均产奶量而定。

(4)根据母牛的健康情况、分娩季节和计划年度的饲养管理条件和该牛泌乳性能(产奶量是平稳的还是急剧下降的。前者其最高日产奶量乘以200后，所得数值小于其305天产

表 11-1 某牛场黑白花荷斯坦牛各胎次产奶量变化比例

胎 次	1	2	3	4	5	6	7	8	9
比例(%)	80	90	92	97	100	100	91	86	80

表 11-2 某牛场奶牛各泌乳月产奶比例

泌乳月	1	2	3	4	5	6	7	8	9	10	11	12
各月产奶比例(%)	79	100	94	90	87	80	75	68	63	58	50	30

奶量;后者则大于其305天产奶量),参考表11-2和表11-3确定下一泌乳期各泌乳月的计划日平均产奶量,并依据其他影响产奶的因素加以校正和修订。

(5)将各泌乳月的计划日平均产奶量乘以各月的实际泌乳日数,求出各泌乳月的计划产奶量。

(6)将各泌乳月的产奶量累加在一起,便得到该牛年计划产奶量。综合各头母牛年计划产奶量,便可得出全群奶牛年计划总产奶量。

表 11-3 计划产奶与各泌乳月日平均产奶量分布 kg

计划产奶量	1月	2月	3月	4月	5月	6月	7月	8月	9月	10月
4 200	17	19	17	16	15	14	13	11	10	9
4 500	18	20	19	17	16	15	14	12	10	9
4 800	19	21	20	19	17	16	14	13	11	10
5 100	20	23	21	20	18	17	15	14	12	10
5 400	21	24	22	21	19	18	16	15	13	11
5 700	22	25	24	22	20	19	17	15	14	12
6 000	24	27	25	23	21	20	18	16	14	12
6 345	25	28	26	24	22	21	19	17	15	13
6 600	27	29	27	25	23	22	20	18	15	14
6 900	28	30	28	26	24	23	21	19	16	15
7 200	29	31	29	27	25	24	22	20	17	16
7 500	30	32	30	28	26	25	23	21	18	17
7 800	31	33	31	29	27	26	24	22	19	18
8 100	32	34	32	30	28	27	25	23	20	19
8 400	33	35	33	31	29	28	26	24	21	20
8 700	34	36	34	32	30	29	27	25	22	21
9 000	35	37	35	33	31	30	28	26	23	22
9 300	36	38	36	34	32	31	29	27	24	23
9 600	37	39	37	35	33	32	30	28	25	24

四、实验示例

某牛场一头健康的黑白花荷斯坦奶牛的泌乳、繁殖等资料见表11-4，试为其编制下一个泌乳期的产奶计划。

表11-4 编制产奶计划的有关资料

体重(kg)	上一个泌乳期情况				最近一次分娩日期(年.月.日)	最后一次配种妊娠日期(年.月.日)	预产期(年.月.日)	预计干乳期(年.月.日)	营养状况
	胎次	305天产奶量(kg)	最高日产奶量(kg)	泌乳月份					
630	5	4 997	31.6	12～9	05.1.13	05.3.18	05.12.22	06.10.23	中

(1)根据该牛的有关资料推算其预产期为2005年12月22日，干乳期为2006年10月23日，确定其计划年各月的泌乳日数(表11-5)。

表11-5 计划年各月的泌乳日数

年 度	2005	2006											
自然月份	12	1	2	3	4	5	6	7	8	9	10	11	12
泌乳日数	10	31	28	31	30	31	30	31	31	30	22	0	0

(2)由于该牛的体重适中，营养状况中等，健康状况正常，所以计划年度的第6个胎次产奶量与第5个胎次相同，但由于该奶牛场下一年的饲养条件将有所改善和提高，故下一个泌乳期的计划产奶量预计提高到5 100 kg。

根据该牛上一个泌乳期最高日产奶量，通过计算得知该牛的产奶量下降较快(31.6 kg×200=6 320 kg)。另外该牛场所在地的7～8月份气候较炎热，3～6月份的饲料条件差，将会影响其生产性能，所以经参考表11-3，调整其下一个泌乳期各泌乳月的日平均产奶量，如表11-6所示。

表11-6 计划年度各泌乳月的调整日平均产奶量 kg

年 度	2005	2006									
泌乳月份	12	1	2	3	4	5	6	7	8	9	10
一般产奶量	20	20	23	21	20	18	17	15	14	12	10
调整后产奶量	20	23	25	22	20	18	16	14	12	11	9

注：一般产奶量为表11-3计划产奶量5 100 kg时的各泌乳月日平均产奶量。

(3)将下一个泌乳期各月的日平均产奶量列入相应的月份，再乘以各月份的实际泌乳日数，求得各月的计划产奶量(表11-7)。

表 11-7　下一泌乳期的计划产奶量

年 度	2005	2006									
泌乳月份	12	1	2	3	4	5	6	7	8	9	10
月平均日产奶量(kg)	20	23	25	22	20	18	16	14	12	11	9
月泌乳日数	10	31	28	31	30	31	30	31	31	30	22
计划月产奶量(kg)	200	713	700	682	600	558	480	434	372	330	198
合 计	200	5 067									

(4)累加各月的计划产奶量，得出其下一个泌乳期的计划产奶量为 5 267 kg，其中 2005 年计划产奶量为 200 kg，2006 年计划产奶量为 5 067 kg。

五、作业

(1)根据实验示例介绍的方法和表 11-8 提供的资料，从实验牛群中选出 5 头母牛，按照表 11-9 产奶计划表的格式，做出 2006 年全年产奶计划。

(2)编制本产奶计划时，应考虑的自然因素是该牛场所处的环境在 7～8 月份气候较为炎热，计划年度饲料和饲养管理条件较好。

表 11-8　实验牛群状况

序号	牛号	体重(kg)	上一个泌乳期情况				最近一次分娩日期(年.月.日)	最后一次配种妊娠日期(年.月.日)	预产期(年.月.日)	预计干乳期(年.月.日)	营养状况
			胎次	305 天产奶量(kg)	最高日产奶量(kg)	泌乳天数					
1	1913	540	4	6 500	33	300	05.2.28	05.4.16			中
2	1908	600	4	7 000	34	304	05.9.25	05.11.23			中
3	1980	600	3	7 200	36	302	05.4.2	05.6.6			下
4	1938	620	3	5 700	29	298	05.8.10	05.10.12			良
5	1952	565	3	6 800	35	300	05.10.28	05.12.17			下
6	1954	590	3	6 500	34	301	05.3.14	05.5.8			中
7	1960	590	3	6 200	33	304	05.6.15	05.8.11			中
8	1962	610	3	6 750	35	305	05.4.20	05.6.13			中
9	1996	610	2	6 370	31	290	05.4.1	05.5.19			中
10	2055	575	2	5 530	30	285	05.5.26	05.7.24			良
11	2056	540	2	6 200	32	300	05.8.1	05.9.18			中
12	2059	580	2	4 700	25	301	05.7.10	05.9.6			良
13	2060	620	2	5 100	27	303	05.10.15	05.12.13			良
14	2062	610	2	4 900	24	300	05.8.4	05.10.2			良
15	2065	600	2	5 100	28	295	05.9.28	05.11.21			良
16	2068	590	2	6 384	34	310	05.7.1	05.9.29			中
17	2073	600	2	5 650	25	300	05.4.5	05.6.26			良
18	1974	610	3	7 120	37	300	05.3.29	05.5.19			下

表 11-9　奶牛个体产奶计划表

<table>
<tr><td colspan="2">牛号</td><td></td></tr>
<tr><td colspan="2">体重(kg)</td><td></td></tr>
<tr><td rowspan="4">上一个泌乳期情况</td><td>胎次</td><td rowspan="4"></td></tr>
<tr><td>305 天产奶量(kg)</td></tr>
<tr><td>最高日产奶量(kg)</td></tr>
<tr><td>泌乳期所在月份</td></tr>
<tr><td colspan="2">最近产犊日期(年.月.日)</td><td></td></tr>
<tr><td colspan="2">最近配种妊娠日期(年.月.日)</td><td></td></tr>
<tr><td colspan="2">预计分娩日期(年.月.日)</td><td></td></tr>
<tr><td colspan="2">预计干乳日期(年.月.日)</td><td></td></tr>
<tr><td colspan="2">营养状况</td><td></td></tr>
<tr><td colspan="3">预计下一个泌乳期产奶量　kg</td></tr>
<tr><td rowspan="12">全年各月份产奶计划</td><td>1 月</td><td rowspan="12"></td></tr>
<tr><td>2 月</td></tr>
<tr><td>3 月</td></tr>
<tr><td>4 月</td></tr>
<tr><td>5 月</td></tr>
<tr><td>6 月</td></tr>
<tr><td>7 月</td></tr>
<tr><td>8 月</td></tr>
<tr><td>9 月</td></tr>
<tr><td>10 月</td></tr>
<tr><td>11 月</td></tr>
<tr><td>12 月</td></tr>
<tr><td colspan="2">全年总计</td><td></td></tr>
</table>

实验十二　牛奶采样和感观、密度、新鲜度测定

一、实验目的

学习和掌握牛奶平均样品的采样方法，以及样品的感观鉴定、密度测定和新鲜度的测定方法。

二、实验内容和方法

(一)牛奶样品的采样

在一天内每次挤出的牛奶,在成分上并不完全一致,为了取得具有代表性的平均样品,必须连续两天进行采样,并按所产牛奶量比例进行采样。采样时必须先将牛奶充分搅拌,采样的数量由采样的目的而定,如需对牛奶进行酸度、干物质、密度等项指标测定时,需采样200 mL。如又进行乳脂率的测定时,则又需采样 50 mL。

1. 个别牛的牛奶采样法 首先求得前两天的日平均产奶量,然后计算每千克样的体积。

200(mL)÷(2×日产量(kg))=每千克样的体积(mL)

第一天:每千克采样(mL)×早产牛奶(kg)= (mL)

每千克采样(mL)×午产牛奶(kg)= (mL)

每千克采样(mL)×晚产牛奶(kg)= (mL)

第二天:同第一天。

例:2 月 1 日 125 号母牛产奶 16 kg,次日产奶 18 kg,平均 17 kg。

200÷(2×17)=6(化整)

2 月 3 日 早 6×7=42 mL

午 6×6=36 mL

晚 6×4=24 mL

共 102 mL(保存)。

2 月 4 日 同 2 月 3 日。

由于化验采样,可能总数稍多些。

2. 一批牛奶或瓶装牛奶采样法

(1)桶装牛奶采样:随机抽样,超过 3 桶,应在 3 桶中取样,如超过 10 桶,应在不同位置随机抽取不可少于 3 桶中取样 250 mL。采样时,应用搅拌器先将牛奶充分搅拌后取样,在不易搅拌的牛奶槽或牛奶槽车中则应用金属采样管。自牛奶面插入牛奶深部,然后以拇指压紧采样管上口,将牛奶样移至消毒的细口瓶中。

(2)瓶装牛奶的采样:超过 1 000 瓶可按每 50 瓶抽取 1 瓶,瓶装牛奶不多的可按每 20 瓶取样 1 瓶抽取样品分析。抽样时利用消毒牛奶瓶反复倾倒数次后取样。

(二)牛奶的感观鉴定

在进行牛奶的感观鉴定时可将牛奶注入清洁的玻璃容器内,先确定牛奶的色泽及组织状态,然后可尝试其滋味。鉴定其是否有缺陷或不正常的气味。

1. 色泽 牛奶因脂肪或色素的含量不同,应当呈白色或淡黄色,但不得有其他不正常色泽。

2. 一致性 牛奶应当是均匀一致的,黏滑并不胶黏,也无絮状物,如有以上情况应视为有缺陷。原因多为细菌所引起的。

3. 气味 牛奶应具有特殊的清香气和令人愉快的甜味。

在感观鉴定中常能发现不符以上情况的缺陷。这种情况的出现如果是细菌引起，多在挤牛奶后数小时发现，如果是饲料或其他异物引起，在挤牛奶时可发现。

(三)牛奶的密度测定

水的密度为1.0，牛奶的密度一般为1.027～1.032。

牛奶密度测定采用专用牛奶密度计，密度计的度数表明密度的百位或千位小数，例如在密度计上的30，即密度1.030(有的密度计直接标明密度)。

测定密度时的标准温度为20℃，如温度高于20℃时，密度较实际密度低，反之则高。其温度每差1℃在密度计上恒差为0.2(即0.000 2)，故温度不在20℃时，可校正为20℃的密度。

例1：温度为17℃

密度读数为30.5(即1.030 5)

温度差17－20＝－3(℃)

温度之校正：－3×0.2＝－0.6(℃)

牛奶密度：305－0.6＝29.9(1.029 9)

例2：温度为23℃

密度读数为30.5

温度差23－20＝3(℃)

温度之校正3×0.2＝0.6(℃)

牛奶密度：30.5＋0.6＝31.1(1.031 1)

操作方法：

(1)沿250 mL量筒壁慢慢倒入待检牛奶200～250 mL。

(2)将干燥的牛奶密度计轻轻插入量筒内，使牛奶液面达密度之30℃时，将手轻轻松开使其自由浮动，静待1～2 min，并以温度计量取牛奶之温度。

(3)在牛奶密度计与牛奶接触的最高液面上读取牛奶的密度。

(4)进行温度校正计算。

在一般情况下可根据牛奶的密度判断其天然性，如在牛奶中取出脂肪则牛奶的密度增大，如果牛奶中掺水则密度减小，每加水10％，密度降低约0.003。

(四)牛奶的新鲜度测定

1.牛奶的酸度滴定　牛奶中含有蛋白质酸性盐类及碳酸等弱酸性物质，即使刚挤出的牛奶也呈酸性反应。这种酸度称为自然酸度，一般牛奶的自然酸度为16～18 °T。

牛奶在存放过程中，由于微生物的活动，分解乳糖变为乳酸，使牛奶酸度增加。这种由于牛奶酸增加而增高的酸度称发生酸度，自然酸度和发生酸度之和称总酸度。通常我们所说的酸度即是指总酸度而言，也就是牛奶的滴定酸度。

滴定酸度的表示单位是°T，即每100 mL牛奶在滴定时所需要0.1 mol/L NaOH的体积(mL)。

酸度滴定的步骤：

(1)以吸管量取牛奶样10 mL于烧杯内，再加入20 mL蒸馏水(加入蒸馏水是为了便于观看指示剂的粉红色的出现)。

(2)加入 3 或 4 滴酚酞指示剂。

(3)一边搅拌,一边用滴定管慢慢加入 0.1 mol/L 的 NaOH 溶液,直至淡红色在 1 min 内不消失为止。

(4)计算:用°T表示牛奶的酸度,必须将滴管中消耗的 NaOH 液量乘以 10,将其换处成 100 mL 牛奶滴定时所消耗的 NaOH 体积(mL),即是牛奶的总酸度。

2. 牛奶的酒精试验　一定体积分数的酒精能使具有一定酸度的牛奶中的酪蛋白产生沉淀(表 12-1),故在牛奶制品生产中常利用这一原理来检验牛奶的新鲜度,确定其是否符合加工要求。

表 12-1　不同浓度酒精条件下不同酸度的牛奶发生絮状物沉淀

酒精体积分数(酒精计上的读数)	牛奶在下述滴定酸度(°T)时发生絮状物沉淀
70	10～20
68	20～22
60	23

操作方法:在平皿中加入待检牛奶液 1 mL,然后加入 68%酒精 1 mL,充分混合,并使其在皿底流动,仔细观察是否有絮状物或小颗粒在皿底出现。如有,则表示该牛奶样品酸度已超过 20 °T。并可根据絮片大小确定其酸度(表 12-2)。

表 12-2　牛奶的酸度与絮状物大小的关系

牛奶的酸度(°T)	蛋白质凝固特征
21～22	极微小的絮状
23～24	微小絮状
25～26	中等大小的絮状
27～28	大的絮状
29～30	极大的絮状

3. 牛奶的还原酶试验　牛奶中还原酶是牛奶中细菌的活动产物,细菌数越多所产生的还原酶也越多,在这些还原酶的作用下,会使某些有机颜料退色,尤其对甲烯蓝(次甲蓝、美蓝)的作用更为明显,故常用甲烯蓝的退色方法测定细菌数量。牛奶中还原酶越多,退色越快,也就说明细菌数量越多(表 12-3)。

表 12-3　甲烯蓝退色速度与牛奶中细菌数的关系

甲烯蓝退色速度	1 mL 牛奶中细菌数	牛奶的等级
≥5.5 h	$\leqslant 5\times 10^5$	一级(良好的牛奶)
≥2 h	$\leqslant 4\times 10^6$	二级(合格的牛奶)
≥20 min	$\leqslant 2\times 10^7$	三级(坏牛奶)
≤20 min	$\geqslant 2\times 10^7$	四级(极坏的牛奶)

操作方法：

因还原酶试验是测定牛奶的细菌玷污度，因此在采样后必须注意不能使牛奶样再度污染，所用接触牛奶的器皿及试管等在用前必须进行高压灭菌，在160℃干燥箱中加热2 h，试验时牛奶样温度一般不可高于6℃。

(1)在消毒过的20 mL试管中加入甲烯蓝溶液1 mL和牛奶20 mL，用棉塞塞紧，并使其充分混合。

(2)将试管置于35～40℃的水浴中。

(3)隔20 min，2 h，5.5 h观察甲烯蓝的退色情况。

(4)根据退色的速度按表3确定细菌玷污度和等级。

三、作业

(1)从奶牛场取5头奶牛的实验牛奶样品。

(2)按以上操作方法，每个学生做1头牛奶样品的感观鉴定、密度和新鲜度测定，完成实验报告。

实验十三　牛奶的卫生质量检测

一、实验目的

牛奶卫生质量检测的主要项目包括抗生素残留、体细胞数和细菌总数。这些检测方法已普遍用来鉴定、衡量、评价牛奶质量等级，是牛奶制品加工企业奶源质量的重要检验指标。通过本实验使学生了解牛奶的一般卫生质量指标，掌握常用检测方法的原理和操作步骤。

二、实验内容和方法

(一)抗生素残留检测

在防治奶牛疾病时，经常要使用抗生素，特别是治疗奶牛乳房炎，有时将抗生素直接注射到乳房内。因此，经抗生素治疗过的奶牛，其牛奶中在一段时期内会残留抗生素及其中间代谢产物，它会影响发酵乳品的生产，引起人体过敏反应，也会使某些菌株产生抗药性等，所以，对鲜牛奶进行抗生素残留的检验是非常必要的。

1. *实验原理*　抗生素残留的检验是通过TTC试验来判定的。向检测样品中先后加人菌液和TTC指示剂(2,3,5-氯化三苯四氮唑)，如检样中有抗生素存在，则会抑制细菌的生长繁殖，TTC指示剂不被还原、不显色；反之，则细菌大量繁殖，TTC指示剂被还原而显红色，从而可以判定有无抗生素残留。抗生素残留的检验程序如图 13-1 所示。

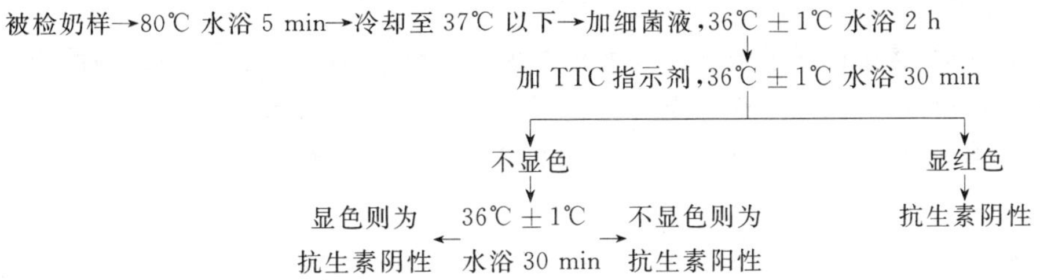

图 13-1　牛奶中抗生素残留的检验程序

2. *实验材料与试剂*　恒温水浴培养箱，20 mL 试管（2 支/人），4% TTC 指示剂（4 g 2,3,5-氯化三苯四氮唑溶于 100 mL 蒸馏水），细菌液，待测定奶样若干份。

3. *操作方法*

（1）细菌液制备：将嗜热乳酸链球菌接种于灭菌脱脂乳，置于 36℃ ±1℃ 培养箱中保温 15 h，然后再用灭菌脱脂乳以 1∶1 比例稀释备用。

（2）检测操作：取奶样 9 mL 放入试管中，置于 80℃ 水浴中保温 5 min，然后冷却至 37℃ 以下，加入细菌液 1 mL，置于 36℃ ±1℃ 水浴培养箱中保温 2 h，加入 4% TTC 指示剂 0.3 mL，置水浴培养箱中保温 30 min，观察牛奶颜色的变化。

（3）结果判定：加入 TTC 指示剂并于水浴中保温 30 min 后，如检样呈红色反应，说明无抗生素残留，结果为阴性；如检样处于不显色状态，再继续保温 30 min 做第二次观察，如仍不显色，则说明有抗生素残留，结果为阳性；反之则为阴性。显色状态判定标准见表 13-1。

表 13-1　抗生素残留检测显色状态判定标准

显色状态	判　定
不显色	阳性（+）
微红色	疑似（±）
桃红至红色	阴性（-）

（二）体细胞数检测

体细胞计数是快速、简便、准确判断乳房炎的一种方法。健康牛奶体细胞数小于 50 万个/mL，患乳房炎的牛，其牛奶中的体细胞数会明显增加，主要是起防御、杀菌作用的白细胞数大量增加。如果体细胞数超过 50 万个/mL，表明奶牛已患有乳房炎，体细胞数越多，表明炎症越严重。使用此法可早发现隐性乳房炎，从而可尽快采取治疗措施。

奶牛患上乳房炎，不仅牛奶产量明显下降，而且造成牛奶品质的严重恶化，甚至造成致病菌素的污染，从而影响乳制品的卫生质量，以至引起食物中毒，因此，尽早防治奶牛乳房炎是至关重要的。

1. *实验原理*　体细胞数的测定，目前大型乳品加工厂多采用自动计数仪进行测定，如荧光计数法、光学自动计数法、MF-DNA 法等。这些方法能快速、准确地测定体细胞数，但仪器价格昂贵，难以普及应用。上海市食品卫生监督检验所提出的体细胞数简易计数法——改良白边试验法，能在 1 min 内估测出样品的体细胞数。

2. *实验材料与试剂*　试样板，平滑黑色电木板或一面涂黑漆（50 mm×90 mm）的玻璃板，4%氢氧化钠试液（NaOH 4 g，0.04%溴甲酚紫 2 mL，蒸馏水 98 mL）。

3. 操作方法

（1）样品处理：将奶样置于 30～40℃水浴中加热并搅匀，样品应在 36 h 内检测完毕。

（2）改良白边试验：取经处理的奶样 5 滴，滴于试样板上，涂抹成不大于 4 cm^2 的大圆斑，加氢氧化钠试液 2 滴，用玻璃棒轻击混合物约 0.5 min，回旋转动试样板数下，最后观察判定结果。

（3）根据表 13-2 判定体细胞数的范围。

表 13-2 白边试验结果判定

乳汁凝集反应	判定结果	相当体细胞数（10^6 个/mL）
混合物呈不透明乳汁样，完全没有沉淀物	阴性（－）	＜0.5
混合物呈不透明乳汁样，但有细小不很多的凝固物	疑似（±）	0.5～1.0
背景较不透明，稍呈乳样，有较大片凝固物，分布整个面积	阳性（＋）	1.0～2.0
背景微呈水样，有明显凝固物，搅拌时可见细丝和线状物	阳性（＋＋）	1.5～2.5
背景呈水样，有更大呈团块状的凝固物	阳性（＋＋＋）	＞3.0

（三）细菌总数的测定（平皿计数法）

1. 实验原理　现行检测菌落总数的方法多用平皿计数法，此法是将稀释好的供试液放入平皿内与适量培养基混匀，待凝固后倒置于培养箱中，保温培养后计算菌落数，即得 1 g 或 1 mL 样品中所含细菌菌落的总数。在此假定一个菌落是由一个菌体分裂生长而成的，故用此法可以判定牛奶受污染的程度。目前，世界上许多国家均采用此测定法。

2. 实验材料与试剂　无菌操作台及相关用品，恒温培养箱，高压灭菌器，玻璃平皿及广口瓶，蛋白胨，琼脂，牛肉膏，氯化钠，灭菌生理盐水，待测奶样若干份。

3. 操作方法

（1）培养基（营养琼脂）的制作：营养琼脂的成分包括蛋白胨 10 g，琼脂 15～20 g，牛肉膏 3 g，氯化钠 5 g，蒸馏水 1 000 mL。称量这些试剂，倒入蒸馏水中，搅拌并加热至试剂全部溶解；调节 pH 值至 7.2～7.4，然后过滤，分装于圆底烧瓶内，121℃高压灭菌 15～20 min。

（2）样品稀释：取 250 mL 广口瓶，做编号。将样品按次序摆好，用浸于消毒水中的湿毛巾擦拭样品容器表面，或以酒精棉进行火焰消毒。

开启样品，将 25 mL 奶样置于 225 mL 灭菌生理盐水中充分摇匀，此为 10 倍稀释度。

根据奶样污染情况，选择 2 或 3 个稀释度进行递增稀释。用 1 mL 灭菌吸管吸取 10 倍的稀释液 1 mL，注入含有 9 mL 灭菌生理盐水的试管中混匀，此为 100 倍稀释液。另取 1 mL 灭菌吸管，吸取 1 mL 100 倍的稀释液注入 9 mL 灭菌生理盐水中混匀，即为 1 000 倍稀释液。如此往上递增，可以获得所需要的 10 倍系列的稀释液。

本实验假定稀释度为 10 000 倍（10^4）。

（3）接种：将平皿编号，1 个奶样做 2 个平皿。

用 1 mL 灭菌吸管吸取 1 mL 稀释液，注入平皿中，将熔化后冷却至 45℃左右的营养琼脂培养基倒入平皿约 15 mL，然后将平皿按顺、反时针各转动数次后静置。

（4）培养：培养基凝固后翻转平皿，置于 36℃培养箱中保温 48 h±2 h。

(5)菌落计数:记数平皿内细菌菌落数,乘以 10^4 即得每毫升奶样所含细菌总数。

三、作业

按照本实验的三种主要检验方法,将全班学生分为 3 个大组,每个组做其中 1 个检测项目,每个学生测定 1 个奶样(重复 1 次取其平均值),完成实验报告。

实验十四　牛奶脂肪含量(乳脂率)的测定

一、实验目的

牛奶中的脂肪含量(乳脂率)是评价牛奶质量及奶牛生产性能的重要指标之一。乳脂率测定的方法有多种,如加酸法和加碱法。在加酸法中常用的有巴布科克(Babcock)氏法(简称巴氏法)、戈贝尔(Gerber)氏法(简称戈氏法)。另外,还有乙醚浸出法,即罗兹-哥特里(Roess-Gottlile)氏蒸馏法(亦称为标准法),其特点是测定结果最为准确,是检测和校正其他测定方法准确程度的基础方法,但操作方法较为复杂。目前最先进的测定方法是应用电子自动分析仪器。本实验重点学习这三种测定方法,目的是使学生熟悉和掌握牛奶中脂肪含量测定的基本原理和操作方法。

二、实验内容和方法

(一)巴氏测定法

1. 实验原理　测定乳中脂肪含量,必须使乳中脂肪与其他成分分离。强酸与蛋白质发生强烈作用后,可使乳中蛋白质及脂肪球膜脱水炭化,而与脂肪分离,使脂肪呈游离状态。又因为硫酸与乳汁作用时产生大量热,使乳汁降低了黏性。硫酸与乳汁的混合物相对体积质量为 1.43,而乳脂肪相对体积质量仅 0.9,使乳脂极易上浮,在这种情况下再加以离心作用,促使其加速上浮至乳脂计的颈部,从而观察其乳脂数量。

每次加入乳脂计牛乳为 17.6 mL,去除吸管壁黏去 0.1 mL,实际装入 17.5 mL。乳的平均密度为 1.030,其重量为 18 g。乳脂计的颈部共分 8 个大格,其总容量为 1.6 mL(每大格 0.2 mL),乳脂肪在 60℃下其相对体积质量为 0.9,而 0.2 mL 之重量为 0.18 g,则是乳样(18 g)之 1/100,因此乳脂率测定结果是乳的重量百分数。

2. 实验材料及试剂　巴氏乳脂计(巴氏瓶),17.6 mL 吸乳管,17.5 mL 量酸杯(或自动加酸器)、乳脂测定专用离心机,温度计,恒温水浴锅,比重为 1.82～1.83 浓硫酸,待测定奶样若干份。

3. 操作方法

(1)将待检乳样温度调至10～20℃,并充分搅拌。

(2)以17.6 mL吸管吸取乳样17.6 mL,沿乳脂计颈部徐徐注入巴氏瓶内(不可插入过深以防溢出)。

(3)以量酸杯或自动加酸器量取17.5 mL硫酸,然后沿瓶颈慢慢注入并转动瓶颈使其将乳汁冲下。加酸时应将乳脂瓶斜放成60°角,以使硫酸能沿瓶颈缓缓流下,防止过急使酸外溢,烧伤手或衣服。因浓硫酸的相对体积质量大,加入后就沉于瓶底,故当加酸至2/3时可暂停,摇动乳脂瓶,使已经结块的凝乳全部溶解,让硫酸与乳发生作用,再继续加完剩余硫酸。

(4)将乳脂计作平面划圆式摇动,使乳和硫酸充分混合并完全溶化,直至见不到凝乳为止,此时溶液呈咖啡色。

(5)将乳脂计对称地放入离心机中,以转速800～1 000 r/min,离心5 min。

(6)取出离心后的乳脂计放在55～60℃的水浴中保温5 min,并向乳脂计中注入60℃热蒸馏水使其液面在刻度上部(6或7)之间。

(7)再放入离心机第二次离心2 min,然后取出放入60℃水浴中保温5 min即可读取数值。为准确读数,应将乳脂计放置与眼睛同一水平。该读数即为奶样的乳脂百分含量。

(二)戈氏测定法

1. 实验原理　加酸与离心作用与巴氏法相同。加入异戊醇能降低乳脂肪的表面张力,促进乳脂肪更好地分离。同时异戊醇能使乳脂肪球表面张力强烈降低,促使乳脂肪球的凝集,使乳脂肪呈游离状态。

装入乳脂计的牛乳为11 mL,其中约0.1 mL黏于吸管壁上,实际装入为10.9 mL。乳的相对体积质量为1.032,所以装入乳脂计中的10.9 mL的乳量重是$1.032\times10.9=11.248\ 8$ g(11.25 g)。乳脂计颈部刻度共分9个大格,每大格又分为10小格。共90小格,每小格容量为0.012 5 mL,每大格为0.125 mL,0～8刻度间容量正好是1 mL(9大格共1.125 mL),即可知0～8刻度间所能容下的乳脂重量正是装入乳脂计中11.25 g牛乳的8%,即$0.9/11.25\times100\%$,所以一大格正好表示乳脂率的1%。

2. 实验材料及试剂　戈氏乳脂计(戈氏瓶),1 mL吸管,11 mL吸乳管,10 mL量筒,乳脂测定专用离心机,相对体积质量1.820～1.825浓硫酸,化学纯异戊醇(相对体积质量0.815～0.818)。

3. 操作方法

(1)用量筒取相对体积质量1.825～1.83硫酸10 mL,注入乳脂计中(不可使硫酸沾于瓶颈上)。

(2)用11 mL吸管吸取乳样11 mL,徐徐注入乳脂计内,使乳层浮在硫酸表面(要防止乳和硫酸混合)。

(3)用1 mL吸管吸取异戊醇加入乳脂计中乳汁上面。

(4)用干燥的橡皮塞塞住乳脂计口,用拇指按住橡皮塞并用纱布包裹乳脂计,瓶口向外摇匀,并上下颠倒数次,直至蛋白质全部溶解为止。

(5)把乳脂计口部向下放入60～65℃水浴中5 min,然后擦干,对称地放入离心机中,以转速800～1 000 r/min,离心5 min。

(6)离心机后再放入水浴中5 min,保持乳脂计口部向下,并转动橡皮塞调整脂肪柱在刻度内(最好底线放在整数位置)进行读数。

(三)标准法

1. 实验原理 用氨水将牛奶中酪蛋白钙盐转化为可溶性的铵盐,然后用乙醚将其中的脂肪抽出,再将所抽出脂肪中的乙醚蒸发,称量其残留物质的重量,即为牛奶中的脂肪重量。在实验中加入乙醇的目的是使各种乙醇浸出的物质留在溶液中,并使某些卵磷脂等物质溶于乙醇中,以免被乙醚提走;加入石油醚的目的是去除乙醚中的水分,使其分层更清晰。

2. 实验材料及试剂 所用仪器包括分析天平(感量为 0.000 1 g),干燥箱(温度控制范围为 102℃±2℃),干燥器,罗-哥氏抽提管或具有磨口塞、软木塞或对所用溶剂没有影响的其他塞子的适当抽提管或烧瓶,150～200 mL 容量的平底烧瓶,不含脂肪、无孔隙、使用时不易碎的沸石(或玻璃珠、碳化硅小片等)。

试剂有 25%氨水,95%乙醇,乙醚(不含过氧化物),石油醚(沸程 30～60℃),实验前配制成等体积乙醚与石油醚的混合溶剂。

3. 操作方法

(1)将 150～250 mL 烧瓶和沸石充分洗净,并将沸石放入烧瓶中,将烧瓶置于 102℃±2℃干燥箱中加热 0.5～1 h。然后将烧瓶取出,置于干燥器内冷却到室温,用分析天平精确称量烧瓶与沸石的总重量。

(2)将待测奶样的温度调整到 20℃。把装有待测奶样的瓶子轻轻反复倒置 3 或 4 次,充分混合奶样,使全部样品中的脂肪分布均匀。立即取 10 g 左右奶样放入罗-哥氏抽提管中,用分析天平称重。

(3)向罗-哥氏抽提管中加入 25%氨水 1.5 mL,并使其与奶样充分混合,再加入 95%的乙醇 10 mL,轻轻地将其与原来的液体充分混合。

(4)加入 25 mL 乙醚,塞紧塞子,充分振荡混合,然后冷却(可用自来水冷却)。

(5)小心取下塞子,加入 25 mL 石油醚。先用 2～3 mL 冲洗塞子与罗-哥氏抽提管口部的内壁,并使冲洗液流入其中。将抽提管塞紧,上下颠倒振荡,充分混合。

(6)将罗-哥氏抽提管静置,直至上层变得透明并与水层清晰分离后取下塞子,用少量混合溶液冲洗塞子及抽提管内壁,并使所有冲洗液流入抽提管中。

(7)仔细用倾倒法或虹吸管尽可能多地将上清液移入已知重量的烧瓶中。

(8)用少量混合溶液冲洗抽提管口部的内外壁和虹吸管前端,并使冲洗外壁的冲洗液流入烧瓶中,冲洗内壁与虹吸管的冲洗液流入罗-哥氏抽提管中。

(9)重复(4)至(8)操作步骤,用 15 mL 乙醚和 15 mL 石油醚进行第 2 次抽提和第 3 次抽提(第 3 次抽提可略去(8)的冲洗过程)。

(10)仔细地将烧瓶内的溶剂蒸发掉或分馏出去。

(11)待烧瓶内溶液气味消失,将烧瓶置于干燥箱内 60～70℃加热 5 h。

(12)由干燥箱内取出烧瓶,置于干燥器内,待冷却至室温后用分析天平称重。

(13)重复(11)和(12)步骤操作 3 次,每次间隔 30～60 min,直至恒重为止。

4. 计算结果

$$\text{奶样中脂肪含量} = (M_2 - M_1)/S \times 100\%$$

式中:M_1 为干燥后烧瓶重量(g),M_2 为干燥后乳脂与烧瓶总重量(g),S 为奶样重量(g)。

注意两次平行测定的结果之差，换算为100 g样品，不可超过0.03 g。

在测定奶样脂肪含量的同时，用相同的试剂与操作方法，用10 mL蒸馏水进行空白试验。若空白试验结果超过0.5 mg时，则应检查所用试剂的纯度是否符合标准，然后重新测定。

（四）注意事项

（1）实验所用硫酸等药品和试剂规格要符合规定标准。

（2）操作过程严格按规定进行，操作步骤必须严格按顺序进行，不能颠倒，以免测定不准确或发生其他问题。

（3）注意操作安全事项，以避免发生浓硫酸伤人或器材损失事故。

（4）每个奶样测定两次，取其平均值。误差太大时必须重新测定。

（5）每个乳脂瓶上需要用铅笔在磨沙部位做样品标记，以免搞错。

三、作业

将学生每两个人分为一个实验组，按本实验中的巴布科克氏乳脂测定法，测定一个奶样（重复一次取其平均值），写出实验报告。

实验十五　肉牛屠宰和肉用性能的测定

一、实验目的

通过对现代肉牛屠宰的工艺流程的参观实习和肉用性能的测定，使学生初步掌握现代肉牛屠宰、分割及肉用性能的测定方法。以参观或多媒体图片教学为主，组织学生到屠宰厂参观肉牛屠宰和肉块分割加工过程。

二、实验内容和方法

（一）肉牛增重性能测定

1. 日增重的测定和计算　日增重是衡量肉牛生长发育和肥育效果的重要指标，也是决定肥育效益的重要指标。准确地测量体重是计算日增重的基础。称重一般需要地秤，现场条件无法满足时也可以根据体尺估测或根据经验目测。称重一般在早晨饲喂及饮水前进行，连续称重2天，取其平均值作为称量重量。计算日增重是需要测定各阶段体重，常测定的阶段体重有初生重、断奶重、12月龄重、18月龄重、24月龄重、育肥初始重、肥育末重。

断奶重：犊牛哺乳期一般为205天，但生产中差异较大，故计算时需要加以校正。由于母牛的泌乳能力直接影响犊牛哺乳期日增重，所以要考虑母牛年龄因素。综合起来校正公式为：

校正断奶体重＝(断奶重－初生重)/实际断奶日龄×校正断奶天数＋初生重×母牛年龄系数

母牛年龄系数：2岁为1.15，3岁为1.10，4岁为1.05，5～10岁为1.0，11岁以上为1.05。

2.饲料报酬的计算　饲料报酬是衡量品种生产能力和饲养效益的一个重要指标。一般可按增加体重或增加净肉重来计算。

$$增重1\ kg体重需消耗饲料干物质(kg或MJ)=\frac{饲养期内共消耗饲料干物质(kg或MJ)}{饲养期内净增重}$$

$$生产1\ kg肉所需饲料干物质(kg或MJ)=\frac{饲养期内共消耗饲料干物质(kg或MJ)}{屠宰后净肉重}$$

(二)肉牛屠宰及屠体性能测定

1.肉牛屠宰

(1)肉牛屠宰数量确定。在进行屠宰率测定时，为了能获得可靠的试验数据，必须要有一定的试验头数来保证，现初步规定：单组试验头数，最少不低于4头；组间对比试验头数，不低于6头，以使方差检验自由度不少于5。试验群的屠宰个体选择应采用随机抽样的方法，通过查阅随机数字表来确定。

(2)屠宰前准备和测量。屠宰前准备和屠宰方法直接影响到宰后胴体的品质和产肉性能的计算。一般屠宰前24 h停止饲喂，宰前8 h停止供水。宰前称量活体重，评定膘情等级，并测量体尺指标。

(3)屠宰。

放血：在颈下缘喉头部割开血管放血(称大抹脖)。

去头：剥皮后，沿头骨后端和第1颈椎之间切断。

去前肢：由前臂骨和腕骨间的腕关节处切断。

去后肢：由股骨和腑骨间的附关节处切断。

去尾：由尾根部第1至第2节之间切断。

内脏剥离：沿腹侧正中线切开，纵向锯断胸骨和盆腔骨，切除肛门和外阴部，分离联结体壁的横膈膜。除肾脏和肾脂肪保留外，其他内脏全部取出。切除阴茎、睾丸、乳房。

(4)胸体的分割，纵向锯开胸骨和盆腔骨，沿椎骨中央分成左右片胴体(称二分体)。无电锯条件下，可沿椎体左侧椎骨端由前而后劈开，分为软硬两半(右侧为硬半，称右二分体，左侧为软半，称左二分体)。由腰部再从第12根与第13根肋骨间截开，将胴体分成4部分，称四分体。

2.肉牛屠宰性能测定及其计算

(1)屠体性能的测定。

①宰前活重：绝食24 h后临宰时的实际体重。

②宰后重：屠宰后血已放尽的胴体重量。

③血重：实际称重。

④皮厚：右侧第10肋骨椎骨端的厚度被2除(活体测量)。0～4℃胴体需倒挂冷却4～

6 h,在严寒条件下冷却时间以胴体完全冷却为止,严防胴体冻结,然后按部位进行测量、记重、分割、去骨。

⑤胴体重(冷胴体):实测重量。由活重－[血重＋皮重＋内脏重(不含肾脏和肾脂肪)＋头重＋腕跗关节以下的四肢重＋尾重＋生殖器官及周围脂肪重]后的冷却胴体。

⑥净肉重:胴体剔骨后全部肉重。

⑦骨重:实测重量。要求尽可能将骨肉剔净,骨上带肉不超过 1.0～1.5 kg。记录时注明是热肉还是熟肉。

⑧切块重:胴体各切块部位的重量。

(2)胴体性状测量。

①胴体长:耻骨缝前缘至第 1 肋骨前缘的最远长度。

②胴体胸深:自第 3 胸椎棘突的体表至胸骨下部的垂直深度。

③胴体深:自第 7 胸椎棘突的体表至第 7 肋骨的垂直深度。

④胴体后腿围:在股骨与胫腓骨连接处的水平围度。

⑤胴体后腿宽:自去尾处的凹陷内侧至大腿前缘的水平宽度。

⑥胴体后腿长:耻骨缝前缘至飞节的长度。

⑦肌肉厚度:大腿肌肉厚:自体表至股骨体中点垂直距离。腰部肌肉厚:自体表(棘突外 1.5 cm 处)至第 3 腰椎横突的垂直距离。

⑧皮下脂肪厚度:腰脂厚,肠骨角外侧脂肪厚度;肋脂厚,12 肋骨弓最宽处脂肪厚度;背脂厚,在第 5～6 胸椎间离中线 3 cm 处的两侧皮下脂肪厚度。

⑨眼肌面积:于第 12 肋骨后缘处将脊椎锯开,然后用利刀切开 12～13 肋骨间,在 12 肋骨后缘用硫酸纸将眼肌面积描出(测 2 次),用求积仪或用方格透明卡片(每格 1 cm)计算出眼肌面积。

⑩眼肌等级评定:根据脂肪分布和大理石状的程度按 9 级评定标准进行,将评定等级提高 1 级计算。

(3)胴体产肉指标的计算。

①屠宰率:指胴体重量占活重的比率,是衡量肉牛生产性能的指标。如屠宰率超过 50%为中等指标,超过 60%属于高指标。其计算方法有如下两种:

$$\text{按宰前重计算:屠宰率}=\frac{\text{胴体重}}{\text{宰前活重}}\times 100\% \quad \text{或}$$

$$\text{屠宰率}=\frac{(\text{胴体重}+\text{脂肪重})}{\text{宰前活重}}\times 100\%$$

$$\text{按净体重计算:屠宰率}=\frac{\text{胴体重}}{\text{净体重}}\times 100\% \quad \text{或}$$

$$\text{屠宰率}=\frac{(\text{胴体重}+\text{脂肪重})}{\text{净体重}}\times 100\%$$

②净肉率:净肉率是指净肉重占宰前空腹重的比率。良好肉牛一般为 45%左右,计算方法有如下两种:

$$\text{按宰前重计算:净肉率}=\frac{\text{净肉重}}{\text{宰前活重}}\times 100\%$$

按净体重计算：净肉率$=\frac{\text{净肉重}}{\text{净体重}}\times 100\%$

③胴体产肉率：胴体产肉率$=\frac{\text{净肉重}}{\text{胴体重}}\times 100\%$

④熟肉率：取腿部肌肉 1 kg，在沸水中煮沸 120 min，测定生熟肉之比。

⑤品味取样：取臀部深层肌肉 1 kg，切成 2 cm^3 小块，不加任何调料，在沸水中煮 70 min（肉水比 1∶3）。

⑥优质切块：优质切块＝腰部肉＋短腰肉＋膝圆肉＋臀部肉＋后腿肉＋里脊肉

3. 牛胴体的分割　肉牛的胴体分割包括胴体分割和切块分割，前者主要是为了冷藏排酸，后者是为了便于装运、包装及高档肉块（优质牛肉）分割。

（1）二分胴体：在屠宰过程中进行，剥皮后沿脊椎骨中央用电锯（斧或砍刀）将胴体劈为左右两半，称二分体。

（2）四分胴体：在二分胴体的第 12 和第 13 肋间将胴体分成前、后 1/4 胴体。通常在后 1/4 胴体上保留 1 根肋骨，以保持腰肉的形状，便于将其切成肉排。四分胴体几乎为相等的 4 份，通常前 1/4 胴体稍重一些，前边称前腿部，后边称后腿部。

（3）部位分割：在冷藏后将胴体肢解为十多个大块，肉牛胴体主要分割肉部位见图 15-1。前腿部分割为小腿肉、胸肉、前腿肉、背肉和脖肉 5 部分；后腿部分割为小腿肉（后腱子）、腹肉、内里脊肉、短腰肉、后腿肉、臀肉和膝圆肉 8 部分。

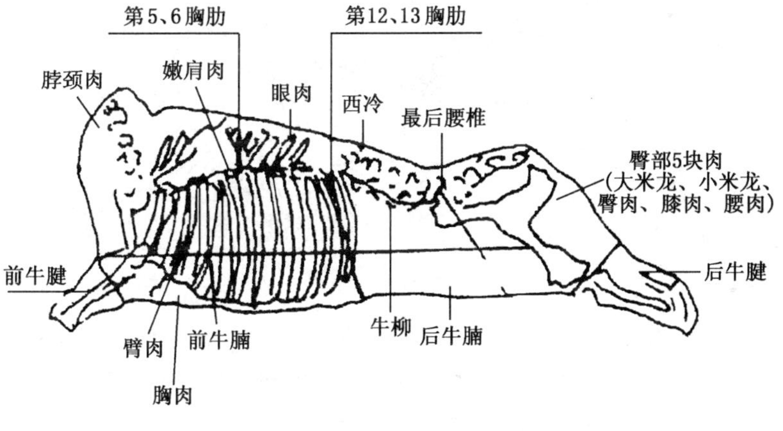

图 15-1　肉牛胴体的主要分割肉部位

前腿部分割方法：

小腿肉：前腿由上臂骨远端关节（肘关节）割下，去骨。

前腿肉：沿肩胛骨和胸壁接合处分割，使肩胛骨和上膊骨与胴体分离，去骨。

胸肉：自脊椎骨内侧向前剔至颈部，剔掉颈骨使脖肉完整，不要割下，再用刀尖挑开肋骨膜，沿软肋向上将肉揭开至肋骨顶端后，将肋骨、脊椎骨和颈骨全部去掉。从胸骨尖端处斜切至 12 肋骨上端，离椎骨端 15 cm 左右处，分割的下部为胸肉。

脖肉：沿最后颈椎棘突方向斜切。

背肉：分割后余下的部分即背肉。

后腿部分割方法：

小腿肉：由股骨运端关节(膝关节)割下去骨，和前腿部小腿肉合称小腿肉。

腹肉：剔下第 13 肋骨，沿腰椎下缘经肠骨角向下，将腹肌全部割下。

里脊肉：由腰部内侧剔出带里脊头的完整条肉。

腰肉：由第 5 腰椎骨后缘割下去骨。

短腰肉：自第 5 荐椎骨处经骼骨干中点做斜线切割。

膝圆肉：沿股骨自然骨缝分离，再用刀尖划开股四头肌和半腱肌的连接膜，割下股四头肌。

后腿肉：由坐骨结节下缘沿骨缝经髋结节，再沿股骨自然骨缝分离股骨后部肌肉(股二头肌、半腹肌和半膜肌)为后腿肉。

臀肉：后腿部分割剩下部分(臀中肌、臀深肌)。

牛的胴体分割在世界不同国家和地区，由于传统习惯和需要的不同，分割的方法和部位也有区别。

(4)优质高档牛肉胴体分割方法。通常把牛柳、西冷、眼肉、大米龙、小米龙、臀肉、膝圆、腰肉、腱子肉列为优质牛肉。

①牛柳(也叫里脊)：首先剥去肾脂肪，沿耻骨的前下方把里脊头剔出，然后由里脊头向里脊尾逐个剥离腰椎横突，取下完整的里脊(图 15-2)。里脊重量占牛活重的 0.83%～0.97%。里脊在西餐中以烤牛排为主，中餐以熘炒为主。

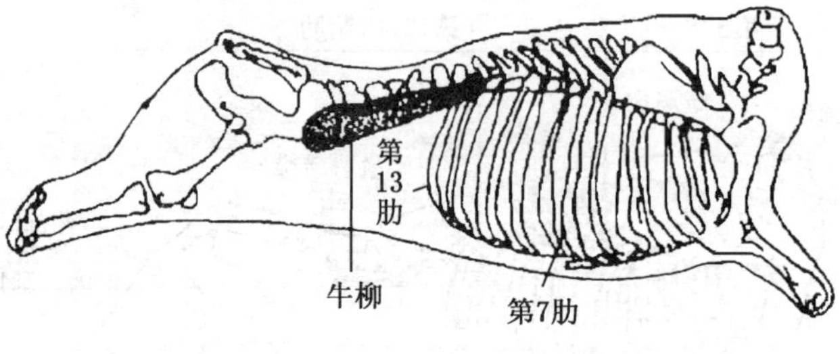

图 15-2 牛柳

②西冷(也叫外脊)：沿最后腰椎切下，沿眼肌腹壁一侧(离眼肌 5～8 cm 向前)用切割锯切下，在第 9 至第 10 胸肋处切断胸椎，逐个把胸、腰椎剥离(图 15-3)。外脊重量占活牛重的 2.00%～2.15%。西餐以烤牛排食用，中餐熘炒食用。

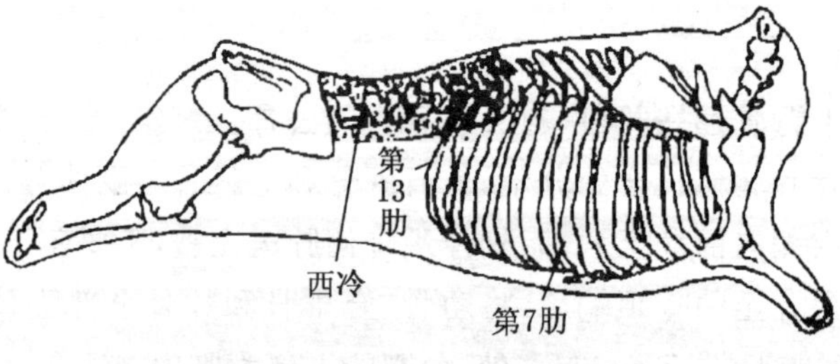

图 15-3 西冷

③眼肉：眼肉的一端与外脊相连，另一端在第5至第6胸椎处。首先剥离胸椎，抽去筋腱，在眼肌腹侧距8～10 cm切下（图15-4）。眼肉重量占牛活重的2.3%～2.5%，西餐烧烤食用。

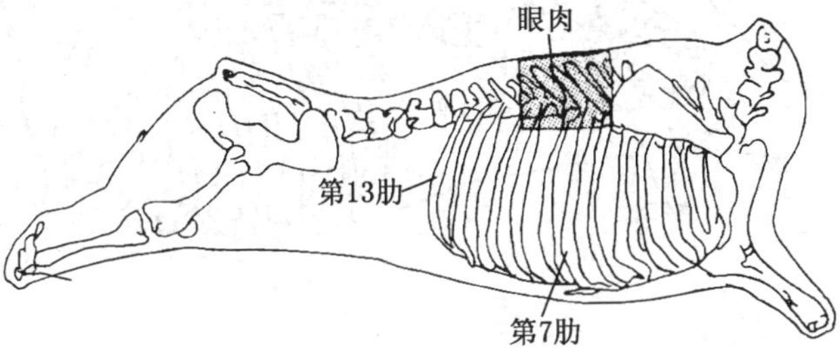

图15-4　眼肉

④大米龙：大米龙与小米龙紧相连。如剥离小米龙后，大米龙就暴露无遗。顺着该肉块自然走向剥离，便可得一块完整的四方形肉块（图15-5）。大米龙重量占牛活重的2.1%～2.5%。中餐熘炒，西餐可烤制牛排，也是牛肉火腿的原料之一。

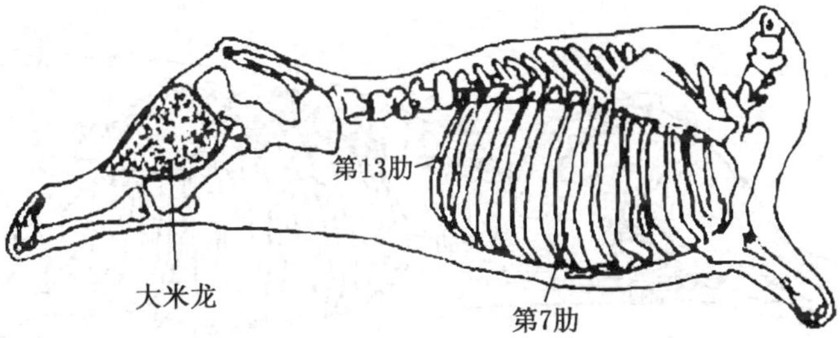

图15-5　大米龙

⑤小米龙：小米龙位于臀部。当后牛腱取下后，小米龙肉块处于明显的位置。分割时可按小米龙肉块的自然走向剥离，为完整的1块肉（图15-6）。小米龙重量为活牛体重的0.7%～0.9%。小米龙酱烧食用较好，是制作牛肉火腿的原料之一。

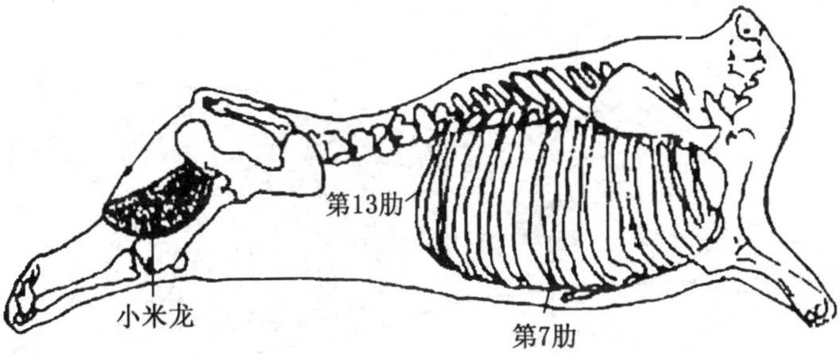

图15-6　小米龙

⑥臀肉：把大米龙、小米龙剥离后，便可见到1块肉。随着此肉块的边缘分割，即可得到臀肉。也可沿着被锯开的盆骨外缘，再沿本肉块边缘分割（图15-7）。臀肉重量占活重的

2.6%～3.2%。臀肉适宜熘炒，不宜酱制，西餐常用做烤牛排，是制作风干火腿、牛肉火腿的上等原料。

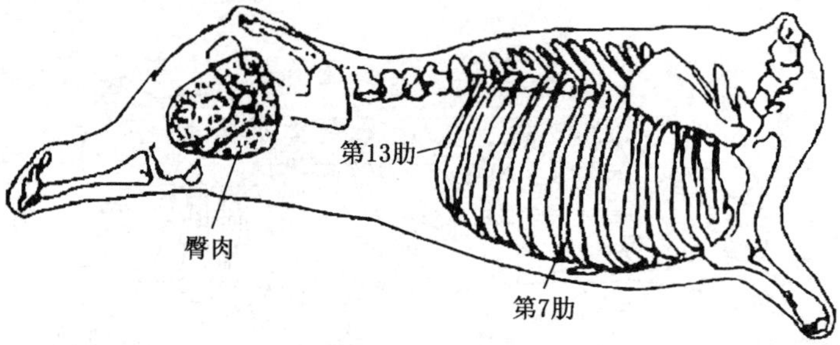

图 15-7 臀肉

⑦膝圆（又名和尚头）：当大米龙、小米龙和臀肉取下后，能见到一块长圆形肉块。沿此肉块周边（自然走向）分割，很容易得到一块完整的膝圆肉（图 15-8）。膝圆肉在中餐中以熘炒食用较好，西餐以烤牛排食用，也是加工牛肉火腿的上乘原料。膝圆重量占活重的 2.0%～2.2%。

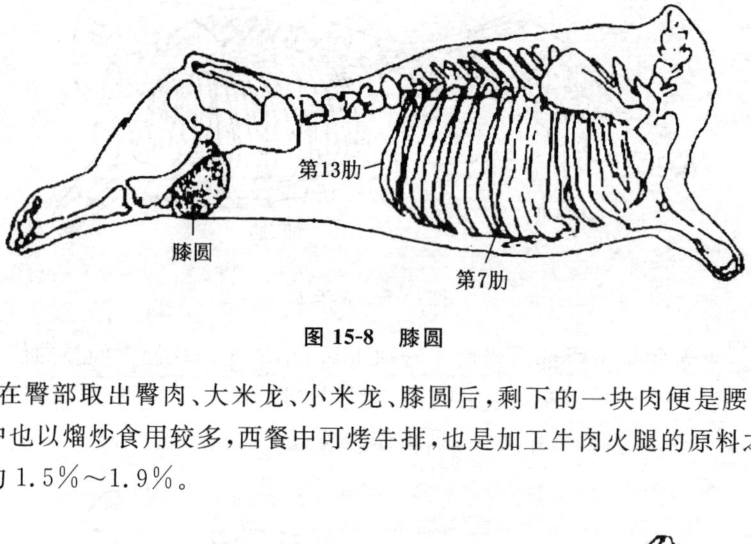

图 15-8 膝圆

⑧腰肉：在臀部取出臀肉、大米龙、小米龙、膝圆后，剩下的一块肉便是腰肉（图 15-9）。腰肉在中餐中也以熘炒食用较多，西餐中可烤牛排，也是加工牛肉火腿的原料之一。腰肉的重量为活重的 1.5%～1.9%。

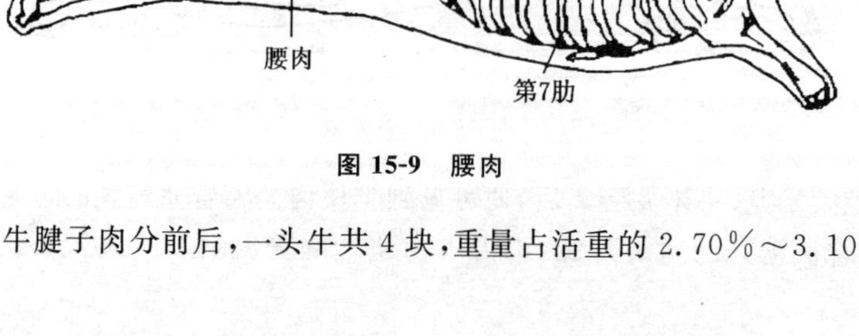

图 15-9 腰肉

⑨腱子肉：牛腱子肉分前后，一头牛共 4 块，重量占活重的 2.70%～3.10%。前牛腱从

尺骨端下刀，剥离骨头，后牛腱从胫骨上端下刀，剥离骨头取下(图 15-10)。牛腱子肉常用于红烧或酱制。

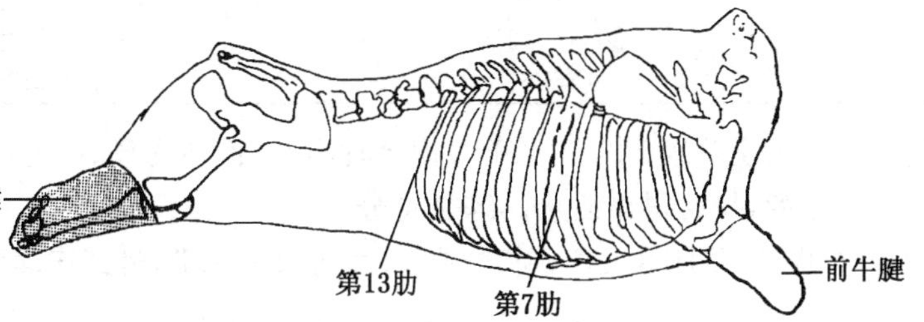

图 15-10　牛腱子肉

4. 牛胴体的分等(以日本评分标准为例)

(1)产量评分。产量评分用多重回归公式来估测，以百分率表示，求测的胴体的项目有四项。即：①第 6 肋与第 7 肋间背最长肌的眼肌面积，用平方厘米表示，用方格纸或尺量；②肋侧厚度，用厘米表示；③左胴重，用千克表示；④皮下脂肪厚，用厘米表示(图 15-11)。

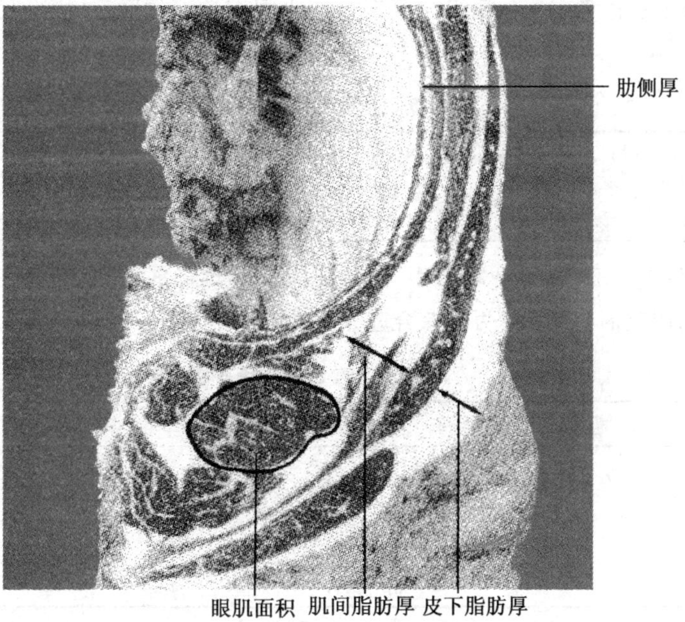

图 15-11　日本肉牛胴体品质测量

公式为：产量估测百分率(%)＝67.37＋(0.130×眼肌面积(cm^2))＋(0.667×肋侧厚(cm))＋(0.025×左半胴重(kg))－(0.896×皮下脂肪厚(cm))

如果被测的胴体是和牛的话，另加 2.049 分。当肌肉间脂肪太厚，与左半胴重或眼肌面积相比极不相称；或者后臀太小，或形成前四分体与后四分体明显不相称时，有以上两种情况之一者，产量等级要下降 1 档。

产量评分可分成 3 等，为 A、B 和 C，如表 15-1 所示。

表 15-1 产量等级表

等级	产量估计百分率标准	比率特点
A	≥72%	切块总产量高于平均值
B	69%～72%	平均范围内
C	<69%	低于平均范围

(2)肉质等级。肉质等级评分取决于牛肉大理石状,肉质光泽、明亮度,肉的坚挺度和质地,脂肪颜色和光亮度,最后得出质量的综合得分。

①牛肉大理石状:按照日本大理石状分成 12 个等级的标准,将其连续系列排列为表 15-2。

表 15-2 大理石状评定标准

等级	大理石花纹评定标准	牛肉大理石状标准
5 优	2^+ 和 2^+ 以上	No. 8～No. 12
4 良	1^+～2	No. 5～No. 7
3 中	1^-～1	No. 3～No. 4
2 可	0^+	No. 2
1 劣	0	No. 1

按表 15-1 的排列,12 个等级与评定标准之间有自然的联系,因此可用表 15-3 来排列其交互关系。

表 15-3 评定标准与等级的关系

大理石状标准	No. 1	No. 2	No. 3	No. 4	No. 5	No. 6	No. 7	No. 8	No. 9	No. 10	No. 11	No. 12
评定标准	0	0^+	1^-	1	1^+	2^-	2	2^+	3^-	3	4	5
新等级	1	2	3	3	4	4	4	5	5	5	5	5

②肉的颜色和光泽:在此项目中,肉色用牛肉颜色标准(B. C. S.)评出,计有 7 个连续等级,光泽凭肉眼观看,然后将两者综合起来考虑,最后得出等级(表 15-4)。

表 15-4 肉色和光泽等级划分

等级	B. C. S 色级	光泽
5 优	No. 3～No. 5	优
4 良	No. 2～No. 6	良
3 中	No. 1～No. 6	中
2 可	No. 1～No. 7	可
1 劣	除 No. 2～No. 5 以外的	

③肉的质地和坚挺度:在这个项目中用肉眼对这二个因子作评定,各按 5 个等级划分,然后将两者综合考虑,得出最终评分。其标准见表 15-5。

表 15-5 肉质地和坚挺度分级表

等级	坚挺度	质地
5	优	很细
4	良	细
3	中	一般
2	可	较粗
1	劣	粗

④脂肪的颜色和质地：在这个项目中，脂肪的颜色用牛肉脂肪标准(B. F. S)评定，共分为7档。一般的牛肉，其颜色在No.1至No.6之间，列为3等或3等以上。而脂肪光泽和质地由目测决定，由一个综合评价来划定等级。最后由这3个因子决定综合分(表15-6)。

表15-6　脂肪颜色与光泽和质地评分表

等级	颜色	光泽和质地
5 优	No.1～No.4	优
4 良	No.1～No.5	良
3 中	No.1～No.6	中
2 可	No.1～No.7	可
1 劣	除No.2～No.5以外的	

⑤牛肉质量等级的综合评定：在获得以上4个项目的各自得分后，将其汇总到一起，按其中最低的等级确定质量等级(表15-7)。

表15-7　质量综合得分

肉质等级分	3
大理石状	4
肉的色泽	4
肉质及坚挺度	3
脂肪色泽和质地	4

按照胴体的产量评分和肉质评分，合成能同时标志两者等级的合成分。产量分用英文字母，肉质分用阿拉伯数字(表15-8)。

表15-8　胴体最终评分

产量分等	肉质得分				
	5	4	3	2	1
A	A5	A4	A3	A2	A1
B	B5	B4	B3	B2	B1
C	C5	C4	C3	C2	C1

评分举例：若产量等级得B，质量等级得3，按表15-8为B3。然后在牛胴背侧按该标志打上蓝戳印。

缺陷的标记：由于饲养管理不当，胴体上会有各种各样的缺陷，此时应在等级戳印的右边打上标记。

有关的屠宰记录表格介绍如下：

屠宰记录表格

活体测定记录　　测定日期：　年　月　日　　cm，kg

牛号	品种	性别	屠宰日期	体高	体斜长	胸围	腿围	管围	体重	宰前膘情等级	备注

屠体测定记录　　　　测定日期：　　年　月　日

牛号	宰前活重	宰后重	血重	头重	皮重	皮厚	前两蹄重	尾重	消化器官重	其他

cm,kg

脏器重						胴体脂肪重				非胴体脂肪重			生殖器官重	
心	肝	肺	脾	肾	其他	肾脂肪	盆腔脂肪	腹膜脂肪	胸膜脂肪	网膜脂肪	肠系膜脂肪	胸腔脂肪	睾丸	其他

屠宰测定记录　　　　测定日期：　　年　月　日　　　　cm

牛号	皮下脂肪覆盖度(%)	胴体长	胴体深	胴体胸深	胴体后腿围	胴体后腿长	胴体后腿宽	其他	半片胴体横截面(第12肋)			
									端面大弯部厚度	肋骨胸壁厚度	大腿	腰部

肌肉色泽	肌纤维粗细	背脂肪厚	脂肪质地	脂肪色泽	眼肌		第12至第13肋间		第9至11肋骨样块	
					面积(cm^2)	等级	眼肌上部脂肪厚度(cm)	眼肌厚度(cm)	肉重(kg)	其他

胴体切块记录　　　　测定日期：　　年　月　日　　　　kg

牛号	胴体重	前小腿		后小腿		脖肉		背部肉		前腿肉		胸部肉		腹部肉		腰部肉		短腰肉	
		重	%	重	%	重	%	重	%	重	%	重	%	重	%	重	%	重	%

里脊肉		臀部肉		膝圆肉		后腿肉		优质切块		其他肉	
重	%	重	%	重	%	重	%	重	%	重	%

产肉性能计算　　　测定日期：　年　月　日　　　kg

牛号	宰前活重	胴体重	屠宰率(%)	净肉重	净肉率(%)	胴体产肉率(%)	胴体脂肪重					
							肾脏脂肪	皮下脂肪	盆腔脂肪	腹膜脂肪	胸膜脂肪	备注

胴体						肉脂比	非胴体脂肪重	肉骨比	熟肉率(%)	屠体等级	备注
肌肉重	%	骨骼重	%	脂肪重	%						

三、作业

(1)实验指导教师先利用图片、录像片等多媒体资料对实验内容进行详细讲解。

(2)带领学生到屠宰场观摩肉牛的屠宰过程和肉块的分割加工过程。

实验十六　泌乳奶牛的日粮配方制定

一、实验目的

通过学习日粮配制的原理和方法，经过计算和操作，使学生掌握奶牛日粮配方制定的一般原则和利用试差法配制奶牛日粮配方的方法。

二、实验材料

(1)中国奶牛饲养标准。

(2)奶牛群生产情况(包括体重、胎次、产奶水平、牛乳成分和妊娠月份等)。

(3)奶牛场现有饲料种类及规格。

三、实验内容和方法

(一)奶牛日粮配合原则

(1)日粮配合必须参照奶牛饲养标准,如 NRC 奶牛饲养标准(1989,2001)或中国奶牛饲养标准(2001),但饲养当中要根据奶牛生产性能和体况进行调整。

(2)注意日粮浓度和体积的平衡,一般而言配合日粮前要估测奶牛的干物质采食量。可以通过公式计算,也可查表。日粮的计算应以干物质为基础。

(3)奶牛日粮应该以青粗饲料为主,体重 600 kg 的成年泌乳牛每天至少饲喂 3 kg 的长干草。日粮中干物质中必须有 40%为粗饲料,即粗饲料干物质采食量为体重的 1.5%。而精饲料一般最多可占日粮的 2.0%。一般而言日粮中的粗纤维应占日粮干物质的 15%~24%。中性洗涤纤维(NDF)最少占到日粮的 28%,其中来源于粗饲料的 NDF 要占到总 NDF 的 75%,即体重的 1.2%或日粮的 21%。

(4)高产奶牛特别是在泌乳的早期和盛期,需要额外补充脂肪才能满足奶牛能量需要,但日粮干物质中脂肪含量不要超过 7%,额外添加的脂肪不要超过日粮干物质的 2%。当额外添加脂肪时,可以将日粮钙水平提高到 1%,镁提高到 0.3%,日粮中酸性洗涤纤维(ADF)提高到 20%或更高。

(5)对牛奶无不良影响。有些饲料对牛奶的味道有不良影响,如葱、蒜类,所以应当避免添加到饲料中。

(6)配合日粮要注意适口性和多样性。

(7)原料选择尽量选择营养丰富、价格低廉的当地饲料。

(二)配合奶牛日粮的步骤

应用奶牛饲养标准配合日粮时,第一,要根据奶牛体重、生产水平,确定饲养标准规定的营养需要量;第二,可根据经验和饲料原料的可获得性确定粗饲料的种类和饲喂量;第三,计算粗饲料、副料提供的营养素,不足部分由精料补充料满足;第四,确定精料补充料的种类和数量,一般是用混合精料来满足能量和蛋白质需要量的不足部分,最后用矿物质补充饲料来平衡日粮中的钙、磷等矿物质元素的需要量。

(三)实验例题

下面以 600 kg 体重(第 2 胎,第 5 个泌乳月)日平均产奶 20 kg(乳脂率 3.5%,乳蛋白率 3.0%)的中国荷斯坦奶牛为例,应用中国《奶牛营养需要和饲养标准》(2001)(以下简称《标准》)配合奶牛日粮。

第一步 根据饲养标准计算奶牛营养需要量

确定奶牛营养需要可以通过公式计算,计算方法可参照《标准》。也可以参考标准中的表 10.1 成年母牛维持的营养需要和表 10.2 每产 1 kg 奶的营养需要。根据查表结果并计算出该奶牛的营养需要。结果如下表:

日营养需要	DM(kg)	NND	DCP(g)	Ca(g)	P(g)
维持	7.52	13.73	364	36	27
产奶	8.2	18.6	1 060	84	56
总计	15.72	32.33	1 424	120	83

第二步　计算粗饲料、副料提供营养量

根据经验,600 kg 体重日产奶 20 kg 的奶牛可采食 25 kg 鲜玉米青贮饲料和 3 kg 羊草。查《标准》可知玉米青贮和羊草的营养物质含量并计算由粗饲料提供营养物质总量。计算需要由精饲料补充的营养物质量,即饲喂粗饲料后尚缺的营养部分。计算方法是由奶牛的营养需要总量减去从粗饲料得到的营养物质的总量。结果如下表:

原料	干物质	奶牛能量单位(NND/kg 干物质)	可消化蛋白(g/kg 干物质)	钙(g/kg 干物质)	磷(g/kg 干物质)
羊草	91.6%	1.51	48	4.0	0.2
玉米青贮	22.7%	1.59	42	4.4	0.26
总量	8.42 kg	13.17	370.25	35.96	20.25
尚缺营养	15.72－8.42＝7.30 kg	32.22－13.17＝19.16	1 424－370.25＝1 053.75	120－35.96＝84.04	83－20.25＝62.75

第三步　确定精料补充料

如奶牛场现有原料为玉米、豆粕、小麦麸、磷酸氢钙和石粉。查表知各种原料营养物质含量,结果如下表:

原料	干物质(%)	奶牛能量单位(NND/kg 干物质)	可消化蛋白(g/kg 干物质)	钙(g/kg 干物质)	磷(g/kg 干物质)
玉米	87.6	2.58	63	0.9	2.4
豆粕	88.4	2.93	322	3.4	5.7
小麦麸	8.42	2.21	106	2.4	9.3
磷酸氢钙	99.8	0	0	210	160
石粉	92.1			330	

如喂以 4.6 kg 玉米,2.6 kg 豆粕,1 kg 麸皮,0.20 kg 磷酸氢钙,0.10 kg 石粉,计算其营养物质含量,结果如下表:

项目	干物质(kg)	奶牛能量单位(NND/kg 干物质)	可消化蛋白(g/kg 干物质)	钙(g/kg 干物质)	磷(g/kg 干物质)
精料营养物质总和	7.23	19.12	1 083	85.83	62.89
需从精料中补充量	7.30	19.16	1 053.75	84.04	62.75
与需要相比	－0.07	－0.04	＋29.25	＋1.79	＋0.14

从计算可见，上述日粮组成基本能满足各项营养需要，实践中如不能满足可进行调整。另外要在精料中添加1%的食盐和1%的预混料。

确定精饲料也可以用长方形法计算配方中各种原料的比例。首先用需要从精饲料中补充的营养物质除以精料的总的干物质，即可计算出精料中各种营养物质的比例，然后采用四边形法进行计算(具体方法略)。

根据以上计算，该牛(群)日粮组成如下：

羊草	3.0 kg
玉米青贮	25.0 kg
玉米	4.6 kg
豆粕	2.6 kg
小麦麸	1.0 kg
磷酸氢钙	200 g
石粉	100 g
食盐	73 g
预混料	100 g

四、作业

1头中国荷斯坦奶牛，体重550 kg(第1胎，第9个泌乳月)日平均产奶15 kg(乳脂率3.5%，乳蛋白率3.0%)。牛场可利用的饲料有：羊草、玉米青贮、玉米、豆粕、小麦麸、磷酸氢钙、石粉、食盐、预混料。每个学生为该奶牛试制定1日粮配方，完成实验报告。

实验十七 计算机在奶牛场生产管理中的应用

一、实验目的

奶牛生产中的数据量大，任务项目多，计算机的应用，为奶牛生产管理提供了很大的方便，使得数据记录准确、可靠、及时，查询方便，自动计算，报表迅速，一目了然。

本实验以美国Herd-Pro公司的StocKeeper2000为例进行演示。该软件可以到沈阳农业大学畜牧兽医学院(http://www.syau.edu.cn/xmsy/)的“资源下载”中获得(仅供教学使用)。本实验通过教学实验演示和操作，使学生了解计算机在奶牛生产管理中的应用原理，并熟悉相应软件的特点和应用方法。

二、实验内容和方法

(一)软件的安装

按软件指示步骤安装。

(二)软件的使用方法

1. 软件的运行　如果是 Windows2000 以上操作系统，操作者应保证是管理员身份运行，否则将不能正常运行。

2. 理解屏幕　“窗口”会根据您的选择——选项、列表和检测等，它们指导您打开相应的功能，不用自己进行任何计算，程序会经常组织、显示和更新数据。StocKeeper 会不断地检测所有动物的历史事件并根据其历史记录中的日期和项目显示相关的数据。

在屏幕左侧，会看到畜群列表，畜群列表显示奶牛场所有动物列表的畜群。而在屏幕右侧会根据操作者从左侧畜群列表的选择决定所要显示的数据，如果选择一个群组，则显示群组概述标签页，如果选择单个动物，则所有该动物的数据显示在 8 个标签页上，所有这些仅仅用鼠标单击即可。此外，对于群组比较、群组数据输入和所有报表的简单群组过滤也可以。

标记 2 表示的是 StocKeeper 所有的主菜单，用来提供存取程序所有的主要功能，当然，这些功能中的大部分可以直接在屏幕上存取。

标记 3 表示 StocKeeper 的工具条，工具条中包含所有重要和常用细节的快捷图标，可以按照喜好来编辑和定制它们(例如，在工具条的空白区域单击您的鼠标右键就会弹出自定义工具条窗口)。

标记 4 是数据标签窗口，在 StocKeeper 中最方便的界面就是数据标签界面。屏幕的大部分被标签屏幕占据。这些标签允许快速查找和/或编辑任何一头或一群动物的数据。

3. 工具条　工具条定位在屏幕顶部主菜单的下面，这个工具条类似于其他软件的工具条，它包含 StocKeeper 内的常用任务的快捷方式，也可以增加经常使用的报表的快捷方式。工具条可以通过在“查看”菜单中的“工具条”单击其选中标记来显示和隐藏它。工具条中的图标解释如下：

标记 1　左和右箭头：该按钮从畜群列表中选择之前的动物或当前动物的下一个。

标记 2　增加和删除动物：动物身上有加号的用来增加动物，与从“畜群”菜单中选择“增加动物”相同。它会为要增加到数据库中的动物产生出生和购买事件窗口；动物身上有减号的用来从数据库删除动物，与从“畜群”菜单中选择“删除动物”相同。这个容易与淘汰事件相混淆。“删除动物”是从数据库中永久删除该动物的所有数据，而“淘汰动物”仅仅是从畜群中删除，而它的记录保存到“淘汰群组”中，将来是可以恢复的，而并非从数据库中删除。

标记 3　畜群列表中树型查看和列表查看：这些图标用来以树型显示群组或圈舍以及用列表型显示单个动物列表间(没有群组和区域)进行切换。

标记 4　畜群列表群组和区域查看：这些图标用来在畜群列表查看中显示从群组或小组(三角箭头)的畜群列表和显示从圈舍和圈舍区域(上箭头)的畜群列表间进行切换。这些仅仅当处于树型显示模式时才能应用到畜群列表。

标记 5　三个图标分别表示显示或隐藏干奶牛、母牛和泌乳母牛，用于快速查看相应母牛。

标记6　设定和删除过滤：用来设定和删除奶牛过滤条件，通过过滤，可以快速了解符合要求的所有奶牛的情况。

标记7　显示字段：显示字段图标（名字标签）允许改变动物在畜群列表中的缺省电脑ID标签，可以改变为包括畜舍名、耳标等的任意数字。

标记8　语言选择：语言选择图标（旗子）允许切换到所工作的语言中，这个对于那些多语言牛场特别有用。

标记9　查找：查找图标（放大镜）与“编辑”菜单中的查找菜单项相同，单击该图标会出现对话框，用来查找动物的名字和号码。

标记10　自定义报表：用来制定符合自己要求的报表。

标记11　选项：该图标打开StocKeeper选项窗口，可以在StocKeeper中编辑各种设置。

标记12　报表选项：该图标会打开报表选项屏幕，可以改变单个报表的设置。

上面的所有工具条都可以根据自己的喜好进行重新设定，设定方法也很简单，通过主菜单上的“查看”，然后选择“自定义工具条”；也可以通过鼠标右键单击工具条上的空白区域的方法增加和删除工具条的快捷图标。两种方法都会产生自定义工具条窗口，左侧列表包含可用工具的列表，右侧列表包含当前显示在工具条上的图标列表，在两个列表间的箭头允许从可用的工具条上移动图标，右侧箭头允许改变工具条上图标的顺序。

4. 数据标签窗口　在StocKeeper中最常用的就是数据标签窗口，这个窗口出现的标签会因畜群列表中的不同选择而发生改变。如果选择整个畜群，则出现畜群概述标签、群组概述标签、今日任务标签和事件标签、产奶数据标签；如果选择一个群组或区域，则出现群组概述标签、事件标签和产奶数据标签；如果选择动物个体，则概述标签会消失，而出现当前状态标签、系谱树标签、间隔统计标签、生产统计标签、事件标签、产奶数据标签和泌乳曲线标签和图片标签。

(1)群组概述标签：群组概述标签是默认打开的界面。当该程序载入数据时，从畜群动物列表中选择畜群群组，并为整个畜群生成“群组概述标签”。群组概述标签对出现在选中的群组（或畜群）中的动物进行概述，包括产奶、干奶动物的数量、不足1岁龄的动物的数量和淘汰牛的数量。也显示出现在这个群组中的动物的群组、小组、区域、小区。得出群组的平均年龄、平均日产奶量（从产犊）、刚泌乳时的平均年龄和平均泌乳量。这个标签页只有该畜群或群组从动物列表树中选中时才可见。

(2)生产概述标签：生产概述标签显示从畜群列表中选中的群组的检测日期的平均值（选中的检测日期）、畜群的平均值的波动和淘汰概况。这些信息是指定的检测日期的。如果选中了其他的检测日期或群组，那么生产概述标签显示的是新的检测日期和/或群组的信息。生产概述标签只有当一个群组或畜群从畜群列表中选中时才可见。

(3)今日任务标签：今日任务标签是StocKeeper中一个非常有特色的标签，该标签生成一个48 h内的任务/查看报表（管理列表），它以清单的形式列出当天要完成的任务。每次启动该程序时都查看一下该标签页是一个好的习惯，这个标签只有当整个畜群或一个群组（或小组或者区域或小区）被选定时才可见，而当奶牛个体被选定时这个标签不会出现。正常的任务/查看报表将使用在选项界面保存的间隔值（默认为30天）。

(4)当前状态标签:这个标签页只有当从动物列表中选择单独的动物时才可见。另外，所有以背景颜色显示的字段都不可以更改(如淘汰日期、活动状态等)，而白色的字段可以直接在这一页中编辑。如果更改了这一页的某项，点击"应用"以便将这些更改保存到数据库中。

(5)系谱树标签:跟上面的一样，系谱树标签只有当单独的动物在畜群列表中选中时才可见。这个标签显示该动物的当前系谱信息，包括父亲和母亲，祖父和祖母。如果数据库中有后代的信息，也会列出。列出的其他信息包括年龄、出生日期、品种购买日期和价格，也列出知道的该动物的任何一个同胞。所有以背景颜色显示的字段都不可以更改，但是那些以白色字段显示的可以在这个界面直接编辑。更改后，单击"应用"将这些信息保存到数据库中去。

(6)间隔统计标签:间隔统计标签只有当某个动物个体从动物列表中选中时可见，显示该动物的时间跨越信息。总结出重要日期之间的天数或从某一事件到当前日期的天数。这些间隔用于日常管理决策。它也列出关于当前和以前哺乳期的重要日期。

(7)生产统计标签:生产统计标签只有当动物个体从动物列表中被选定时才可见。在这里，所有关于该动物的生产统计信息被总结出来。所有最近检测日期的信息都在"当前产奶数据"框中。

(8)事件数据标签:不管是选择奶牛个体还是群体，事件数据标签都会出现，这是 StocKeeper 中最重要的界面之一。事件数据标签有两个重要的功能:①显示选中的个体的全部事件历史记录(如果在一个群组中该标签空着，则是部分历史记录);②完成常规数据输入和历史记录更新。

这些可以是一个单独的动物，或整个选中的群组。查看事件历史记录是看一个动物个体所有存储的数据的一个快速方法。可以选择任何一个在左边的列表中输入的事件，并在右边查看该事件的细节。如果想编辑或删除这里的任何一条信息，在底部点击适当的按钮。

"事件数据标签"也是向动物或群组的记录中添加一个新的数据或事件的主要方式。当更新整个群组时，从畜群列表中选中多个动物或特定群组，选择"事件标签"及适当的事件。如果要编辑多个动物，并想将一个事件用于一个群组整体，必须先在事件界面选择"全选"按钮。也可以按住"CTRL"键，从列出的动物或整个群组中选定任意动物个体。

(9)产奶数据标签:产奶数据标签有两个重要的功能:①显示选中的动物的全部生产历史记录(对于群组，标签的历史部分保持空白);②日常产奶数据的输入和编辑。数据输入可以对单个动物或一个选中的全部整体。

某选中的动物的全部生产和哺乳期历史记录显示实际检测日期记录的数值以及计算哺乳期和终生值。"总计"行在每一个哺乳期的最后显示，并根据干奶期或当前哺乳期，或今日数据给出最终的估计值。如果要手工输入产奶数据(相对于直接从 DHI 和/或挤奶系统输入)，需要从这一界面选择"输入检测数据"，进入"生产事件"界面，在这里可以输入适当的信息(产奶量，脂肪，蛋白质，体细胞计数等)。如果购买了 1 头已经泌乳的奶牛时，"输入哺乳期数据"允许输入该动物过去哺乳期的信息。

如果想编辑已经存在的产奶数据，高亮显示该行，单击"编辑"。一个新的关于该检测日期的数据输入界面将会弹出，添加正确的信息，单击"应用"保存这些数据。

(10)泌乳曲线标签:不管是选择奶牛个体还是群体,“泌乳曲线”标签页都会显示。

如果选择了动物个体,将显示该动物当前的泌乳曲线。然后可以在下拉式菜单中的“选择显示曲线”选定一个,查看任何动物个体过去或当前的泌乳曲线。

如果选中了整个群组或泌乳期,将生成各种图表选项。可以选择绘制产奶、乳脂、乳蛋白、体细胞计数、泌乳期产奶量、泌乳期乳蛋白量、终生产奶量、终生脂肪量、终生蛋白量。这里,如果改变“动物数”框中的数值,则马上更改动物曲线数。可以用“向前”和“向后”按钮查看不同系列的动物。

这些图表根据所设置的参数来显示线图、条形图或散点图。在图表上的图表工具条上有很多用于图表显示的设计选项,通过这些选项可以更改图表比例、设置3D选项、更改标签和字体。通过哺乳期曲线工具条上的“属性”按钮(魔术棒图标)或在空白处右击,可以更改大多数的选项。若更改X和Y轴值,可打开“属性窗口”,单击“坐标轴”标签,然后选择“详细资料”。

要打印泌乳期曲线,只需单击打印图标。

提醒:可以用位于生产报表下的“泌乳期曲线报表”存取动物个体的哺乳期曲线。这一页报表显示饲养历史摘要、生产历史摘要、泌乳曲线、脂肪蛋白曲线和体细胞计数曲线。这个报表只对选中动物当前泌乳期有效。

(11)照片标签:只有从畜群列表中选择了奶牛个体时,照片标签才可见。每头奶牛可以贴上两张照片,可识别的图片格式有BMP,JPG/JPEG和GIF文件(*.bmp、*.jpg or *.gif)。要想放置照片,点击文件名框右边的小按钮,将打开一个对话框,选择“浏览”,在硬盘上找到所需的照片即可。

由于这些照片仅仅是超链接上的,而不是直接放置到数据库中去的,最好将所有的照片放到同一个文件夹中,建议最好将这个目录放到StocKeeper目录中。还有,最好给照片文件名约定一个命名习惯(例如以奶牛号命名),以便在StocKeeper中容易将动物照片和动物名和/或ID号连接在一起。

5.选项设置 StocKeeper可以根据使用者的喜好设置很多选项,在主菜单的“查看”中有“选项”项目,单击即可设置。选项设置的一般设置中,“用户信息”项用来设置与用户有关的一些信息,如农场名、用户名、地址和电话等;“密码”项用来保护农场数据,防止他人意外输入数据,只有知道密码的人才能够打开该数据库,所以密码一定要安全保存,如果因某种原因密码忘记或丢失,可以联系Herd-Pro软件公司找回;“语言”设置可以设定StocKeeper启动时的默认语言。

在“自定义列表”设置中,用户可以根据自己牛场的实际情况进行相应设置,如“分类”设置中的奶牛分群(如母牛、公牛和淘汰牛)、小群组(泌乳母牛、高产奶牛、青母牛、犊牛等)、牛场区域划分(栋、舍设置等),“事件选择”中设置操作员名字等。这里需要注意的是系统启动后应该设置“泌乳选项”中的“数据输入”,因为StocKeeper软件缺省的产奶量单位是“磅”,而我国使用的是“千克”,所以应该将产奶数据的重量或体积单位设置为“产奶千克”。还有,需要设置“时间间隔”和“警告”信息,因为软件根据这些信息在“今日任务”中可以给牛场管理者提示一些警告和相应建议。

6.数据输入 数据输入是StocKeeper中最常用的任务,在StocKeeper中这个处理过程是非常简单的。数据输入包括生产数据输入、系谱数据输入、日常数据输入和事件数据输入。所有的典型数据输入包括三个基本步骤:选择奶牛个体(或奶牛群组)、选择数据和选择事件。这些奶牛每日必有的事件都可以在“事件数据”标签下进行输入。可以通过从“事件数据”标签下编辑已存在的数据事件报表来增加和改变数据,也可以在“当前状态”和“系谱树”标签下直接增加或编辑数据。系谱信息是在每个产犊(出生)事件和新增动物事件时自动增加的,可以在任何时候从“系谱”标签和从“畜群”菜单下选择编辑“系谱”来编辑系谱信息。生产数据可以从 DHI、产奶流量计和 ASCII 格式文件中导入或通过从“产奶数据”标签下手动输入。

7. *报表* StocKeeper 内建大量可以很容易修改的报表,对于内建报表,还有一个功能强大的自定义报表精灵,允许牛场管理者很容易创建所需要的任何类型报表。

所有报表和报表选项都可以通过“报表”菜单进行存取。当产生一个报表时,新的包含该报表的窗口会出现,在每个报表顶端有一个工具条,工具条表格内容、打印按钮、缩放按钮、向前或向后页按钮(对于多页报表)、产生选项屏幕的选项按钮、更新报表用的刷新按钮(如果需要)、保存报表用的保存按钮和退出报表的关闭按钮。

所有报表都是 PDF 文件格式,允许在屏幕上查看、打印和保存报表,甚至用 Email 把这个报表发送到互联网上。一旦保存了报表,如果已经安装了 Acrobat Reader(PDF 阅读器),可以在任何时候进行查看。

StocKeeper 的报表有很多,主要包括设置报表选项、繁殖报表、生产报表、事件报表、个体报表、畜群报表、其他报表和自定义报表。

8. *库存管理* 通过库存管理,能够很容易地知道目前奶牛场的药物、饲料、精液和疫苗的使用情况和库存情况。不过,要想很好地使用库存管理,还需要管理者自己设定好本场的各种药物、饲料、精液和疫苗的名称和单位。这四种常见的库存的窗口设置界面是完全一样的。

9. *其他功能* 除了上面所述的以外,StocKeeper 还具有一些其他功能,例如数据交换,不但支持直接从挤奶器采集数据,而且支持可移动变携设备(如 Palm)的数据交换,还支持目前世界上应用不算普及但前景广阔的 RFID(无线射频识别技术),通过这些设备,可以快速、准确地输入泌乳数据。

三、作业

在教师指导下,安排每个同学进行一次上机操作,最后由教师根据学生的学习实践情况做出总结。

附录Ⅰ 牛场参观教学实习提纲

（供四年制动物科学本科专业使用）

一、教学实习目的

《牛生产学》是动物科学、动物生产及动物营养等相关专业的一门专业课，是基础理论与生产实践密切相结合的综合性课程，是重要的必修专业课。根据《牛生产学》课程教学实习大纲内容的要求，特制定《牛场参观教学实习提纲》，以便学生在奶牛场和肉牛场参观学习时能有计划地进行资料搜集和整理。通过教学实习，使学生结合课堂上学到的基本理论知识，熟悉和了解生产现场的奶牛、肉牛及某些地方优良黄牛的品种特征、饲养管理技术、牛场建设和生产管理等内容。

通过参观、学习和现场技术人员和工人的讲解、指导，使学生熟悉和了解饲料加工、奶牛生产、牛奶加工和肉牛生产现场的生产过程、管理方法及进行简单的操作实践。

二、实习方法

(1)实习前，由指导教师讲解有关实习的目的、现场实习资料搜集提纲内容、资料的整理、归纳方法及实习报告要求等。

(2)指导教师将学生带到实习现场，聘请生产现场的领导、技术人员和工人引导学生参观生产现场、讲解生产过程，回答学生提出的各种问题。

(3)实习后，指导教师和学生共同总结实习情况，每个学生完成和上交“奶牛场实习报告”和“肉牛场实习报告”各一份。根据报告完成的质量评分，计入本门课程的总成绩。

三、实习内容

根据教学实习内容的要求，特制定《牛场参观教学实习提纲》，以便学生能有计划地进行资料搜集和整理，具体内容如下。

1.牛场自然条件　建场时间、地理位置(经纬度)、环境、公路、交通条件；冬、夏极端温度、年平均降雨量、无霜期(天)、配套饲料地土质和面积、饲料生产条件等。

2.牛舍和运动场

(1)牛舍结构类型：棚式、舍式、棚舍式。

(2)屋顶：单坡、双坡、平顶、钟楼、通风口形式。

(3)墙壁：开敞式、半开敞式、封闭式。

(4)材料：砖瓦、木板、金属板、人造复合板、保温材料。

(5)动物排列方式：单列、双列、三列、四列、六列。

(6)通风方式：自然、通风机(电力消耗：kJ/(牛·年))。

(7)夏季防暑、冬季保温方法。

(8)牛的固定方式(奶牛场、肉牛场)：拴系、散栏。

(9)运动场面积：m^2/牛，每头牛占槽宽度：m/牛。

3. 饲料和饮水

(1)饲料种类：粗料、精料、精/粗比。

(2)饲料种植：种类、品种、产量(kg/666.7 m^2)。

(3)饲料贮存：草捆、青贮、黄贮。

(4)饲料加工：加工机械种类、加热、加湿、粉碎、混合。

(5)购买饲料：种类、数量(kg/牛)。

(6)饲喂方法：时间、次数、顺序(先粗后精、先干后湿、先喂后饮)。

(7)饲料运输：车辆种类、载重量(t)。

(8)饮水条件：水源、水质、用水量(L)。

4. 奶牛场生产

(1)工作日程时间表。

(2)榨乳场地：牛舍、榨乳间。

(3)榨乳机械：移动式、固定管道式。

(4)挤奶时间、次数。

(5)乳房清洗、乳头消毒方法。

(6)牛奶挤后的处理和贮存(冷却处理等)、初加工。

(7)产量(总产、单产)。

(8)市场营销：价格、产品流向、市场销量。

(9)年经济效益：产值、利润(全场、每头)。

5. 肉牛场生产

(1)工作日程时间表。

(2)肉牛品种、杂交组合。

(3)肥育类型、肥育期。

(4)饲料种类、精/粗比。

(5)出栏体重、屠宰率、净肉率。

(6)市场营销：价格、产品流向、市场销量。

(7)年经济效益：产值、利润(全场、每头)。

6. 生产劳动管理　行政管理岗位、人数、饲养员人均管理牛头数。

7. 牛舍管理

(1)清扫次数、时间、方法。

(2)消毒方法：药品、用量/m^2、次数/月。

8. 生产记录方法

(1)一般人工记录数据，资料，制作图、表。

(2)计算机管理、数据库管理、应用牛场生产管理计算机软件、管理分析生产资料。

9. 牛群状况

(1)各种类型动物数(品种、血缘)：种公牛、成母牛、育成牛、青年牛、犊牛。

(2)犊牛饲养方法：开始哺喂初乳时间、粗料、育犊期全乳饲喂量、代乳料、开食料、去角时间和方法、去势时间和方法、断奶时间、断奶体重。

(3)产犊(存活)率(%)=本年度出生犊牛总数/上年度末成年母牛数×100%

(4)平均产犊间隔(天) = 总个体产犊时间(天)/产犊母牛总数

(5)总受胎率(%) = 年内总受胎母牛数/年内平均母牛数×100%

(6)育成牛:初配月龄、饲养方法、饲料特点。

(7)繁殖方法:

① 发情鉴定方法:人工观察、仪器检测。

② 种公牛精液的来源(国内、国外)、品种。

③ 胚胎移植:胚胎来源(国内、国外)、品种、受体牛品种、妊娠率、产犊率、性别比例。

④ 冷配方法:一次发情输精次数(一次、两次),每次受孕的平均输精次数、输精量。

⑤ 妊娠诊断方法:人工、仪器检测。

⑥ 淘汰率、犊牛死亡率、犊牛成活率。

10. 疫病防治

(1)传染病:口蹄疫、布氏杆菌病、结核病、副结核病、气肿疽。

(2)免疫接种:疫苗种类、产地、接种时间、接种次数、免疫效果(保护率)。

(3)常见病:乳房炎、乳热症(产后瘫痪)、酮血病、流产、内外寄生虫病等。

11. 粪尿、清洗污水处理　无害化处理方法、粪尿分离、发酵、制作有机肥。

12. 环境保护　牛场绿化、排污处理、环境监测方法。

附录Ⅱ　牛场生产常用表格

表1　奶牛各泌乳期产奶记录

母牛号:　　　品种:　　　出生:　　　年　　月　　日　　　kg

胎次	产犊日期	产前停奶日数	泌乳日数	日泌乳量		脂肪		泌乳量	各月泌乳量											
				最高	平均	乳脂率(%)	乳脂量		1	2	3	4	5	6	7	8	9	10	11	12

表2　奶牛日粮调配表

年　　月　　日　　　kg

牛别	产次(月龄)	日产奶量	体况评分(BCS)	配合精料	青贮	青刈	甜菜	胡萝卜	干草	食盐	骨粉	牛奶

表 3　月份饲料消耗统计表

年　　月　　日　　　　　　　　　　　　　　　　　　　　　　kg

牛别	本月饲养头数	青粗饲料			多汁、青贮饲料				精饲料				矿物质			
种公牛																
产奶母牛																
干奶母牛																
18 月龄以上育成牛																
12～18 月龄育成牛																
6～12 月龄育成牛																
1～6 月龄犊牛																
合计																

表 4　母牛配种繁殖记录表

母牛号：　　　出生：　年　月　日　　　第 1 次配种：　　年　月　日

发情日期(年.月.日)	配种时间(年.月.日)	与配公牛号	配种方式	精液稀释倍数	输精量(mL)	输精时精子活率(%)	妊娠日期	预产期	实际产犊期	胎次	妊娠天数	犊牛情况		
												牛号	性别	初生重

表 5　母牛分娩记录

母牛编号		过程记事	处理人员
分娩情况	进入产房时间		
	开始阵痛时间		
	破水时间		
	羊水色泽		
	羊水排出量(mL)		
犊牛情况	出生时间		
	脐带		
	成活情况		
	性别		
	出生重(kg)		
	毛色		
产后情况	温水给量(kg)		
	温麸皮水给量(kg)		
	初乳给量(kg)		
	第一次挤奶时间		

续表 5

母牛编号		过程记事	处理人员
胎衣情况	排出时间		
	胎衣色泽		
	有否残留		
	恶露情况		
犊牛	犊牛编号		
	调出日期		
	调出体重		

表 6 犊牛卡片

1. 登记

编号		名称		品种			代数	
性别		毛色		· 特征			出生年月日	
产地		入场时间		血统	父		等级	
					母		等级	

2. 增重(kg)

初生体重	第 1 月			第 2 月			第 3 月			第 4 月			第 5 月			第 6 月			平均日增重
	体重	增重	平均日增重	体重	增重	平均日增重	体重	增重	平均日增重	体重	增重	平均日增重	体重	增重	平均日增重	体重	增重	平均日增重	

3. 饲料消耗(kg)

生后月	牛乳	脱脂乳	混合料	干草	多汁饲料		矿物质饲料	
					青贮	块根	食盐	骨粉
1 个月								
2 个月								
3 个月								
4 个月								
5 个月								
6 个月								
合计								

4. 体尺测定(cm)

测定时间(年.月.日)	体高	腰高	胸深	体斜长	腰角宽	坐骨宽	胸围	管围

5. 血统

父 个体编号：　　　　品种：				母 个体编号：　　　　品种：				
年度	高产女儿头数	平均产奶天数	平均产奶量(kg)	年度	胎次	泌乳天数	实际产奶量(kg)	日最高产奶量(kg)

6. 鉴定成绩

鉴定时间（年.月.日）	月龄	等级	外貌优缺点

7. 防检疫与病症

免疫时间（年.月.日）	免疫注射种类	免疫时间（年.月.日）	检疫种类	患病时间（年.月.日）	患病种类

表 7　育成牛卡片

1. 增重(kg)

牛号	第 9 个月			第 12 个月			第 15 个月			第 18 个月			平均日增重（4 个月）
	体重	增重	平均日增重	体重	增重	平均日增重	体重	增重	平均日增重	体重	增重	平均日增重	

2. 饲料消耗(kg)

月龄	混合精料	干草	多汁饲料				能量饲料	蛋白质饲料	钙	磷
7～9										
10～12										
13～14										
15～18										
18～21										
21～24										

3. 外貌结构

鉴定时间	头颈	胸	鬐甲背腰	中躯	尻部	乳房	四肢	全身发育	总计得分

4. 体尺测定(cm)

测定时间（年. 月. 日）	体高	胸深	体长	尻长	体高	坐骨宽	腰角宽	胸围	管围

5. 鉴定成绩

鉴定时间（年. 月. 日）	月龄	等级	外貌优缺点

6. 防检疫与疫病

免疫时间（年. 月. 日）	免疫注射种类	检疫时间（年. 月. 日）	检疫种类	患病时间（年. 月. 日）	患病种类

表 8　种公牛卡片

牛号：

品种：　　出生：　年　月　日　　出生地：　　血统：　　出生重：　kg

1. 繁殖记录

年度	与配母牛数	平均授精次数	妊娠		繁殖		精液品质			后代品质		
			头数	%	头数	%	精液量（mL）	精子数（亿）	活力	一级	二级	三级

2.后裔测定成绩

牛场	同期同龄牛			公牛女儿			公牛女儿生产性能占同期同龄的百分比	
	头数	总产奶量(kg)	总乳脂量(kg)	头数	总产奶量(kg)	总乳脂量(kg)	产奶量(%)	乳脂量(%)

3.体尺体重

月龄	测量日期	体高(cm)	体斜长(cm)	胸围(cm)	管围(cm)	体重(kg)
6						
12						
18						
24						
36						
48						
60						

4.外貌鉴定等级

年龄	整体	体躯	四肢	等级	优缺点评价

表9　种母牛卡片

牛号：

品种：　　出生日期：　　出生地：　　外貌评分：

父号：　　品　　种：　　外貌评分：　　体　　重：

1.生产性能

年度	胎次	产奶天数	实际产奶量(kg)	305天产奶量(kg)	实际产乳脂量(kg)	305天产乳脂量(kg)	平均乳脂率(%)

2.产犊成绩

年度	与配公牛		胎次	产犊情况		
	牛号	品种		编号	性别	初生重(kg)

3.体尺体重

年龄	测量日期	体高(cm)	体斜长(cm)	胸围(cm)	管围(cm)	体重(kg)
初生						
6月龄						
12月龄						
13月龄						
一胎						
三胎						
五胎						

4.外貌鉴定

鉴定时间	胎次	整体	体躯	乳房	四肢	等级

第二篇

羊生产学实验教程

第二篇　羊生产学实验教程

主　编　王立克（安徽科技学院）
副主编　姜怀志（吉林农业大学）
赵智华（西南大学）
丛玉艳（沈阳农业大学）

实验一　分析毛样的采集

一、实验目的和要求

在羊毛的生产、流通和加工过程中，都需要对羊毛品质进行分析。在养羊业中对羊毛品质进行分析，其目的是为了提高羊的产毛性能和羊毛品质，为改良、培育新品种和饲养管理提供科学依据。在羊毛流通中，对其进行公证检验，是为了保护羊毛质量和牧、工、商的利益，合理利用羊毛资源和公平交易。从毛纺工业角度来讲，研究羊毛品质是为了合理利用原料和提高产品质量。

羊毛品质分析结果是否准确有赖于科学的试验方法、效能精良的仪器和分析用毛样的代表性，三者之一达不到理想要求，均可造成一定误差，影响分析结果。而分析毛样的采集是所有羊毛品质分析的基础和首要工作。为了使分析结果反映生产和指导生产，要求随机采样，即每一个体都有相等的被选择机会。只有这样才能接近真实情况，分析结果才有意义。具体采样方法应根据分析项目而定，采样数量要根据分析内容精打细算，避免浪费。

二、实验仪器和材料

剪毛剪、天平（台秤或弹簧秤）、软塑料毛样袋、包装用品、标签、铅笔。

三、实验方法

（一）采样时间及数量

分析用毛样应于每年剪毛前，采集生长足 12 个月的羊毛。采集头数越多，分析结果的可靠性越大，但具体应视人力、物力和时间而定。一般情况下，对种公羊和参加后裔测验的幼龄公羊，应全部采样。细毛和半细毛一级成年母羊及 1.0～1.5 岁育成母羊，可按羊群中一级羊总数的 5%～10%采样，亦可随机从上述羊群中抽选 10 只作为代表。同质毛杂种母羊应由每一等级羊群中，随机取 5%或 10～15 只作为采样羊。裘皮和羔皮羊的羊毛分析应根据不同目的，在不同等级群里随机取 5%或 10～15 只羊采样。

（二）采样部位

羊体各部位羊毛生长并不完全一致，为了便于比较，一般规定为 5 个部位，根据分析目的可在 5 个部位中选择 1 个、3 个或 5 个部位。一般情况下，种公羊样应取 5 个部位，至少需采 3 个部位（肩部、体侧、股部）。母羊仅取体侧一个部位，也有采 3 个部位的。具体应根据实验要求、分析项目等确定采样部位。

肩部：肩胛骨的中心点。

体侧：肩胛骨后缘一掌处，体侧中线稍上方。

股部：腰角与飞节连线的中点。

背部：鬐甲与十字部的中心点。

腹部：公羊在阴鞘前，母羊在乳房前一掌处的左侧。

(三)不同分析内容的采样

1.纤维类型分析用毛样　主要是用于鉴定杂种羊及粗毛羊羊毛品质的。在采样前应先按代数或鉴定等级确定出采样羊只。采样部位为肩部、体侧和股部。采样时,将每个部位被毛分开,随机取3～5个完整的毛辫或从根部剪取3～5 g毛样,装入采样袋,加以标记。标签不要与羊毛接触,以免油汗腐蚀或污染标签,使字迹不清。

2.细度、长度、强伸度、含脂率等分析用毛样　一般取自肩部、体侧和股部3个部位。每部位取毛样3～5 g,分别包装,加以标记。

3.净毛率测定用毛样

(1)个体净毛率分析用毛样采集方法。

①从羊体5个部位(肩部、体侧、股部、背部、腹部)各取40 g,共200 g组成一个分析用毛样。每个部位采3次,共采3个毛样,分别装入采样袋中,加以标记。

②为了比较种羊全身被毛品质的均匀性,从肩部、体侧、股部各取200 g毛样,单独包装,按部位进行分析。

③从体侧部100 cm^2 的面积上取样进行测定。为了在同群内同一牧场中进行选种选配,近年来国内外主张在体侧鉴定部位采取10 cm×10 cm的毛样70～100 g,作为净毛率分析并进行个体间比较时可行的采样方法。采用体侧鉴定部位10 cm×10 cm采样时,要在采样前统一在羊体上打上部位印记,保证部位一致,增加可比性。

以上各种采样方法应根据具体条件酌情选用。

(2)混合毛样的采集方法。为了解全群或某一等级某一类羊的平均净毛率时,需采混合样。混合毛样应由全群10%的羊体上采样,如对300～500只的羊群采混合毛样,应在剪毛过程的前、中、后期各采10～15只羊的混合毛样,每个毛样重仍为300～500 g。混合毛样采集可分为两种。

①由羊体上直接采样。为做到随机扦取,应在剪毛的前、中、后期分两批进行,每次采10～15只羊的毛样,可在剪毛后由套毛的不同部位按网格法依次等量采样,每头羊勿需单独包装,待全部采完后充分混合,由大样中随机抽300～500 g的分析用毛样3个。

②毛包钻孔扦样。毛包钻孔扦样代表性最佳,为国内外毛纺工业所采用,近来也为畜牧生产所采用,其工作方法如下。

钻样工具:扦样采用人工手插式钻孔器,由500～550 mm长的不锈钢管制成。钻孔管端部装有可卸的圆形削刃刀口,直径不小于25 mm。钻孔装置抽取的毛柱与钻管的直径和长度相同。

扦样方法:扦取样品与打包过磅工作同时进行。钻孔扦样在钻管插包前应将插口处割开,防止包装物混入毛样内。钻管应朝向毛包加压的两侧插入,并随机在距离毛包边缘不少于100 mm处钻取毛样。钻管应与毛包表面呈微倾斜的垂直角度插入,钻孔的深度应是毛包高度的90%以上。同批羊毛采用钻孔工具的类型及钻刀直径要求规格一致。全批各个毛包钻样的深度及样品数量要近似相等。取样后将样品立即放入带有编号的塑料袋内,严防丢失毛样和土杂、水分变化。全部扦样结束时应立即称重记录,如在不同日期扦取的样品应分别称重累计。

扦样包数:在生产中每一单位样包不会过多,因此扦样包数应根据总包数而定。

25包以下,每包都扦样;26～50包,扦样30包;51～75包,扦样37包;76～100包,扦样

39包。

包的钻孔数目：同质细羊毛每包应钻扦800 g，半细毛及异质羊毛为600～800 g。每个样包至少钻孔1次，如毛包过少，逐包钻孔不能满足需用时，可酌情增加每包钻孔数目，但各钻孔之间应保持500 mm以上的距离。每批毛包钻孔应交替互换扦孔部位，力求样品的充分代表性。

(四)分析用毛样的包装与保存

采到的毛样应按其自然状态包装好。每袋应注明场名、羊号、品种、等级、性别、部位、采样日期和采样人等。每只羊不同部位的毛样，应按一定顺序放置。混合毛样还要注明群别和重量。用于含脂率测定的毛样应用蜡纸或塑料袋包装，以防因油脂损失而影响测定结果。

毛样保存时应注意通风、干燥和防虫蛀。先用纸或塑料薄膜将毛样仔细包裹后再装袋。当年采集的样品，应于秋季配种前做完分析工作。需要较长期保留的毛样，应加防虫剂，如樟脑等。

(五)羊毛检验毛样的采集

在羊毛检验时，对各种羊毛进行的等级品质检验毛样和公量检验毛样必须按检验标准中所规定的要求和方法取样。

实验二　羊毛(绒)纤维组织结构观察

一、实验目的和要求

羊毛(绒)纤维的组织学结构是其工艺性能的基础，因此，观察羊毛(绒)纤维组织学构造是研究羊毛品质的基本方法。本实验通过观察构成羊毛(绒)纤维的鳞片层、皮质层和髓质层的细胞形状、大小及排列状态，了解不同类型羊毛(绒)纤维在组织结构上的特点。并在此基础上，全面比较不同类型毛(绒)纤维外部形态上的差别，以准确识别不同类型的羊毛(绒)纤维。

二、实验仪器和材料

黑绒布板、水浴锅、载玻片、盖玻片、培养皿、烧杯、刀片、尖头镊子、剪刀、吸水纸、显微镜、四氯化碳或乙醚、甘油或石蜡油、17%氢氧化钠溶液、95%酒精(或无水乙醇)、明胶(或指甲油)、美蓝溶液、蒸馏水、实习用毛(绒)样。

三、实验方法及步骤

(一)分析毛(绒)样的洗涤

将乙醚或四氯化碳倒入烧杯中，用镊子夹住羊毛(绒)基部，在烧杯中摆动，洗净后挤掉溶剂，用吸水纸吸去残留溶剂，置于黑绒布板上，待乙醚或四氯化碳挥发后备用。

（二）羊毛（绒）纤维的鳞片观察

1. 短纤维显微镜观察法　取洗净羊毛（绒）数根，剪成 2～4 mm 长的短纤维置于载玻片上，滴上一小滴甘油并加盖盖玻片，然后将载玻片置于显微镜下观察。这种方法主要用于观察羊绒、无髓毛、两型毛及部分有髓毛鳞片。

在显微镜下，羊绒、无髓毛的鳞片非常清晰，鳞片与鳞片间呈鱼鳞状覆盖，鳞片围绕在毛纤维外周，呈环形；有髓毛鳞片稍大，鳞片间互相重叠，鳞片为非环形；两型毛鳞片大小介于二者之间，鳞片大多数为环形，少数为非环形。

2. 印模法　有髓毛的髓质层在显微镜下呈黑色，致使鳞片层常常看不清楚。为了观察有髓毛的鳞片层结构，常采用印模法。印模的方法很多，这里仅介绍玻璃纸印模法和明胶印模法。

(1)玻璃纸印模法：取洗净的羊毛（绒）纤维数根，置于新的玻璃纸上，并将夹有羊毛的玻璃纸放在两块平板玻璃之间，用钢夹子夹紧，外面加一定压力，使毛纤维压在中间，放于 70～80℃烘箱中烘烤 5 min 左右，鳞片痕迹便印在玻璃纸上，取出观察。

(2)明胶印模法：取 1 g 白明胶加水 3～5 mL，放在水浴锅中加热，滴加少许美蓝液使呈蓝色明胶溶液。将明胶用玻棒均匀涂于载玻片上，待其呈半干状态时，再将洗净的毛纤维嵌入明胶之中（图 2-1），等明胶干后取下毛纤维，不加盖玻片，放在显微镜下可观察到明胶表面上印有鳞片的痕迹。

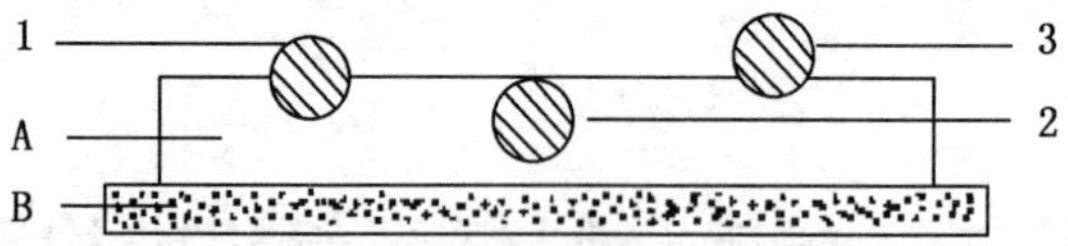

1. 正确　2. 过深　3. 过浅

A. 明胶　B. 载玻片

图 2-1　鳞片印制示意图

市售指甲油可代替明胶液，操作同上。

（三）羊毛（绒）纤维皮质细胞的观察

取无髓毛和羊绒数根，剪成短纤维，置于载玻片上，滴 1 滴 17％氢氧化钠溶液或浓硫酸，立即盖上盖玻片。待氢氧化钠溶液或浓硫酸与皮质细胞间质作用 2～3 min 后，用镊子柄在盖玻片稍加力磨动，此时皮质层细胞即可分离开来。然后将此载玻片放在显微镜下观察。

（四）羊毛纤维髓质层及其细胞的观察

选择有髓毛、两型毛及死毛各数根，分别用甘油制片，置于显微镜下观察其髓质层的形状和粗细。

由于羊毛纤维的髓质层中充满空气，所以在显微镜下观察时呈黑色。为了较清楚地看到髓质层细胞的形状，观察前需将髓质层细胞中的空气排除。其方法是：用剪刀将排列整齐的数根死毛从其中段剪断，然后置于载玻片中央，并在毛纤维上加 1 滴蒸馏水，再覆以盖玻片。然后在盖玻片的一端用吸水纸吸取蒸馏水，并在盖玻璃片的另一端不断滴入无水乙醇，如此连续进行约 5 min 后，置于显微镜下观察，髓质层细胞清晰可见。

四、实验注意事项

(1)在洗涤毛(绒)样时,勿弄乱毛(绒)纤维。

(2)在制片时,如需用甘油,应注意不能滴得太多,也尽量避免产生气泡。

五、数据处理和实验结果分析

(1)绘图比较有髓毛、两型毛、无髓毛和羊绒的组织学构造。

(2)绘图并说明羊毛(绒)皮质层细胞及羊毛髓质层细胞的情况。

实验三　羊毛纤维类型分析及羊毛种类的识别

一、实验目的和要求

不同种类的羊毛,其组成成分、细度、长度以及所制成的织品种类和品质各不相同。因此,在羊毛生产中,我们应对不同种类的羊毛具有明确的概念,掌握其特点和区别。

羊毛纤维类型的区别,主要依据各类型纤维间在形态、粗细、长度、光泽等方面的不同加以区别的。羊毛纤维类型的分析,是在正确掌握羊毛纤维类型区分的基础上,对异质毛羊毛品质优劣评价的一种方法。其目的有三:

(1)评定粗毛羊羊毛工艺品质;

(2)研究细毛羊、半细毛羊杂交改良粗毛羊的效果;

(3)分析羔皮、裘皮羊毛纤维类型含量比例与羔皮、裘皮品质的关系。

本次实习的目的在于正确辨认不同羊毛种类和羊毛纤维类型,要求掌握羊毛纤维类型分析的基本方法。

二、实验仪器和材料

黑绒布板、尖头镊子、天平(感量为 0.000 1 g)、称量瓶、烘箱(0～200℃)、干燥器、长柄钳子、显微镜、计数器、培养皿、表面皿、烧杯(500 mL)、羊毛种类标本、异质毛毛股、刺毛样品、苯、乙醚或碱皂溶液。

三、实验方法及步骤

(一)羊毛种类的识别

取细毛、半细毛和粗毛 3 种羊毛的毛样,分别置于黑绒布板上,仔细观察其同质性、长短、粗细、弯曲形状、油汗多少等特点及区别，并记录观察结果。

(二)羊毛纤维类型的识别

取异质毛1束，先用乙醚洗净、晾干，置黑绒布板上。选取有髓毛、两型毛、无髓毛等各若干根。仔细观察它们在外观形态上的异同及在苯中(将毛纤维放入盛有苯的表面皿中)的可见程度，记录观察结果。

(三)羊毛纤维类型分析方法

羊毛纤维类型分析方法可分重量法及数量法两种。

1.重量分析法

(1)由被检毛样中取3个重为2～3 g的试样(分析、对照、后备)。

(2)将已洗净的称量瓶置于105℃的烘箱中烘至绝干，然后取出，放在干燥器中冷却，用天平称重(精确至0.000 1 g)，并记录之。

(3)供试毛样用乙醚或碱皂溶液洗涤干净。

(4)将洗净的毛样放入已称重的称量瓶中，置105℃烘箱中烘至绝干。取出后置干燥器内冷却(至少20 min)，最后称重(精确至0.000 1 g)，并记录之。

(5)将已称重的毛样置黑绒布板上(如系有色毛则需白绒布板)，用尖头镊子按照羊毛纤维的几种基本类型把每根纤维选出，并按有髓毛、两型毛、无髓毛、干毛及死毛分别归类放置。

(6)将分出的各类型羊毛纤维分别置于已称重的称量瓶中，再放入105℃的烘箱烘至绝干。取出后置干燥器中冷却，再在天平上称重，分别记录各类型纤维之重量。

分析工作结束后，可能残留少量未经撕开的纤维小团，这些纤维在技术上无法列入各类型之中，故称残留物；还可能存留少量杂物，统称垃圾。残留物和垃圾均应在绝干情况下分别称重，并记录之。

另外，在分析中不管如何小心，总会有一些损耗，但损耗量如果超过了样品原重的3%，亦应视为分析工作不合格。

2.数量分析法

(1)取供试毛样0.5 g。

(2)数量分析与纤维重量无关，所以一般不需洗毛。为了分析工作方便，也可将毛样用乙醚清洗。

(3)将毛样置黑绒布板上，按有髓毛、两型毛、无髓毛、死毛和干毛，由粗到细的顺序，用镊子逐根抽取，并用计数器进行数量统计。

在分析过程中，动作要轻，注意尽量不要拉断纤维。如不慎拉断，应做记录。拉断数量不能超过纤维总根数的5%。

四、数据处理和实验结果分析

(一)重量分析统计公式

$$\text{某一纤维类型的重量百分比}=\frac{\text{某一类型纤维绝干重量(mg)}}{\text{各类型纤维绝干总重量(mg)}}\times 100\%$$

$$\text{残留物的重量百分比}=\frac{\text{残留物绝干重(mg)}}{\text{样品绝干总重(mg)}}\times 100\%$$

$$\text{垃圾重量百分比}=\frac{\text{垃圾绝干重(mg)}}{\text{样品绝干总重(mg)}}\times 100\%$$

$$\text{损耗百分比}=\frac{\text{样品绝干总重}-(\text{各类型纤维绝干总重}+\text{残留物绝干重}+\text{垃圾绝干重})}{\text{样品绝干总重}}\times 100\%$$

(二)数量分析统计公式

$$\text{某纤维类型根数百分比}=\frac{\text{某纤维类型根数}}{\text{各类型纤维总根数}}\times 100\%$$

(三)重量分析统计表

重量分析统计表见表 3-1。

表 3-1　________羊毛纤维类型重量分析统计表

项目	第一样品		第二样品		第三样品		平均	
	重量(mg)	%	重量(mg)	%	重量(mg)	%	重量(mg)	%
有髓毛								
两型毛								
无髓毛								
死毛								
共计								
残留物								
垃圾								
损耗								
样品总量								

(四)数量分析统计表

数量分析统计表见表 3-2。

表 3-2　________羊毛纤维类型数量分析统计表

毛样	有髓毛		两型毛		无髓毛		死毛		干毛		总根数
	根数	%	根数	%	根数	%	根数	%	根数	%	
试验											
对照											
平均											

注:①分析结果计算后,如基本(试验)样品与对照样品之间各类型纤维重量或数量百分比差别不超过 3%,即认为分析合格,并可用两个样品的平均数代表分析结果;如果超过 3%,则需分析第三样品,并以其中两个相近结果的平均数为分析结果。

②对 0.5 cm 以下的短纤维,重量分析时列入杂质中计算,数量分析时可不计。

实验四 羊毛(绒)细度的测定

一、实验目的和要求

细度是羊毛(绒)物理性能中的一项重要指标。它直接关系到羊毛(绒)的用途及工艺价值。另外,目前世界各国通用的羊毛(绒)分级制度都是以细度为基础的,所以它也是绵羊、山羊育种工作中一项重要的鉴定内容。因此了解实验室内客观测定细度的方法非常重要。

二、实验仪器和材料

显微镜、显微镜测微尺、显微镜投影仪、楔形测尺、剪刀、刀片、载玻片、盖玻片、玻璃棒、探针、滤纸、擦镜纸、尖头镊子、乙醚(或四氯化碳)、甘油、毛样。

三、实验方法和步骤

羊毛(绒)细度常用的测定方法有显微镜测微尺测定法、显微镜投影仪测定法和气流仪测定法等。

(一)显微测微尺测定法

1.被测毛样处理 取被测毛样在乙醚(或四氯化碳)溶液中进行充分洗涤,然后取出,用清洁的滤纸吸去残留溶剂,晾干备用。

2.制片 将测试毛样用切片器在毛纤维的上 1/3 处切下 0.5 mm 的短纤维,或用两枚保险刀片(中间夹有两片纸)在毛纤维中部轻轻切下要观察的毛段。用探针将短纤维拨在载物片上,滴一小滴甘油,用镊子搅拌均匀,注意不要产生气泡,加盖盖玻片封固后即可镜检。在加盖盖玻片时,先将其一端接触载玻片,然后轻轻放下另一端。注意防止混有毛纤维的介质从盖片四周溢出。每个毛样需做 3 个短纤维标本片,分别作为试验、对照和备用样。

3.校正接目测微尺绝对值 目测微尺是一可装入目镜筒内的带有 100 个等分刻度的圆形玻璃片,其绝对值随不同显微镜和不同放大倍数而异;物测微尺是用来校正和确定目测微尺在特定显微镜和放大倍数下的绝对值。物测微尺中间有一个将 1 mm 等分为 100 个小格的刻度线,在此刻度线上每一小格为 10 μm。校正方法如下:

(1)把物测微尺放在载物台上,在镜下找到刻度线,然后调整焦距使刻度线最清晰。

(2)将目测微尺轻轻装入目镜筒内,移动物测微尺,使之与目测微尺的一端重合,而后找另一端的重合点。

(3)分别计算重合范围内目测微尺和物测微尺的刻度格数,进而计算接目测微尺的绝对值(μm/格)。

(4)用同样方法在另一视野内重复一次,然后取两次结果的平均值。

例:设目测微尺一格为 xμm。

图 3-1A:$40x=10\times10$ μm,$x=2.5$ μm;图 3-1B:$32x=8\times10$ μm,$x=2.5$ μm

此目测微尺在该情况下的绝对值为:$(2.5+2.5)\div2=2.5$ μm/格

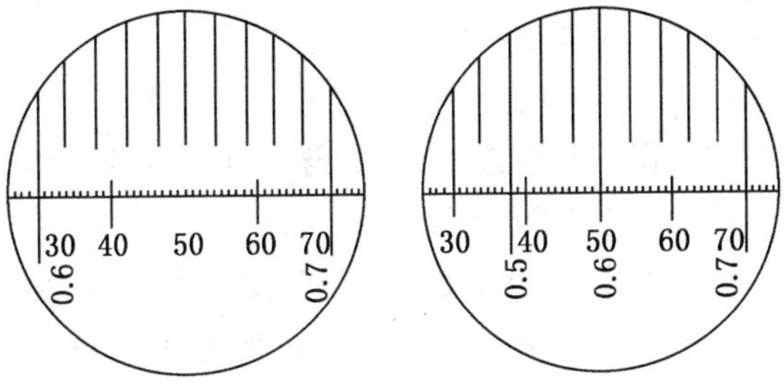

A. 高倍镜下目测微尺与测微台尺的重合比例

B. 低倍镜下目测微尺与测微台尺的重合比例

图 4-1　目测微尺校正图示

4. 测定毛细度　置被测毛样短纤维标本片于载物台上，将标本片从上到下、从左向右逐根移入视野进行测量，随时调节焦距并移动目镜筒，精确计算每根纤维所占目测微尺格数（准确到 0.5 格），并填入实验作业表格内。每一样品的测定数量，应视其细度的均匀性而定，一般规定同质毛不少于 400 根，异质毛不少于 600 根。在教学实验中，可根据时间酌情减少。

（二）显微投影仪测定法

显微投影仪的基本组成是一倒置的显微镜，其原理是利用光的反射和折射将纤维标本片的显微图像进行放大，然后投射到屏幕上，再用特制的楔形尺对毛纤维的影像进行测量。此法测定毛细度准确而迅速。操作步骤如下：

（1）毛样的处理及制片，同显微测微尺测定法。

（2）置物测微尺于显微投影仪的载物台上，调整显微镜，使物测微尺经投影仪放大后影像每刻度为 0.5 cm，则显微投影仪的放大倍数为 500 倍。

（3）取下物测微尺，置短纤维标本片于显微投影仪载物台上。然后用楔形尺逐根测量从投影仪投射出来的纤维影像，测量时随时调整楔形尺的位置，使纤维刚好嵌在楔形尺上下两线中间，在二者宽度吻合处用铅笔划线。测定顺序、数量和原则与显微测微尺测定法相同。

四、实验数据的处理

（1）对测定结果用生物统计方法进行处理，分别计算出算术平均数、标准差和变异系数。

（2）以每一组的纤维数（根）频率为纵坐标，细度（微米）作为横坐标，绘制细度分布曲线图。

（3）实验室测量后按细度（μm）查表，得出品质支数。

羊毛品质支数与细度对照表

羊毛品质支数	细度范围（μm）	羊毛品质支数	细度范围（μm）
80	14.5～18.0	50	31.1～34.0
70	18.1～20.5	46	34.1～37.0
64	20.6～23.0	44	37.1～40.0
60	23.1～25.0	40	40.1～43.0
58	25.1～27.0	36	43.1～55.0
56	27.1～29.0	32	55.1～67.0
56/50	29.1～31.0		

五、注意事项

(1)在测量时,纤维边缘应呈一明显的细线,不出现有黑色的边框。

(2)测定中如有纤维重叠、交叉者,可不测定。

(3)测定中如有纤维两边不能同时看清楚时,可先使一边看清,然后再调清另一边。

(4)测定后,两样品(同一试样,两次测定)误差,同质毛不得超过 3%,异质毛不得超过 5%,否则应做第三样品,其结果以相近两个的平均值计算。

(5)统计数字小数点后第二位按四舍五入记载。

附:羊毛细度的气流仪测定法

气流仪是用于羊毛平均细度测定的快速仪器。这种仪器的应用,使绵羊育种工作者和羊毛生产者有可能比较准确客观地评定较多头数的羊毛平均细度或研究羊体不同部位的细度差异,对提高羊毛综合品质是非常重要的,现将测定方法介绍如下:

(1)称取洗净的同质毛(按气流仪的要求称取)。该毛要求含脂率不超过 1%,如超过则需再次洗涤。这是因为试样中含脂量的增加,会使实际放入样筒内的纤维数相应减少,从而缩小了纤维总面积,减少了气流阻力,致使气流量增大,其结果是使读数偏高。

(2)将试样用镊子夹入试样筒内,勿使纤维外露,并盖紧试样筒盖。

(3)开动抽气泵,并通过调节阀将水柱调到要求刻度处,然后读取流量计的刻度数。

(4)依流量计的刻度数查细度对照表,即可得到试样的纤维平均细度。

注意事项:

(1)储水瓶中的蒸馏水必须经常更换。

(2)气流仪只能测同质毛的平均细度,反映不出细度变异情况。

(3)同一试样应做两次。第一次测定读取数据后,将毛样取出更换位置重新装入,使原来样筒上部的毛换到筒底再做测定。两次测定结果相差不能超过 0.5 μm。

(4)测定值应根据测定地点的相对温度及海拔做必要的修正。

实验五　羊毛长度测定

一、实验目的和要求

羊毛长度是羊毛重要物理性能之一。在养羊业生产中,羊毛长度直接影响着羊的产毛量。如果在其他条件相同的情况下,羊毛越长,产毛量越高。在养羊业中测定羊毛长度,可以了解羊毛的生长情况，是鉴定品种、个体羊毛品质及杂交改良效果的重要指标。因此，羊毛长度的分析，在羊育种和杂交改良工作中也是十分重要的。毛纺工业中是根据羊毛的伸直长度来确定原料毛的用途的。影响羊毛长度的因素很多，其中最主要的影响因素是品种，此外，个体、羊的营养状况、性别、年龄、不同身体部位以及所处的环境条件，均与羊毛长度有关。

二、实验仪器和材料

黑绒布板、尖头镊子、小钢尺(30 cm)、培养皿、实习用毛样。

三、实验方法和步骤

测定羊毛长度的方法很多，计算和表示方法也较复杂。羊毛长度指标有两种，一种是羊毛长度集中性指标，如自然长度、伸直长度、主体长度等；另一种是离散性指标，如羊毛长度的均方差、变异系数、整齐度、短毛率等。这些指标不但在工业中应用，而且更多的应用于养羊业中。本实验仅就自然长度和伸直长度的测定方法介绍如下。

(一)自然长度的测定

自然长度是指羊毛在自然弯曲状态下，两端间的直线距离。在羊体上是指毛丛的自然垂直高度，一般是在剪毛之前，羊毛生长足 12 个月时量取，以厘米为单位，精确到 0.5 cm，测量部位通常以体侧部的毛丛高度为代表。实验室测定时是将已剪下的毛样平铺在实验台上，从其中随意选取有代表性的毛丛 10 个，不加任何张力，不拉伸，不洗涤，不破坏原毛自然弯曲形态，置于黑绒布板上，用钢尺按毛丛平行方向测量由根部到尖部的距离，读出 10 次数据，求平均数作为该毛样的自然长度。

(二)伸直长度的测定

伸直长度是指将羊毛纤维拉伸至弯曲刚刚消失时的两端的直线距离，也称真实长度。这种长度主要用于毛纺工业中，在养羊业中主要是用于评价其羊毛品质。同质毛可直接测定，若为异质毛则需按纤维类型分开后，再按不同类型量取。

(1)测定时，先将毛样和小钢尺按顺直方向摆在黑绒布板上，然后再用尖头镊子由毛丛根部一根一根抽出纤维，每抽出一根后，用镊子夹住纤维两端，拉到弯曲刚刚消失为止，并在小钢尺上量其长度，精确到 0.1 cm，并记录测定结果。

(2)测定时注意从毛样两侧各抽一半。

(3)凡被拉断的纤维及过短纤维不测量。

(4)同质毛每个毛样测 150～200 根，异质毛每纤维类型测 100 根。教学实验因时间所限，测定根数可酌情减少。

四、数据处理和实验结果分析

(1)依实习测得的数据，计算出该毛样的平均伸直长度、标准差、变异系数。

(2)绘制羊毛长度累积分布曲线图。以累积数(根)频率为横坐标，以各组毛纤维长度为纵坐标进行绘制。

(3)按下式计算平均伸直率：

$$平均伸直率=(A-B)/B\times100\%$$

式中：A 为平均伸直长度，B 为羊毛自然长度。

实验六　羊毛密度的测定

一、实验目的和要求

羊毛的密度是指羊体单位皮肤面积上着生羊毛的纤维根数。它是决定羊毛产量的主要因素。羊毛密度的大小决定于羊的品种、性别、年龄、身体部位、胚胎发育条件及羔羊出生以后的饲养管理条件等因素。在选种时准确地测定羊毛的密度，对于那些具有育种价值的种羊来说，有着非常重要的现实意义。

二、实验仪器和材料

羊毛密度钳、外科直剪、尖头镊子、黑绒布板、标本针、培养皿、烧杯、天平（感量为0.000 1 g)、计数器、乙醚(或四氯化碳)、实验用羊。

三、实验方法及步骤

羊身体各部位的羊毛密度是不相同的。所以应根据不同的测定目的选择不同的测定部位。测定方法有两种，工作中可根据具体情况选用。

(一)密度钳测定法

该法是用羊毛密度钳采取 1 cm^2 皮肤上的毛样，测定纤维根数的多少。

1.采样

(1)采样部位：一般为肩部、体侧部和股部。也有采体侧一个部位的。

(2)采样方法：

①由 1 人保定羊只，另 1 人在确定的样区内沿着被毛的自然规律将毛丛分开，并将一面压倒，露出整齐的采样区。将已校正好的羊毛密度钳沿毛丛垂直方向轻轻插入，在插入时，不要牵动皮肤，以免样区内毛纤维位置变动。

②用标本针轻轻分开密度钳两边的羊毛，露出钳边上的两孔，然后将横叉插入孔中。这样 1 cm^2 皮肤上自然生长的羊毛纤维即被隔在密度钳的空隙之中。

③将密度钳向外移动少许，用标本针将密度钳 1 cm^2 范围以外的毛纤维拨开，用外科直

剪贴皮肤整齐地把毛羊剪下。

④将密度钳内所采得的毛样装入培养皿中，注明品种、性别、年龄及部位。

2. 毛样处理　用镊子夹紧样品的根端，放入乙醚（或四氯化碳）中清洗。注意不可使毛纤维脱落、拉断或搞乱，以免影响测定结果。洗净后晾干，即可进行测定。

3. 测定　采用依重量推算根数的方法。先将毛样两端剪齐，取中间段置于天平上称其重量。然后将毛样等分为16小份。用镊子任取其中1份，或在16份中每份上各取少量合成一个小样。称小样的重量，并数其根数。

4. 实习结果整理　将所测得的结果填入表6-1中，并按下列公式计算。

密度计算公式：

$$N=\frac{N'W}{W'}$$

式中：N为样品总根数，N'为小样根数，W为样品总重，W'为小样重量。

表6-1　羊毛密度测定表

羊号	品种	年龄	性别	等级	羊毛密度（根/cm^2）			
					肩部	体侧	股部	平均

5. 注意事项

（1）测定时不要用手直接接触毛样，以免影响毛样重量。

（2）分成16份毛样后，要随机取小样。

（二）皮肤切片测定

（1）用环形皮肤取样刀（直径1 cm）在欲测部位取活体皮肤一块。

（2）将取得的皮样在10%的甲醛溶液中固定，至少24 h。

（3）将固定后的皮样制成10～20 μm厚的皮肤横切片，并用Mayer明矾苏木精伊红液染色。

（4）将染后的切片置100倍显微镜下，在不同部分观察10个视野，并计算出每一视野内毛囊数。观察时最好用方格形目测微尺，并按一定顺序进行，以防重复和漏测。

（5）实习结果整理

①计算出每个视野内毛囊平均数；

②计算出每个视野的面积；

③计算出每平方厘米内含有多少个视野；

④计算出每平方厘米皮肤上羊毛密度，计算方法如下：

设环形皮肤取样刀在羊活体上取样面积为α_1，经过处理后制成的皮肤切片的面积为α_2（因经过固定、包埋、染色和切削等处理后引起皮肤收缩），皮肤毛囊数为X，则活体皮肤样品上的羊毛密度为：

$$Q_1=\frac{X}{\alpha_1},\ X=Q_1\alpha_1$$

切片上的羊毛密度为：

$$Q_2=\frac{X}{\alpha_2},\ X=Q_2\alpha_2,\ Q_1=Q_2\frac{\alpha_2}{\alpha_1}$$

式中：活体皮肤样品的面积 α_1 是已知的($\alpha_1=\pi R_1^2$)，Q_2 和 α_2 可测出。

α_1 的计算：R_1 为圆形活体皮肤样品的半径。因其直径为 1 cm，所以

$$R_1=0.5\text{ cm},\ \alpha_1=3.141\,6\times0.5\text{cm}^2$$

α_2 的计算：$\alpha_2=\pi R_2^2$，R_2 为圆形皮肤切片面积的半径，它可以借助于目测微尺测出。为保证测量的准确，应多测几次，并求其平均数(一般测 8～15 次)。所以

$$R_2=\frac{r_1+r_2+\cdots+r_n}{n},\ \alpha_2=\pi\left(\frac{r_1+r_2+\cdots+r_n}{n}\right)^2$$

式中 n 为测量次数。

密度 Q_2 的测定：Q_2 的测定借助于 100 倍显微镜进行。用目镜测微尺和物镜测微尺找出显微镜视野半径，并求得视野面积。已知视野面积，便可求出 1 cm^2 内含有多少个视野。用 1 cm^2 内的视野数乘以每视野面积上的平均毛囊数，即可求得 Q_2。

用公式 $Q_1=Q_2\cdot\alpha_2/\alpha_1$ 则可求得活体皮肤样品上的羊毛密度。

实验七　净毛率的测定

一、实验目的与要求

在养羊业生产和绵羊育种工作中，净毛率常用以更精确地表示羊只实际羊毛生产力。在羊毛交易中，通过净毛率折算净毛量，进行公平交易。在羊毛加工工业中，通过净毛率可以确定实际加工的羊毛重量。净毛率的高低与品种、个体、外界环境及育种工作等有着密切的关系。本实验要求掌握测定普通净毛率的基本方法。

二、实验仪器和材料

八篮烘箱或 0～200℃恒温烘箱、感量 0.000 1 g 的分析天平、感量 0.01 g 的药物天平、搪瓷盆、温度计、量杯、玻璃棒、尖头镊子、纱布、毛巾、中性肥皂、碳酸钠、热水器、洗衣粉、500 mL 烧杯、实习用毛样。

三、实验方法及步骤

目前测定普通净毛率的常用方法主要有油压法和烘箱法两种。在羊毛商业检验或在养羊业现场为了快速测定净毛率时，常用油压法，但在要求准确测定净毛率时，应在实验室用烘箱法进行测定。本实验仅就实验室烘箱法测定进行介绍：

1.取毛样称重　在实验用毛中取约 200 g 毛样(教学试验每个毛样可称取 3 g 左右)，置分析天平中称重，准确度 0.001 g，并编号记取重量(毛样中的沙土不能损失)。

2.撕松抖土　仔细把羊毛撕松，并尽量抖去沙土、粪块和草屑，但注意不应使羊毛丢失。

3.配制洗毛液　洗毛液的皂碱比例、浓度及洗毛时间见表 7-1

4.洗毛　将撕抖过的毛样根据要求顺序依次通过各盆(不要用手揉搓羊毛，以免擀毡，只许轻轻摆动)。每次由一盆放入另一盆时，需将水挤净。

5.烘毛与称重　先将洗过的羊毛置 70～80℃的烘箱中烘干，然后取出撒松并用镊子仔细夹去毛样中的杂质。再将毛样放入 105℃的烘箱中烘 2～3 h，以后每隔 30 min 称重一次，直至恒重为止，准确度要求 0.001 g。

表 7-1　洗毛液配制表(每 1 000 mL 水中含量)

洗毛盆号	时间(min)	碱(g)	皂(g)	温度(℃)
		同质毛		
1	1.5	/	/	25～30
2	3.0	3	3	40～45
3	3.0	4	4	50
4	3.0	3	4	50
5	3.0	3	3	45～50
6	1.5	/	/	40～45
		异质毛		
洗毛盆号	时间(min)	碱(g)	皂(g)	温 度(℃)
1	1.5	/	/	45～50
2	3.0	8	5	50
3	3.0	6	8	50
4	1.5	/	/	45～50

四、数据处理和实验结果分析

(1)将测定结果记录在表 7-2 中。

表 7-2 净毛率测定记录表

羊 号	毛样编号	原毛重(g)	净 毛 重 量(g)			净毛率(%)
			第一次称重	第二次称重	第三次称重	

(2)根据以下公式计算净毛率：

$$Y=\frac{C\times(1+R)}{G}\times 100\%$$

式中：Y 为净毛率(%)，C 为绝干净毛重(g)，G 为原毛重(g)，R 为公定回潮率(%)。

实验八 羔皮与裘皮的品质鉴定

一、实验目的和要求

毛皮的质量千差万别，国家制定了皮张采购规格，作为衡量等级差价的标准和生产优等的、合格产品的依据。不但质检人员必须掌握鉴定羔皮和裘皮品质的技术，作为畜牧工作者也有必要对各种羔皮和裘皮的性状进行全面的了解和认识。本实验要通过对实物观察和具体鉴定，使学生更深刻地了解我国羔皮和裘皮的品质，掌握评定羔皮与裘皮品质的技术要求。

二、实验仪器和材料

羔皮标本、裘皮标本、钢尺、卷尺(150 cm)。

三、实验方法

(一)羔皮和裘皮品质鉴定的要点

1. *羔皮品质的鉴定要点* 羔皮主要供制皮帽、皮领和翻毛女大衣。因此，评定羔皮品质的主要条件是美观。在鉴定羔皮品质时，也是以毛绒花案为主、皮板大小为辅的原则进行。

国家收购等级标准主要是根据羔皮毛花多少、弯曲松紧、毛绒长短、板质好坏、张幅大小和伤残情况等因素划分的。在方法上，主要凭眼看、手摸感观经验来决定，并且是以眼看为主，手摸为辅，相互参照，彼此印证。

通常羔皮鉴定的主要依据是以花案弯卷的状态、毛绒紧密的程度、颜色是否单一（纯黑或纯白）、光泽闪耀的程度、张幅的大小、皮板是否厚薄适中、羔皮皮张各部位是否完整无缺等情况来决定的。

花案弯卷：鉴定标准随品种不同而不同。着重注意各种花案弯卷的式样是否符合各品种的特征。一般要求是美丽、全面和对称。美丽是好看悦目，全面是指周身全有花案弯卷，对称是指毛皮的前部和后部、脊线两边的花案弯卷均匀对称。凡标准花案面积愈大，则其利用率愈大，价值也愈高。

毛绒空足：毛空是指毛绒比较稀疏，毛足是指毛绒比较紧密。一般来讲，毛足比毛空好，但要求适中为理想。毛绒过足就显得笨重，厚实有余，灵活不足，不能算是上等品质。鉴定方法一般是用手把毛皮先抖几下，使羔皮的毛绒松散开来，然后用手戗着毛去摸，毛足的会有挡手之感，或者立即恢复原状。毛空的会感到稀薄或散乱不顺。毛绒的空足和季节性生产关系很大，一般是春、夏季生产的羔皮，毛绒较空疏；秋、冬季生产的羔皮，较为厚足。此外，与羔羊的体质和发育有关。

颜色和光泽：随羔皮羊品种不同而各有其一定的标准。一般毛被的颜色有白、黑、褐、花数种，其中以纯黑或纯白色的最受欢迎。光泽也很重要。病死的羔羊皮，大都缺乏良好的光泽。如保管不好，颜色和光泽都会发生变化，白色的逐渐变为淡黄，黑色的逐渐发红，光泽也差。鉴别时，仔细观察毛根部，白色羔皮毛根部分洁白光润。

张幅大小：在品质相同的情况下，皮张面积愈大，可制成品愈多，价值愈高。因此，在收购上，虽然弯卷皮板都够条件，但张幅小的，也应该降级。

皮板质地：一般可分三种情况：第一种皮板良好，厚薄适中，经得起鞣制的处理；第二种带有轻微伤残，鞣制以后，虽然仍有痕迹，但损失不大；第三种有严重伤残，如霉烂、焦板等，经过鞣制，皮板部分甚至整张皮板完全被破坏。在鉴定皮板质量时，应抓住季节特点。一般说来，秋、冬季产的皮板比较厚实，春、夏季产的比较薄弱。对皮板的要求是厚薄适中为最好。

完整无缺：羔皮要具有完整性，因为羔皮的任何部分都有利用价值。如头、尾、四肢等虽然毛卷不同，但各有一定的风格，集腋成裘，也可供制衣褥原料。皮板如有描刀、空洞、伤残等都能影响皮板的结实性和利用价值。

2. 裘皮品质的鉴定要点　裘皮主要供制皮袄用。评定裘皮的品质主要根据结实性、保暖力、轻软度、羊毛擀毡性、美观性、皮张的面积和伤残等情况进行。裘皮的这些品质是互为条件的。

结实性：凡皮板致密肥厚、柔韧有弹性的，则裘皮结实耐穿、导热性小、保暖力强。这种品质与羊的宰剥季节、绵羊的营养状况和气候因素有密切关系。

保暖力：裘皮保暖力的强弱，首先决定于绒毛和有髓毛的比例，绒毛多于有髓毛的，其保暖力强。其次是毛密且长的，则保暖力强。皮板致密而厚实，可防止热气散发、冷气入侵。

轻软度：裘皮笨重的原因是由于皮板过厚、毛股过长、毛纤维过密。为了减轻重量和降低硬度，在加工时，可以适当地削薄皮板、剪短毛股或梳去部分过密的毛纤维等，以达到轻裘的要求。但是必须要保证具备一定的保暖能力。

擀毡性：裘皮擀毡会失去保暖力和美观，穿着也不舒适。一般经常摩擦的肘部、膝部和臀部等处，最容易使毛皮擀毡。凡裘皮的绒毛密而且长，则擀毡性强；有髓毛密且长，则擀毡性小，甚至不擀毡。因此，在选择裘皮时，为了防止擀毡并且兼顾轻暖的要求，除注意皮板厚薄、松紧适度外，还要考虑毛绒的比例适当。

美观性：毛股的弯曲形状、大小、多少、色泽和光亮等都和裘皮的美观性有关。我国一般以颜色全黑或全白、毛股弯曲多而整齐的为上品。

面积和伤残：羊皮的张幅愈大，其利用价值愈大。伤残愈小，尤其是主要部位无伤残，则利用价值愈高。

(二)羔皮和裘皮的商业分级标准

1. 湖羊羔皮的商业分级标准

(1)等级规格：主要根据羔皮大小及花案面积等制定的湖羊羔皮分级规格共分甲、乙、丙三个正式等级和次$_1$、次$_2$、次$_3$ 三个等外级，具体要求如下：

甲级：小毛或小中毛，毛细，有波浪状卷花或片花，花纹面积占全皮面积 1/2 以上，板质良好，色泽光润。

乙级：中毛而细，有波浪状卷花或片花，分布面积占全皮的 1/2 以上，或毛较短，但花纹欠明显，或毛略粗但花纹明显者。板质良好，色泽光润。

丙级：大毛而粗，有波浪状卷花，但欠明显，或片花、花纹分布面积占全面积 1/2。板质尚佳，色泽欠光润，或毛短小，花纹隐暗，或毛粗涩。

次$_1$：一般为特大毛、直毛、大粗毛，或毛过于松软、空疏，绒稀之丙级皮，或有花斑及不同损伤，死胎皮，杂交一代羔皮等。

次$_2$：多为尺寸不够的次$_1$ 皮，皮板损伤严重的羔皮，流产羔皮，杂交二代皮。

次$_3$：凡不符合次$_1$、次$_2$ 规定者均属之。

(2)等级比差：一等 100%，二等 80%，三等 60%，等外 30%以下按质计价。薄弱板、死胎皮、折疸、毛空疏、水伤等酌情决定。

以上的规格要求作为鉴定时之依据，但在具体鉴定过程中皮板质量变化多端，须灵活掌握。

2. 青山羊猾子皮的商业分级标准

(1)等级规格：

一等：毛细密适中，呈正青色或略深、略浅，清晰、坚实的波浪形花纹不低于全皮面积 50%，色泽光润，板质良好，面积 944 cm^2 以上。

二等：与一等皮相比，毛色较深或较浅；毛略长或略粗或较软而有花纹；毛细、紧密，花纹隐暗；面积都在 944 cm^2 以上。具有一等皮毛质、板质，面积 889 cm^2 以上。

三等：毛色铁青或粉青；毛略粗直；毛略空软而有花纹；毛略大或略小而有花纹；面积都在 889 cm^2 以上。具有一、二等皮毛质、板质，面积 770 cm^2 以上。

不符合等内要求的或毛过粗、过长、严重火燎，杂色皮，苦溜子，为等外皮。

注：①毛长：短毛指 1 cm 以下的毛；小毛指 1.0～2.5 cm 之间的毛；中毛指 2.50～3.25 cm 之间的毛；大毛指 3.25 cm以上的毛。

②花纹：小花指花纹两嵴之间的宽度为 0.5～1.0 cm；中花花纹两嵴之间宽度为 1.0～2.0 cm；大花花纹两嵴之间的宽度在 2 cm 以上。

(2)等级比差:一等 100%,二等 75%,三等 50%,等外 20%以下按质计价。

3. 滩羊二毛皮的商业分级标准

(1)等级规格:

一等:毛绺花弯多,色泽光润,板质良好,面积 2 444 cm^2 以上;

二等:毛绺花弯较少或板质较薄弱,面积 2 000 cm^2 以上;

三等:晚春皮、秋皮,毛花过粗,毛梢发黄,面积 1 556 cm^2 以上;

具有一等皮毛质、皮质,面积在 2 889 cm^2 以上为特等;不符合等内要求的为等外皮。

(2)毛长规定:滩羊二毛等内皮在 7.7 cm 以上。

(3)等级比差:特等 120%,一等 100%,二等 80%,三等 60%,等外 40%以下按质计价。

(4)色泽比差:白色 100%,纯黑色 130%。

4. 中卫沙毛皮商业分级标准

(1)等级规格:

一等:毛绺花弯较多,毛长 6.7 cm 以上,色泽光润,板质良好,面积 2 222 cm^2 以上;

二等:具有一等皮毛质、板质或白毛带黄梢、黑毛带红梢,面积 1 778 cm^2 以上;

三等:毛略短或略空,毛质、板质尚好,面积 1 340 cm^2 以上;

不符合等内要求的为等外皮。

(2)等级比差:一等 100%,二等 80%,三等 60%,等外 40%以下按质计价。

(3)色泽比差:纯一色皮无比差。

四、实验结果的整理

(1)描述各种羔皮与裘皮的特点。

(2)登记各种羔皮与裘皮的品质(表 8-1 至表 8-4)。

表 8-1　各种羔皮观察记载表

羔皮名称	毛色	弯曲形状	皮板大小			花案分布		皮板厚度(cm)	备注
			长度(cm)	宽度(cm)	面积(cm^2)	部位	占面积(%)		

表 8-2　卡拉库尔羔皮分级鉴定表

羔皮编号	光泽	颜色	弯曲形状及分布面积	皮板面积(cm^2)	伤残面积(cm^2)	评定等级	备注

注:①加工要求:宰剥适当,形状完整,全头全腿,晾晒平展。带轻微伤残,不算缺点。伤残严重的,酌情降等。

②量毛方法:选中脊两侧适当部位,轻轻拉直除去虚尖量长度。

③量皮方法:从颈部中间至尾根,选腰间适当部位,长宽相乘求出面积。

表 8-3　滩羊二毛皮与中卫沙毛皮比较表

项目	滩羊二毛皮	中卫沙毛皮
皮张形状		
尾部形状		
尾巴大小		
皮板薄厚(cm)		
羊毛密度		
毛股大小		
弯曲多少		
羊毛颜色		
擀毡性		
手感		

表 8-4　滩羊二毛皮与中卫沙毛皮分级鉴定表

项目		滩羊二毛皮	中卫沙毛皮
色泽			
皮张面积(cm^2)			
主要部位花穗类型			
花穗品质	分布面积		
	弯曲数		
	长度(cm)		
	占毛股长度(%)		
	紧密度		
	清晰度		
毛股长度(cm)			
毛股宽度(cm)			
伤残缺点			
评价等级			
备注			

实验九　羊品种的识别

一、实验目的和要求

品种是决定绵、山羊生产性能的重要因素。在课堂教学基础上，结合本次实习，利用挂图、图片，或利用幻灯机或多媒体设备等手段，使学生加深对我国引入品种、培育品种、地方良种的认识和了解。

二、实验仪器和材料

羊的品种图片、挂图、幻灯片，幻灯机或多媒体设备。

三、实验方法与步骤

由教师对放映或展示的品种做扼要介绍。介绍的内容主要包括：产地及分布、外貌特征、生产性能、主要优缺点及在本地的地位和作用。

(一)绵羊品种

1.国外优良的绵羊品种观察

(1)细毛羊品种：主要介绍澳洲美利奴羊、波尔华斯羊、德国美利奴羊、前苏联美利奴羊、阿尔泰细毛羊、阿斯卡尼细毛羊、高加索细毛羊、斯塔夫洛波羊和萨尔细毛羊等。

(2)半细毛羊品种：主要介绍罗姆尼羊、林肯羊、边区来斯特羊、考力代羊、茨盖羊、萨福克羊、无角陶赛特羊、夏洛来羊、德克塞尔羊、南丘羊、牛津羊和波德代羊等。

(3)其他品种：主要介绍卡拉库尔羊、兰德瑞斯羊、罗曼诺夫羊、东佛里生羊等。

2.我国主要地方绵羊品种观察　主要介绍蒙古羊、西藏羊、哈萨克羊、大尾寒羊、小尾寒羊、同羊、和田羊、湖羊、滩羊、乌珠穆沁羊、阿勒泰羊、兰州大尾羊、广灵大尾羊、巴音布鲁克羊、岷县黑裘皮羊和贵德黑裘皮羊等。

3.我国培育的绵羊品种观察

(1)细毛羊品种：主要介绍新疆细毛羊、中国美利奴羊、东北细毛羊、内蒙古细毛羊、甘肃高山细毛羊、山西细毛羊、敖汉细毛羊、鄂尔多斯细毛羊、青海细毛羊和阿勒泰肉用细毛羊等。

(2)半细毛羊品种：主要介绍凉山半细毛羊、云南半细毛羊等。

(3)其他品种：主要介绍中国卡拉库尔羊等。

(二)山羊品种

1.国外主要山羊品种观察　主要介绍萨能山羊、吐根堡山羊、奴比亚奶山羊、安哥拉山羊、波尔山羊、开士米山羊等。

2.我国主要山羊品种观察　主要介绍中卫山羊、济宁青山羊、辽宁绒山羊、内蒙古白绒山羊、河西绒山羊、罕山白绒山羊、新疆山羊、西藏山羊、马头山羊、南江黄羊、成都麻羊、板角山羊、陕南白山羊、贵州白山羊、雷州山羊、太行山羊、黄淮山羊、宜昌白山羊、建昌黑山羊、福清山羊、隆林山羊、长江三角洲白山羊、关中奶山羊、崂山奶山羊等。

(三)山羊和绵羊在形态结构上的主要区别

山羊和绵羊在形态结构上的主要区别见表 9-1。

表 9-1 山羊和绵羊在形态结构上的主要区别

区别项目	绵羊	山羊
头形	颜面隆起	颜面平直
角	有角或无角,公羊角一般呈螺旋形,多为向下旋转	有角,呈弓形或镰刀形,向外侧或向后上方伸延
颚须和肉垂	没有	下颚有长须,颈上多有一对肉垂
体型	丰满	干燥、清瘦
皮毛	皮薄而柔软,绒毛多或全是绒毛,富油脂	皮粗厚,毛粗直,绒毛少或无绒毛,缺乏油脂
尾形	长而下垂或肥大下垂	短小,呈水平状或竖起
脂腺	有眼窝腺、鼠蹊腺、趾间腺	三种脂腺均没有
性情	温驯懦弱	活泼好动,勇敢顽强

四、实验注意事项

教师对放映或展示的品种做介绍时,应联系相关品种,进行比较介绍。

五、实验结果的整理

(1)描述本地品种羊外貌特征、生产性能、主要优缺点及在本地的地位和作用。

(2)描述引入本地品种羊外貌特征、生产性能、主要优缺点及在本地的地位和作用。

实验十 细毛羊、半细毛羊的外貌鉴定

一、实验目的和要求

细毛羊、半细毛羊的外貌鉴定是一件非常重要的工作,它是科学饲养和育种工作的基础。本实验要求初步掌握细毛羊、半细毛羊的鉴定技术,了解鉴定的项目、符号、术语及品种标准和分级标准,熟悉鉴定内容和方法。

二、实验仪器和材料

鉴定羊群、鉴定记录表格、新疆细毛羊标准(附件 1,仅供参考)、鉴定台、钢直尺

(15 cm)、羊毛细度标样、分群栏、台秤、卷尺、测杖、耳号钳、工作服、消毒液等。

三、实验方法与步骤

(一)鉴定的时间和方式

细毛羊、半细毛羊鉴定分为初生羔羊鉴定、断奶羔羊鉴定、1～1.5 岁育成羊鉴定和 2.5 岁成年羊鉴定。其中最基本的鉴定是在 1.5 岁剪毛前鉴定，成年鉴定即为终生鉴定成绩。鉴定期为每年的 4 月中下旬至 5 月间进行。已定为特级和一级的公母羊在第二年剪毛前复查一次，定终生等级。

细毛羊、半细毛羊的鉴定可分等级鉴定和个体鉴定，个体鉴定要求较细致，只对种公羊，作种用的育成公羊，特级、一级母羊，指定做后裔测验的母羊及其羔羊进行个体鉴定，并做个体鉴定记录。等级鉴定也是逐头进行，但不做个体记录，仅按每只羊的综合成绩评定等级，做等级标记。

(二)鉴定前的准备

羊的鉴定是育种工作的重要内容，应有计划地进行，安排好工作人员，制定好工作计划，熟练掌握品种标准，全面了解羊群情况。

鉴定前要选择距离羊群比较适中的地方，准备好鉴定场地，在出口处要设置鉴定台，高 60 cm，长 100～120 cm，宽 50 cm，或者在出口的通道两侧挖坑，长、宽、深各 50 cm。每位鉴定员配备 1 名记录员，2 名抓羊保定人员。鉴定人员和保定人员站在坑内，目光正好平视被鉴定羊只的背部。在鉴定场地的对面最好分设 5 或 6 个小圈，用来圈放不同等级的羊，以便在鉴定完毕后，鉴定人员再对各等级羊进行一次复查比较与调整，纠正可能产生的误差，清点羊数，然后再开始下一群羊的鉴定。鉴定中要根据进度随时调动羊群，尽力做到鉴定放牧两不误。上午鉴定的羊，下午可进行放牧，避免让全部羊都在圈内等待。鉴定完毕要及时整理资料，分析羊群中存在的问题。

(三)鉴定内容与方法

1. *初生鉴定*　羔羊出生后第一次吃奶前测量体重，3 天内按体重、外形、被毛品质、毛色等分为 3 级。

优：体重大，被毛纯白、同质，外形无缺陷。

中：体重中等，被毛白色、同质或有少量犬毛(浮毛)，外形无缺陷。

劣：体重小，被毛白色、同质或犬毛较多；或体重大或中等，但有杂色毛和异质毛，均为劣等，一律淘汰。

体重标准可按不同品种类型自行拟定。

2. *断奶鉴定*　凡初生鉴定为优、中级者，满 4 月龄时断奶，按体重、羊毛长度、羊毛细度、体质和外形结构、毛色等进行鉴定，可分为优、中、劣三等。

凡体质健壮，发育良好，外形符合品种要求者，对体重、毛长、羊毛细度进行实际测量。同时观察毛丛结构、弯曲形态、被毛匀度，逐项进行鉴定记录。凡体质瘦弱，发育不良，外形有缺陷，体重、毛长、羊毛细度不符合要求；或毛丛结构松散，有异质毛或有色纤维等缺陷的，均不宜继续留种。符合标准的选入育成羊群进行培育。

3. 育成鉴定　断奶鉴定被选留培育的种羊，到1～1.5岁于每年春季剪毛前进行育成鉴定。

育成鉴定项目主要包括羊毛的综合品质（头毛和皱褶类型，羊毛的长度、密度、细度、油汗、匀度，腹毛着生），外形与体格大小，体重和剪毛量四个方面，最后结合羊只的健康状态观察、生殖器官检查、繁育成绩评定，并依据品种鉴定分级标准给羊定出等级。凡能用工具测定的均应实际测量，不能测量的用肉眼观察比较。

4. 成年鉴定　成年羊鉴定的项目与育成羊鉴定的项目相同，其中体重、毛长、剪毛量按各品种鉴定分级标准执行。本次鉴定又叫复查鉴定，主要强调鉴定结果的可靠程度。

（四）鉴定项目及记载符号

为了便于现场记录和资料整理，综合各地现用鉴定符号，以各鉴定项目的汉语拼音第一个字母作为记载符号，对每项鉴定内容以"＋"、"－"表示多或少。特殊用途时还可辅以简单文字或数字。细毛羊鉴定项目及记载符号简介如下：

1. 品种　用品种名称第一个字来表示，如新疆细毛羊以"新"表示。

2. 头毛着生情况

T——头毛着生到眼中线，额毛有一定长度，呈毛丛结构，似帽状。

T^+——头毛过多，毛脸，颊部有较长的羊毛。

T^-——头毛过少或发育不充分，甚至光脸。

3. 颈部皱褶类型

L——颈部皱褶符合品种理想要求，颈部横皱褶数可标记为$L_{1.0}$，$L_{1.5}$等。一般公羊颈部有1或2个完全或不完全的横皱褶，母羊颈部有一个横皱褶或发达的纵皱褶。

L^+——颈部皱褶过多，甚至体躯有明显的皮肤皱褶。

L^-——颈部皱褶过少，无皱褶或发育不充分。

4. 羊毛长度　在羊肩胛骨后缘一掌处，体侧横中线偏上，将羊毛分开，顺毛丛方向测量毛丛自然状态的长度，以厘米数表示。最小单位为0.5 cm。尾数三进二舍。未剪过毛的羊要去掉毛梢。

5. 羊毛密度

M——表示羊毛密度符合品种标准。

M^+——羊毛密度大。

M^-——羊毛密度差。

$M^=$——羊毛密度很差。

6. 羊毛细度　在测定毛长的部位取少量毛纤维测定其细度，以支数表示之。在现场采用目估测法时，应对照毛样细度标本。种畜场的育种群逐步采用客观测定法，以显微镜测定羊毛纤维的平均直径，以微米表示。

7. 羊毛弯曲　按羊毛弯曲的明显度及弯曲大小形状评定。

W——表示弯曲符合理想要求。属正常弯曲，弯曲明显，弧度呈半圆形，弧度的高等于底的1/2。

W^+——具有明显的深弯，弧度的高大于底的 1/2。

W^-——弯曲不明显，弧度的高小于底的 1/2。

如需记载弯曲的大小，可在同一符号的右下角用 D，Z，X 表示。

W_D——大弯。

W_Z——中弯。

W_X——小弯。

8. 羊毛油汗　鉴定羊毛中油汗的含量及油汗的颜色。

H——表示油汗含量适中。

H^+——表示油汗过多。

H^-——表示油汗不足。

油汗颜色记录在同一符号的上方。

Ⓗ——白色油汗，$\check{H}$——乳白色油汗，$\hat{H}$——淡黄色油汗，$\hat{\hat{H}}$——深黄色油汗。

9. 被毛和毛丛纤维细度的均匀度　根据体侧和股部毛丛纤维细度的品质支数差异来评定。

Y——表示被毛均匀度良好。体侧和股部纤维细度的品质支数相同或仅差一个细度等级。

Y^-——表示被毛均匀度不良。体侧和股部毛纤维细度的品质支数差别在两个或两个等级以上。

$\hat{Y}$——体侧及后躯毛丛内纤维直径不够均匀，毛丛中存在少量的浮现粗绒毛。

$\check{Y}$——毛丛内毛纤维的直径均匀度很差，有较多的浮现粗绒毛。

10. 体格大小　以 5 分制表示，也可在分数后面附加“＋”、“－”号，以示上述分数的中间型。

5——体格很大，体重超过品种标准。

4——体格大，体重符合品种标准。

3——体格中等，体重略小于品种标准。

2——体格过小，体重显著小。

11. 外形　用下列符号在长方形上标记羊只外形突出的优缺点。肉用羊比较重视肉用体型，毛肉兼用细毛羊也应对体型结构有一定要求。

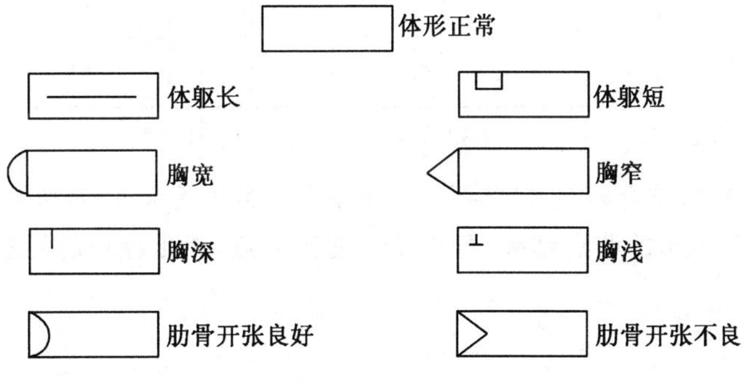

12.总评　根据羊毛质量及体格发育，结合类型和头肢毛着生情况加以评定。以 5 分制表示之。

○○○○○——表示综合品质很好的羊，有个别优点突出。

○○○○——表示符合品种标准的羊。

○○○——表示生产性能和外形均属中等的羊。

○○——表示综合品质差的羊，有重要缺点。

13.腹毛和四肢毛着生情况　可在总评的圈下标记，以中间的○表示腹毛，前面的○表示前肢毛，后面的○表示后肢毛。

○——腹毛符合品种标准要求。

$\overline{\bigcirc}$——腹毛着生良好。

$\overset{\wedge}{\bigcirc}$——腹毛着生不良。

$\overset{\overset{\wedge}{\wedge}}{\bigcirc}$——腹毛着生很差。

有环状弯曲时可在圈内做记号。

⊖——有少量环状弯曲。

⦶——有较大面积的环状弯曲。

⊗——环状弯曲严重。

四、鉴定结果资料整理

由实习指导教师按鉴定项目，逐项进行示范鉴定，要求配备 1 人记录，2 人保定羊只。然后学生按 4～6 人为一组，在教师指导下进行操作，每组鉴定的羊数根据各学校的具体情况来确定。

(1)将鉴定结果记入鉴定表中(表 10-1)。

表 10-1　细毛羊、半细毛羊个体品质鉴定记录表

场别：　　　　　　群别：

体重：　　　kg　　体高：　　　cm　　体长：　　　cm　　胸围：　　　cm

羊号	品种	性别	年龄	头毛	皱褶	毛密	毛长	细度	弯曲	匀度	油汗	体格大小	体型外貌	总评

鉴定员：　　　　记录员：　　　　鉴定日期：　　年　月　日

(2)按照鉴定结果，结合剪毛量，参照被鉴定羊只品种等级标准，对所鉴定羊只定出等级。

(3)统计分析整群羊的鉴定结果，分析羊群的优缺点，找出存在的问题，提出提高羊群品质的措施。

附:中华人民共和国国家标准(GB 2426—81)
新疆细毛羊

本标准适用于种畜场、国营农牧场、人民公社新疆毛肉兼用细毛羊的鉴定、分级及种羊出售。

1.品种标准

(1)外貌特征:公羊大多数有螺旋形的角,母羊无角。公羊鼻梁微有隆起,母羊鼻梁呈直线或几乎呈直线。公羊颈部有1或2个完全或不完全的横皱褶,母羊有一个横皱褶或发达的纵皱褶,体躯无褶,皮肤宽松,体质结实,结构匀称,胸部阔深,背直而宽,腹线平直,体躯长深,后躯丰满,四肢结实,蹄质致密,肢势端正。眼圈、耳、唇部皮肤允许有小的有色斑点。

(2)羊毛品质:被毛白色,闭合性良好,有中等以上密度,羊毛有明显的正常弯曲,细度60～64支,体侧部12个月毛长7 cm以上,各部位毛的长度和细度均匀,羊毛油汗含量适中,分布均匀,呈白色、乳白色或淡黄色,净毛率42%以上。细毛着生头部至眼线,前肢至腕关节,后肢至飞节或飞节以下,腹毛较长,呈毛丛结构,没有环状弯曲。

(3)生产性能:适应性强,在四季草场放牧、冬春季适量补饲条件下的最低生产性能指标见下表。

羊别	剪毛后体重(kg)	剪毛量(kg)	净毛量(kg)
成年公羊	75.0	8.0	3.5
成年母羊	45.0	4.5	2.0
幼龄公羊	40.0	4.5	2.0
幼龄母羊	33.0	3.7	1.7

新疆细毛羊具有良好的放牧抓膘能力,成年母羊在纯放牧的条件下,从剪毛后到满膘约可增重12 kg,屠宰率在48%左右。在均衡的饲养条件下,经产母羊的产羔率在135%左右。

2.分级标准　新疆细毛羊鉴定后分为四级。

一级:全面符合品种标准的为一级。

一级中的优秀个体,凡符合下列条件者列为特等。

(1)毛长超过标准15%,体重、剪毛量各超过标准10%,三项中有两项达到者。

(2)体重超过标准20%,剪毛量超过标准30%,二项中有一项达到者。

种羊场的特等羊必须来源于特等、一级。

二级:基本符合品种标准,毛密度稍差,腹毛较稀或较短的为二级。头毛及皱褶过多或少,羊毛弯曲不够明显,油汗含量不足,颜色深黄的个体也允许进入二级。

二级的最低生产性能指标见下表。

羊别	剪毛后体重(kg)	剪毛量(kg)
幼龄公羊	40	3.8
幼龄母羊	33	3.2

三级:其他指标符合品种标准,体格较小,毛短(公羊不得低于6 cm,母羊不得低于5.5 cm)的列为三级。头毛及皱褶过多或少,羊毛油汗较多,颜色深黄,腹毛较差的个体允许进入三级。

三级的最低生产性能指标见下表。

羊别	剪毛后体重(kg)	剪毛量(kg)
幼龄公羊	35	3.5
幼龄母羊	30	3.2

四级:生产性能低,毛长不短于 5 cm,不符合以上三级条件者列为四级。

实验十一　乳用山羊的外貌鉴定

一、实验目的和要求

根据家畜有机体外貌与器官机能相关的原理,对乳用山羊进行逐部位的鉴定,从而掌握外貌鉴定技术,为今后在生产实践中选择优良乳用山羊打下基础。

二、实验仪器和材料

供评定用乳用山羊公、母羊若干只,萨能奶山羊外貌鉴定标准(表 11-1)若干份。

三、实验方法与步骤

(一)体形外貌评定

奶山羊的外貌应具备典型乳用家畜的特征,即清秀的体型、鲜明的轮廓、结实的体质。不同的品种有不同的要求,但评定的项目对各个品种都是相同的。外貌鉴定,主要按体躯各部分的特征和重要性,规定一个满分标准,不够标准的适当扣分,最后将各项评分相加,以总分排序最高者为优秀。再按等级标准定出各级最高分数。现将萨能奶山羊的外貌评分标准列入表 11-1。参照萨能奶山羊外貌鉴定标准,由教师进行讲解、示范后,学生分组练习鉴定。

表 11-1　萨能奶山羊外貌鉴定评分标准

部位		说　明	评分	
			母	公
一般外貌	体型结构	全身结构发育匀称,连接良好,母羊呈明显的楔形,公羊前躯发育良好,姿势雄伟	7	7
	体质	细致紧凑,偏向结实,严忌肥胖,全身轮廓明显	8	8
	毛被、皮肤	毛被细短,柔软有光泽,皮肤柔软,富于弹性	5	5
	性情	性情温顺,活泼,无恶癖	5	5
小计			25	25

续表 11-1

部位		说明	评分 母	评分 公
头颈部	颜面	轮廓鲜明，形象伶俐，母羊颜面长，公羊颜面稍短且雄壮，额宽，两眼距离广，鼻梁平直，颚凹开张，眼大凸出，清晰灵活，耳中等大，皮薄毛细，向前方倾斜，耳根附着良好	5	7
	口、鼻	口齐嘴叉深，上唇闭合紧，鼻镜广，鼻孔大而开张	2	2
	颈	母羊扁长，公羊粗短，由头至肩联系紧密平滑	3	4
小计			10	13
前躯	肩	附着紧密，倾斜适度，与中躯连接平滑，鬐甲平直	3	5
	胸	深广，前胸及腹下丰满充实，胸底较广	5	7
小计			8	12
中躯	背腰	背长强健，平直，棘突突起明显，腰宽广强健，与前后躯相连接平滑	5	7
	肋腹	肋深，弯曲，开张，肋间距离宽，腹深容积大，忌下垂，饱食后充实	7	7
小计			12	14
体躯	腰角	宽广，适度向两侧突出	3	3
	尻	尻长而宽，充实平坦，倾斜适度。臀部、坐骨间距离宽	10	10
	后腿	外侧宽大充实，两大腿间距离宽，飞节干燥明显，管骨坚强细直	2	4
小计			15	17
肢、蹄		四肢细长，肢势端正，关节坚实，系部强，蹄形正，蹄质细致，步态正确	5	8
乳房部	乳房	长圆形，容积大，左右乳躯发育均等，前部向下腹部延伸，后部突出两股之间，基部宽广，附着良好，质地柔软，富有弹性，静脉管如网状暴露，毛细而稀疏	15	
	乳头	大小适中，肉薄而柔软，左右两乳头发育均等，乳孔不宜过小	5	3
	乳静脉	粗大，长而弯曲，乳井大而深	5	2
小计			25	5
睾丸		长圆形，左右对称，附睾明显，富于弹性，皮薄毛稀，适度下垂		6
总计			100	100

（二）生长发育评定

生长发育评定通常用一定年龄时个体的体重、体尺作为评定标准。先定出一个选择的最低标准，不符合这个标准的就予以淘汰。生长发育评定一般要经过四个阶段，即初生、断奶（4 月龄）、周岁和 16 月龄，各阶段的体重体尺标准视不同品种而异。表 11-2 列出西北农业大学拟定的萨能奶山羊各个年龄阶段的最低体重选择指标。

表 11-2　萨能奶山羊和杂种羊种羊体重选择最低标准　kg

羊别	初生	4 月龄	8 月龄	12 月龄	16 月龄
公羊	3.5	27	36	48	56
母羊	2.5	21	32	40	48

（三）生产力评定

评定奶山羊生产力的主要指标为产奶量和乳脂率。一般第一个泌乳期为预选，到第三个泌乳期再进行复查。每个泌乳期均以 305 天的产奶量为评定标准，大于和小于 305 天的产奶量均应校正到 305 天的产奶量。表 11-3 列出纯种萨能奶山羊产奶量的评定标准。

表 11-3 纯种萨能奶山羊产奶量评定标准

等 级	第一胎 305 天产奶量(kg)	第三胎 305 天产奶量(kg)	乳脂率(%)
特级	900	1 100	3.6
一级	800	1 000	3.6
二级	700	900	3.6
三级	600	800	3.6

实际测定的乳脂率大于或小于标准的 3.6%时,应按实测乳脂率将奶产量换算成标准乳脂率产奶量。

$$\text{标准乳脂率产奶量}=\frac{\text{泌乳期产奶量}\times\text{实测乳脂率}}{\text{标准乳脂率}}$$

公羊的选择主要依据体型外貌评分和生长发育评定,生产力评定可根据公羊女儿的成绩,结合系谱审定进行。最后将以上三项评定的结果进行综合分析,获得最终评选结果。综合评定时,产奶量作为主要项目应占较大比重。其他两项的比例,可以根据具体条件定出一个标准,然后依照标准评出每只公羊的综合等级,按等级进行选留或淘汰。

四、实验注意事项

(1)鉴定时要求被鉴定乳用羊站在宽平处,且站立端正。

(2)一般按“先一般外貌、后局部外貌”的原则进行鉴定。

五、实验结果的整理

(1)整理出鉴定结果。

(2)根据鉴定结果,参照等级评分标准(表 11-4),定出等级。

表 11-4 乳用山羊不同等级评分标准

羊别	等级			
	特 等	一 等	二 等	三 等
公 羊	90	80	70	60
母 羊	85	75	65	60

实验十二　肉用山羊的外貌鉴定

一、实验目的和要求

学习和初步掌握肉用山羊鉴定技术和基本方法；了解记载符号的应用；学会根据山羊牙齿变化情况判断羊只年龄，为选择优良种羊奠定初步的基础。

二、实验仪器和材料

肉用周岁以上山羊若干只，测杖、山羊鉴定记录表、鉴定标准、消毒液等。

三、实验方法与步骤

(一)山羊年龄判断

山羊的年龄一般根据育种记录和耳标即可了解，但在无耳号情况下，只能根据山羊的牙齿的更换和磨损情况进行初步判定。虽然山羊牙齿的变化随品种、饲料条件等的不同而略有差异，但一般情况下，可根据表 12-1 所列内容对照判断。

表 12-1　山羊年龄判断表

山羊年龄(岁)	乳门齿的更换及永久齿的磨损	习惯叫法
1.0～1.5	乳钳齿更换	对牙
1.5～2.0	乳内中间齿更换	四齿
2.5～3.0	乳外中间齿更换	六齿
3.5～4.0	乳隅齿更换	新满口
5	钳齿齿面磨平	老满口
6	钳齿齿面呈方形	
7	内外中间齿齿面磨平	漏水
8	开始有牙齿脱落	破口
9～10	牙齿基本脱落	光口

(二)山羊外貌鉴定技术和步骤

(1)具体鉴定时首先要看整体结构、外形有无严重的缺陷；公羊是否单睾、隐睾；母羊乳房发育情况；上、下颌发育是否正常等。以上内容观察后，再决定被鉴定个体有无鉴定的必要和价值。

(2)每个鉴定人员应配备 1 位记录人员，2 位抓羊及保定人员。

(3)为了便于现场学习、记录和资料整理，特将南江黄羊品种体型外貌鉴定项目、分级评分标准和体重体尺标准列出(表 12-2 至表 12-4)，仅供参考。

四、实验结果的整理

(1)将鉴定结果记入鉴定表中。

(2)按照鉴定结果,参照被鉴定羊只品种等级标准,对所鉴定羊只定出等级。

表 12-2 南江黄羊体型外貌评分标准

项目		评分要求	评分	
外貌	毛色	被毛黄色、富有弹性,自枕部沿背脊有一条由粗到细的黑色毛带,十字架后不明显。	10	8
	被毛	细匀短浅,公羊颈与前胸有粗黑长毛和深色毛髯,母羊毛髯短、色浅	4	5
	头势	头大适中,额宽而平,鼻微拱,耳大长直或微垂,有角或无角,有肉髯或无肉髯	8	6
	外形	体躯呈圆筒形,公羊雄壮,母羊清秀	6	5
	小计		28	24
体躯各部	颈	公羊粗短,母羊较细长与肩结合良好	6	6
	前躯	胸部深广,肋骨弓张	6	6
	中躯	背腰平直,腹部与胸近平直	6	6
	后躯	荐宽,尻丰满、斜平适度,母羊乳房呈梨形、发育良好	12	16
	后肢	粗壮端正,蹄质坚实	18	18
	小计		48	52
发育情况	外生殖器	发育良好,公羊睾丸对称,母羊外阴正常	10	10
	羊体发育	肌肉充实,膘情中上,体魄健壮	6	6
	整体结构	体质结实,各部结构匀称、紧凑	8	8
	小计		24	24
总计			100	100

表 12-3 南江黄羊体型外貌等级划分标准

羊别	等级			
	特等	一等	二等	三等
公羊	≥95	≥85	≥80	≥75
母羊	≥95	≥85	≥70	≥60

表 12-4 南江黄羊品种主要体尺及体重分级标准

年龄	等级	公					母				
		体高(cm)	体长(cm)	胸围(cm)	日增重(g)	体重(kg)	体高(cm)	体长(cm)	胸围(cm)	日增重(g)	体重(kg)
2月龄	特	49	51	57	180	13.5	48	50	55	150	11.5
	一	45	46	51	145	11	44	46	50	130	10
	二	42	42	45	130	10	40	42	45	115	9
	三	39	39	41	120	9	37	38	40	100	8
6月龄	特	62	64	73	150	31	57	60	67	110	25
	一	55	56	64	115	25	51	53	59	80	20
	二	50	51	58	100	22	46	47	52	70	17
	三	46	47	53	85	19	42	43	47	60	15

续表 12-4

年龄	等级	公					母				
		体高（cm）	体长（cm）	胸围（cm）	日增重（g）	体重（kg）	体高（cm）	体长（cm）	胸围（cm）	日增重（g）	体重（kg）
1岁	特	68	71	81	80	45	63	67	75	60	36
	一	61	63	72	55	35	57	60	67	45	28
	二	55	57	65	45	30	52	54	60	40	24
	三	50	51	58	35	25	48	49	54	30	21
成年	特	79	85	100	35	70	71	75	87	25	50
	一	72	77	90	35	60	65	68	79	25	42
	二	66	70	82	35	55	59	62	72	25	38
	三	61	64	75	35	50	55	56	65	25	34

注：①表中的指标为各级下限。
②成年羊指公羊 3 周岁，母羊 2.5 周岁。

实验十三　绒用山羊的外貌鉴定

一、实验目的和要求

学习和初步掌握绒用山羊鉴定技术和基本方法；了解记载符号的应用；学会根据绒山羊牙齿变化情况判断羊只年龄，为选择优良种羊，为参加养羊业生产实践奠定基础。

二、实验仪器和材料

钢尺（15 cm）、山羊绒细度标样、绒毛羊鉴定记录表、鉴定标准、消毒液。

三、实验方法与步骤

绒用山羊鉴定可分初生、断奶、周岁及成年鉴定。其中最基本的鉴定是在 1.0～1.5 岁春季剪毛以前进行。我国北方多在 4、5 月份。

由于我国绒用山羊品种类型差异较大，因此对各品种类型的外貌特征、生产性能和毛绒品质等的要求标准也不同。目前我国尚未统一规范各个绒用山羊品种的选种标准。现介绍蒙 QYK/T 08—92，伊克昭盟农业标准中《阿尔巴斯白绒山羊种羊标准》，可以作为绒用山羊选择的参考标准使用。

(一)体型外貌评定

1.品种特征　绒肉兼用型,产绒量高,综合品质优良,肉质好,适应性强。

2.外貌特征　体质结实,结构匀称,背腰平直,后躯稍高,四肢端正,面部清秀,眼大有神,两耳向两侧展开或下垂,有前额毛和胡须。公母羊均有角,角向后、向上、向外方向伸展。尾短小,向上。

(二)生产性能评定

一级羊最低生产性能指标见表13-1。绒毛品质:白色,光泽良好,绒细度15 μm以下,净绒率60%以上。产肉性能:屠宰率45%。母羊产羔率105%以上。鉴定时间应在春季抓绒期间。

表13-1　一级羊最低生产性能

羊 别	绒层厚度(cm)	产绒量(g)	抓绒后体重(kg)
成年公羊	≥5.5	≥650.0	≥45.0
成年母羊	≥5.0	≥500.0	≥30.0
周岁公羊	≥4.5	≥400.0	≥25.0
周岁母羊	≥4.5	≥375.0	≥20.0

(三)鉴定分级

一级:符合该品种羊的一级羊的外貌特征和最低生产性能指标者。一级中符合下列条件之一者列为特级:

(1)产绒量和体重超过一级羊20%的个体;

(2)12个月体侧绒层厚度,成年公羊6.5 cm,成年母羊6.0 cm,周岁公母羊5.5 cm及以上者;

(3)具有个别优良性状,有特殊育种价值,如有特别长而细的绒等。

二级:外貌与一级羊基本相似,绒层厚度不低于4.0 cm,最低生产性能指标符合表13-2要求的。

表13-2　二级羊最低生产性能指标

指 标	成年公羊	成年母羊	周岁公羊	周岁母羊
产绒量(g)	≥500.0	≥400.0	≥375.0	≥350.0
抓绒后体重(kg)	≥40.0	≥26.0	≥21.0	≥20.0

三级:个体体格较小,绒层厚度不低于3.5 cm,最低生产性能指标符合表13-3要求的。

表13-3　三级羊最低生产性能指标

指 标	成年公羊	成年母羊	周岁公羊	周岁母羊
产绒量(g)	≥450.0	≥350.0	≥300.0	≥300.0
抓绒后体重(kg)	≥37.0	≥24.0	≥20.0	≥18.0

凡是不符合三级者均为等外,不允许作种用,必须淘汰。

四、实验结果的整理

(1)将鉴定结果记入鉴定表格中。

(2)按照鉴定结果,参照被鉴定羊只品种等级标准,对所鉴定羊只定出等级。

实验十四　肉用羊的屠宰测定

一、实验目的和要求

绵羊(或山羊)的屠宰率、净肉率等,都是衡量肉用羊生产水平的重要手段。肉用羊的屠宰测定,是检验羊品种在产肉性能方面选育效果的重要手段,也是检验肉羊饲养效果的手段之一。本次实验要求了解屠宰测定的整个过程,掌握肉用羊的屠宰测定方法。

二、实验仪器和材料

待宰肉羊若干头,屠宰用具(屠宰刀、剥皮刀、砍刀、锯),测定用具(测杖、皮尺、钢卷尺、磅秤、钩秤)、盛装容器(盆、桶、磁盘),保定绳,肉案,硫酸纸,求积仪,记录表格等。

三、实验方法与步骤

肉羊的屠宰方法和技术高低,直接关系到羊肉和羊皮的品质。肉羊屠宰前 24 h 内应停止放牧和饲喂,宰前 2 h 内停止饮水,以免肠胃过分胀满,影响解体和清理肠胃。宰前还应进行健康检查,确诊为患病羊和注射炭疽疫苗未超过 2 周的羊均不能宰杀。

(一)宰杀

将活羊侧放在宰羊凳上,不必捆绑,技术熟练的工人一手控制羊体,一手持刀在羊颈部纵向划开皮肤,剖开肌肉,切断颈静脉放血。将羊后躯稍稍抬高,并轻压胸腔,使血尽量排尽。成批集中宰羊时,可用电击使羊昏迷,最后将羊体倒挂,割断颈动脉放血。这样可使血液充分流尽,也不致污染皮张或造成上下淤血,影响胴体和皮张品质。

(二)剥皮

放血后用刀沿腹中线切开皮肤,向前直至下颌,向后直达肛门。再由前胸直线向左右前腿挑开皮肤,直至蹄部。由肛门处向左右后腿挑开皮肤直至蹄部。

人工剥皮有两种方法:一种方法是拳剥法,先将头、腿皮用刀割开,然后一手拉紧皮边,一手握拳捶肉,边捶边拉,很快把皮剥完。另一种方法是将羊体悬挂于木架上,先用刀剥开头部和四肢皮肤,然后将羊皮从头部向下拉至角、耳处至颈、胸,退下前腿皮,再继续拉扯至后躯，退下后腿皮，抽掉尾骨。在扯皮过程中如遇到连肉部位不好剥时，仍可用拳剥法，边捶边扯。此法剥皮十分快速，而且可保持皮张清洁，不受损伤。

在大型羊场和屠宰场，集中成批宰羊，可用专门的剥皮机剥皮，即在活羊宰杀后，剖开少量皮肤再送入剥皮机，便可迅速剥下整个皮张。

（三）开膛

剥完皮后，将羊体倒挂在铁钩上，先从枕环关节切开去头，前肢在桡骨以下、后肢在胫骨以下切断去蹄。然后开膛，用砍刀从胸骨处经腹中线至胸部切开胴体。左手伸进骨盆腔拉去直肠，右手用刀沿肛门周围一圈环切，并将直肠端打结后顺势取下膀胱。然后取出靠近胸腔的脾脏，找到食管并打结后将胃肠全部取出。再用刀由下而上砍开胸骨，取出心、肝、肺和气管等。

（四）胴体修整

切除头、蹄，取出内脏后的胴体，应保留带骨的尾、胸腺、横膈肌、肾脏和肾脏周围的脂肪（板油）和骨盆中的脂肪。公羊应保留睾丸。然后对胴体进行检查，如发现小块的淤血和疤痕，可用刀修除，然后用冷水将胴体冲洗干净并晾干。

（五）胴体分割

先用砍刀从脊椎骨中间把胴体砍开，分成左右两半，每半边胴体应包括一个肾脏和肾脏脂肪、骨盆脂肪。尾巴留在左半边。由于胴体不同部位品质有很大差异，为了合理计算价格，应将胴体按一定部位进行分割（图 14-1）。

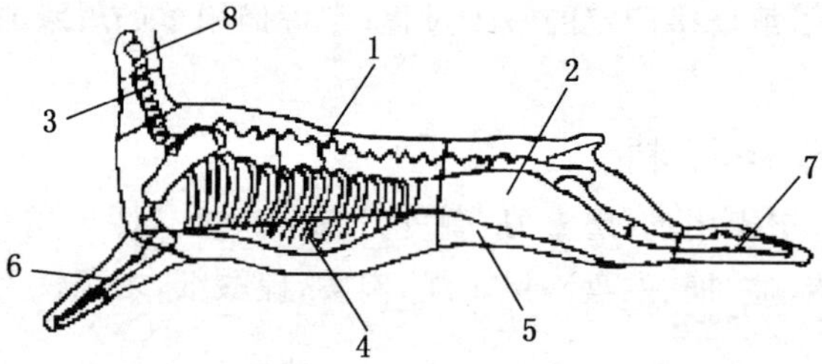

1. 肩背部 2. 臀部 3. 颈部 4. 胸部 5. 腹部
6. 前腿 7. 后小腿 8. 颈部切口

图 14-1 绵羊胴体分割部位

(1)后腿肉：从最后腰椎处横切。

(2)腰肉：从第 12 对肋骨与第 13 对肋骨之间横切。

(3)肋肉：从第 12 对肋骨处到第 4、5 肋骨间横切。

(4)肩肉：为肩胛骨后缘及第 4 对肋骨前的整个部分。

(5)胸肉：包括肩部及肋软骨下部和前腿肉。

(6)腹肉：整个腹下部分的肉。

（六）羊产肉性能的测定

为了掌握绵羊、山羊的肉用性能和了解肥育效果，要进行产肉性能的测定。常用的测定项目主要有以下几个。

1. 宰前活重　指屠宰前停食 24 h 的活体重。相同年龄、性别和肥育措施的肉羊，宰前活重越大，说明生长越快，产肉性能越好。

2. 胴体重　宰后剥去毛皮，切去头、前肢腕关节以下、后肢跗关节以下部分，清除全部内脏（保留肾和肾脏脂肪），静置 30 min 后的全部胴体重。在相同条件下，胴体重越大表明肥育效果越好。

3. 眼肌面积　测量第 12 与第 13 肋骨之间，背最长肌（眼肌）的横切面面积。先用硫酸绘图纸描绘出眼肌横切面轮廓，然后用求积仪计算出面积。若无求积仪，可量出眼肌的高度和宽度，用下列公式估测：

$$眼肌面积(cm^2)=眼肌高度(cm)\times 眼肌宽度(cm)\times 0.7$$

4. *GR* 值　指在第 12 与第 13 肋骨之间，距背中脊线 11 cm 处的组织厚度，作为代表胴体脂肪含量的标志（图 14-2）。

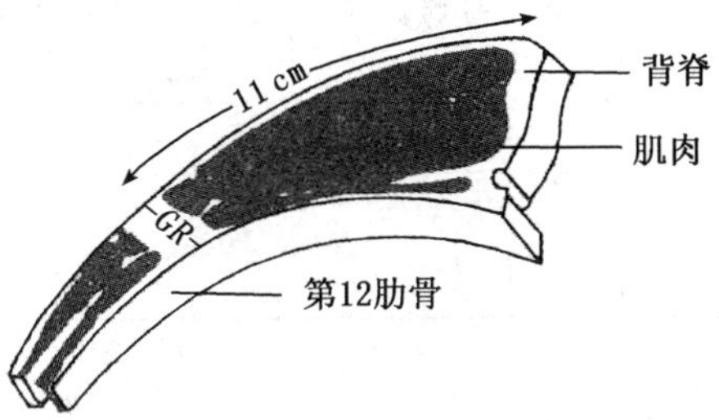

图 14-2　测定 *GR* 值部位示意图

5. 净肉重　胴体上全部肌肉剔下后称得的总肉重，或胴体重减去剔尽肌肉后的骨重，即得净肉重。

6. 屠宰率　指胴体重（包括肾脏和肾脏脂肪）与宰前活重之比。计算公式为：

$$屠宰率=\frac{胴体重(含肾脏脂肪及肾脏)}{宰前活重(或空腹重)}\times 100\%$$

7. 净肉率　指净肉重占宰前活重的比率，公式为：

$$净肉率=\frac{净肉重}{宰前活重(或空腹重)}\times 100\%$$

由于羊只屠宰前的胃、肠内容物重量存在较大的个体差异，按宰前活重计算的屠宰率和净肉率存在较大的误差，不能完全、真实地反映羊的产肉性能。目前，部分学者提出用空腹体重（空腹重＝宰前活重－胃肠内容物重）来计算羊的屠宰率和净肉率，可大大消除这种误差。

8. 肉骨比　指净肉重与骨重的比值。

$$肉骨比=\frac{净肉重}{骨重}\times 100\%$$

9. 胴体产肉率　指净肉重与胴体重之比。

$$胴体产肉率=\frac{净肉重}{胴体重}\times 100\%$$

10. 胴体形态和品质　胴体形态和胴体品质是鉴定肉羊产肉性能的重要指标。肥育良好的胴体骨细肉厚，体躯短宽，背腰宽平，后躯发育良好，臀部肌肉丰满。绵羊羔胴体倒挂时，两后腿之间呈"U"形，而不是"V"形。

胴体品质的好坏，可根据瘦肉的颜色、脂肪的分布、瘦肉的嫩度、多汁性以及气味等进行评定。品质良好的羔羊胴体，表面有一层薄的脂肪覆盖，无异味，结缔组织少。绵羊肥羔胴体肌肉块切口呈大理石状，山羊胴体肌肉块切口不呈大理石状，但以肌肉表面覆盖有脂肪的为好。

四、实验结果的整理

将屠宰测定结果记录在表 14-1 上。

表 14-1 绵羊(或山羊)屠宰测定结果记录

羊号	宰前活重(kg)	胴体重(kg)	屠宰率(%)	后腿比例(%)	腰肉比例(%)	*GR* 值(mm)	眼肌面积(cm^2)	净肉重(kg)	净肉率(%)	骨肉比(%)

实验十五 羊肉品质的测定

一、实验目的和要求

羊肉品质的评定是对羊肉的颜色、气味、嫩度、失水率、熟肉率、酸碱度等进行全面的检查与测试，以检验羊肉品质的好坏，同时也为检查肉羊肥育的效果，羊肉的加工、储藏和销售提供依据。

二、实验仪器和材料

羊的背最长肌、腰大肌及臀部肌肉各一块，20%的 HNO_3 溶液，pH 试纸，甘油，肉色评分标准图，大理石评分标准图，显微镜，镊子，手术刀，探针，酸度计，色值仪，分析天平，肉质压缩仪，水浴炉及水浴锅，肉样剪切仪，冰箱等。

三、实验方法与步骤

(一)羊肉的颜色

羊肉的颜色指肌肉的颜色和脂肪的颜色。肌肉的颜色是由肌红蛋白所决定的，肌红蛋白含量通常是随年龄的增长而增加的。肌红蛋白含量越高，羊肉的红色越深。羊肉的颜色与性别、屠宰年龄、肥育程度、屠宰技术等因素有关。成年绵羊肌肉呈鲜红或红色，老年羊肉呈暗红色，羔羊肉呈淡红色。山羊肉的颜色比绵羊肉稍红。放牧的羊比舍饲的羊肉中含有较高的肌红蛋白，羊肉红色较深。营养水平较好和饲喂含铁元素较少的饲料的羊，肌肉中肌红蛋白含量较少，肉色稍淡。肉羊屠宰时放血不充分，微细血管中残留较多血液，血红蛋白会使羊肉颜色加深。羊肉较长时间在空气中暴露或经过冷冻储藏，肌肉颜色也会变深。

正常羊肉脂肪为洁白色而富有光泽，或呈微黄色。脂肪缺乏光泽，或黄色过深，无弹性，均不理想。

羊肉颜色的评定方法：可用目测法和仪器测定法来测定。用仪器测定肌肉的颜色，如德国制造的 Göfo 仪、丹麦制造的 MQM 仪，其原理是用单一波长的光线测定肌肉的反射值，肌肉颜色越浅反射值越高。据林嘉(1993)报道，山羊肉色的 Göfo 值在 70～76 之间为正常颜色。用目测法评定羊肉的颜色是将肉色深浅划分为若干等级进行评分。具体方法是：取宰后 1～2 h 的胴体的背最长肌，在 4℃中冷却 24 h 后，在室内自然光照下评分。灰白色记 1 分；轻度灰白色记 2 分；正常鲜红色记 3 分；正常深红色记 4 分；暗红色记 5 分。3 分和 4 分为正常肉色，其余均为异常肉色。此法虽较简便，但准确性较差。

(二)羊肉的气味

羊肉具有一种特殊的气味，这种气味是由羊肉中一些挥发性脂肪酸(如 4-甲基辛酸等)氧化而产生的，人们称之为膻味。羊肉的膻味与羊的品种、年龄、性别等因素有关。通常山羊肉的膻味比绵羊肉浓，公羊肉比母羊肉浓，老羊肉比羔羊肉膻味更重。公羊去势后膻味可以减轻。我国一些地方品种羊肉膻味较轻。在气温较高的地区和炎热的夏季羊肉中挥发性脂肪酸氧化快，产生的膻味也越浓。屠宰后羊肉放置时间较长，膻味也会加重。

羊肉除带有正常的膻味外，还受其他一些因素的影响产生异味。公山羊的角基部有一对臭腺，能分泌一种腥臊的液体——4-乙基辛烷酸。公羊屠宰后不仅羊肉带有这些气味，而且也会污染同群饲养的母羊和一起宰杀的其他羊肉。

肉羊屠宰后，羊肉放置过久，脂肪氧化和蛋白质分解产生氨气，使羊肉发出臭味，丧失食用价值。此外，饲喂带有异味的草料，宰前口服或注射带有异味的药物，经血液而渗透到肌肉组织，也会使羊肉带有各种异味，不宜食用。

测定方法：羊肉膻味与异味主要是通过品尝和嗅闻加以评定。将羊肉蒸熟，由几名有经验的鉴定员品尝鉴定，用记分法评定结果。

(三)羊肉的嫩度

羊肉的嫩度是指羊肉煮熟后被咀嚼时的易磨碎和坚韧的程度。羊肉的嫩度主要受羊的品种、性别、屠宰年龄、羊肉的处理、羊肉的部位、肌肉的结构、羊肉成分、肌肉中结缔组织的含量及肌肉中脂肪的含量等因素的影响。

测定方法：羊肉嫩度的评定可采用感官评定和仪器测定两种方法。感官法是取腿臀部或腰部肉样，在锅内蒸煮 1 h，由鉴定员咀嚼品尝，根据咬碎的难易程度用记分法评定。仪器法是用专门的肌肉嫩度测定仪(剪切仪)测定肉样的剪切力值。剪切力值越小，嫩度越好。据四川农业大学养羊研究室研究结果，8 月龄南江黄羊背最长肌剪切力值为 5.99 kg/cm^2，股二头肌为 5.90 kg/cm^2，而同龄的波尔羊与南江黄羊杂交生产的杂种羊相应为 5.09 kg/cm^2 和 5.77 kg/cm^2。

(四)大理石纹

大理石纹指肉眼可见的肌肉横切面红色中的白色脂肪纹状结构，红色为肌细胞，白色为肌束间的结缔组织和脂肪细胞。白色纹理多而显著，表示其中蓄积较多的脂肪，肉多汁性好，是衡量肉含脂量和多汁性的简易方法。

测定方法：要准确评定，需经化学分析和组织学等测定。现在常用的方法是取第一腰椎部背最长肌鲜肉样，置于0～4℃冰箱中24 h后，取出横切，以新鲜切面观察其纹理结构，并借用大理石纹评分标准图评定。只有大理石纹的痕迹为1分，有微量大理石纹评为2分，有少量大理石纹评为3分，有适量大理石纹评为4分，若是有过量大理石纹的评为5分。

(五)羊肉的失水率与滴水损失测定

1. 羊肉的失水率测定　失水率是指羊肉在一定压力条件下，经一定时间所失去的水分占失水前肉重的百分数。失水率越低，表示保水性能强，肉质柔嫩，肉质越好。

测定方法：截取第一腰椎以后背最长肌5 cm肉样一段，平置在洁净的橡皮片上，用直径为2.532 cm的圆形取样器(面积约5 cm^2)切取中心部分眼肌样品一块，其厚度为1 cm，立即用感量为0.001 g的天平称重，然后放置于铺有多层吸水性好的定性中速滤纸平台上，以水分不透出、全部吸净为度，一般将肉样放在18层定性中速滤纸的压力计平台上，肉样上方覆盖18层定性中速滤纸，上、下各加一块书写用的塑料板，加压至35 kg，保持5 min，撤除压力后，立即称肉样重量。肉样加压前后重量的差异即为肉样失水重。按下列公式计算失水率：

失水率＝(肉样加压前重量－肉样加压后重量)/肉样加压前重量×100％

2. 滴水损失测定　在宰后2～3 h，取第2、3腰椎处背最长肌，顺肉样肌纤维方向切成2 cm厚的肉片，修成长5 cm、宽3 cm的长条称重，用细铁丝钩住肉条的一端，使肌纤维垂直向下，悬吊于塑料袋中(肉样不得与袋壁接触)，扎好袋口后吊挂在4℃左右的冰箱中保持24 h，取出肉样称重计算。无论是失水率还是滴水损失，其值越高，则系水力越差。

滴水损失＝(吊挂前肉条重－吊挂后肉条重)/吊挂前肉条重×100％

(六)羊肉的系水率测定

羊肉的系水率是指羊肉保持水分的能力。系水率好的羊肉烹调后肉质柔软多汁，反之羊肉干硬，因此系水率直接影响羊肉的风味和加工。羊肉的系水力一般比猪肉小，山羊肉的系水力比绵羊肉小。

测定方法：取背最长肌肉样50 g，按食品分析常规测定法规定肌肉加压后保存的水量占总含量的百分数。

系水率＝(肌肉总水分量－肉样失水量)/肌肉总水分量×100％

据四川农业大学养羊研究室测定，南江黄羊背最长肌的失水率为16.46％，系水率为76.83％；波尔羊与南江黄羊杂交生产的杂种羊相应为15.11％和78.67％。

(七)熟肉率

熟肉率是指羊肉烹调后的重量与烹调前重量之比。羊肉在烹调过程中由于蛋白质受热凝固而失去水分，使重量变轻。羊肉的系水力越高其熟肉率也越高。熟肉率低不仅煮熟后分量大减，而且口感较差。羊肉的熟肉率一般比猪肉的熟肉率低。据测定，南江黄羊熟肉率为62.20％，波尔羊与南江黄羊杂交生产的杂种羊为58.98％。

测定方法：熟肉率采用蒸煮法测定。取一侧腰大肌中段约 100 g，于宰杀后 12 h 内进行测定。将样品置于蒸锅的蒸屉上用沸水在 2 000W 的电炉上蒸煮 45 min，取出后冷却或吊挂于室内无风阴凉处，30 min 后再称重，并用下列公式计算。

$$\text{熟肉率}=\frac{\text{蒸前肉样重}}{\text{蒸后肉样重}}\times 100\%$$

(八)羊肉的酸碱度

在正常情况下，羊活体肌肉呈中性反应，屠宰后由于肌肉中糖原的酵解作用，产生大量乳酸使肌肉略呈酸性。这种变化能抑制微生物的繁殖，防止肉质腐败。但是，在屠宰、加工和储藏过程中，羊肉难免不受污染，微生物繁殖分泌的酶使肌肉中游离的氨基酸生成有机酸、碱和醇。羊肉逐渐腐败，酸度降低，pH 值上升，羊肉颜色由鲜红变暗红甚至呈灰褐色，失去弹性，表面发黏，气味变臭。因此，从羊肉的酸碱度可以判断其新鲜程度。通常新鲜羊肉的 pH 值为 5.7～6.2，储存较久时鲜度下降，pH 值为 6.3～6.6。如果 pH 值上升至 6.7 以上，可疑为不新鲜羊肉。据报道，新鲜绵羊肉 pH 值为 5.6～6.1。林嘉(1993)报道，山羊肉的 pH 值为 6.3～6.4。据四川农业大学养羊研究室测定，南江黄羊宰后 45 min 测定背最长肌的 pH 值为 6.37，波尔羊与南江黄羊杂交生产的杂种羊 pH 值为 6.21。

四、实验结果的整理

将羊肉品质的测定结果记录在表 15-1 上。

表 15-1　绵羊(或山羊)肉品质评定结果记录

肉样序号	时间(h)	肉色(分)	大理石纹(分)	酸碱度	失水率(%)	系水率(%)	熟肉率(%)	嫩度(kg/cm^2)	膻味

实验十六　现代化养羊场的设计与布局

一、实验目的和要求

(1)通过本次实习，使学生熟悉羊场内各种建筑物、道路设施、防疫设施、美化、绿化等总体布局及安排。

(2)通过本次实习，使学生掌握各羊舍的设计方法。

二、实验仪器和材料

(1)某公司欲在某地建一奶山羊场,饲养规模为成年奶山羊 1 000 头,后备羊 500 头。

(2)建场地址已选定:坡度 5°,当地主风为西南风,场区周围 1 000 m 无建筑,自来水供水,南向 300 m 有东西走向公路一条。

(3)羊场要求:实行分群分舍饲养;人工授精;挤奶、饲料加工机械化,饲料人工投喂;干粪收集处理,其他粪尿冲入污水池,污水处理后达国家 2 级排放标准;精料采购,青、粗饲料通过“订单方式”由农户提供;鲜奶提交乳品加工厂。

三、实验方法和步骤

(一)绘制羊场的总平面示意图

(1)根据选定的场址情况,按照风向和地势,确定生活和管理区、生产辅助区、生产区、粪便堆贮和病羊隔离区的所在范围。要求生活和管理区处在上风向、地势较高处,其次是生产辅助区,再次是生产区,最后是粪便处理区和病羊隔离区。

(2)根据羊场规模和要求,按照分区规划的原则,对各区的建筑物、道路设施、防疫设施、美化、绿化等进行总体布局。一般情况下,生活和管理区应建有传达室、职工宿舍、办公室、车棚、车库等;生产辅助区应建有精料、原料及成品库房,青贮窖(塔),干草棚;生产区应建有羊舍、运动场、人工授精室、挤奶厅;粪便处理区应建有粪尿污水池、贮粪池及相应的处理设施;兽医室及病羊隔离区应建有诊疗室、药房、病羊隔离室。此外,还应正确设置道路设施,使净道与污道分开;在生产区的入口处和各羊舍的入口处应设置消毒池;在羊舍周围、运动场周围、生活和管理区等相关区域设置美化和绿化带。

(3)绘图。

(二)绘制羊舍及运动场的平面示意图和剖面示意图

(1)确定羊舍及运动场设计基本参数。可根据理论章节中有关内容、实验材料并结合实际情况确定。

(2)确定羊舍类型。可根据实际情况灵活选择。

(3)确定羊舍、运动场的基本结构及舍内各项设施的规格。可根据理论章节中有关内容并结合实际情况确定。

(4)绘图。

四、实验注意事项

(1)羊场设计应规范化、科学化、合理化。

(2)羊舍要分舍进行设计,并要符合相应的参数和规格。

五、实验结果的整理

(1)绘制该羊场总平面示意图。

(2)绘制该羊场中羊舍及运动场的平面示意图和剖面图。

第三篇

猪生产学实验教程

第三篇　猪生产学实验教程

主　编　黄瑞华(南京农业大学)

副主编　刘德武(华南农业大学)

曹洪战(河北农业大学)

李清宏(山西农业大学)

曾永庆(山东农业大学)

参　编　闻爱友(安徽科技学院)

王昕陟(沈阳农业大学)

周　波(南京农业大学)

姜海龙(吉林农业大学)

张金枝(浙江大学)

实验一　猪的品种、外貌鉴定与仔猪编号

一、实验目的和要求

(1)了解各类型代表猪种以及优良地方猪种的外貌特征与生产性能特点。

(2)了解国外引入猪种对我国商品猪生产及培育新品种的积极作用。

(3)认识世界著名培育猪种的发展过程及外貌特征。

(4)掌握种公猪、种母猪、瘦肉型肉猪外貌鉴定的基本方法。

(5)认识仔猪编号的作用和类型,了解现代化养猪场猪耳号(ear ID)、耳标(ear tag)、肩标(shoulder tattoo)和臀标(ham tattoo)的编号方法及其优缺点,学会识读猪的耳号、耳标、肩标和臀标。

二、实验的基本原理

(一)品种认识

我国猪种资源丰富,不仅有品种特征明显的不同品种或类群的地方猪种,而且有从国外引入的优秀外来猪种,同时还有在上述两类猪群基础上培育出来的培育猪种或品系。这些资源可以为不同学校的学生提供认识一些品种共性与个性的机会。

(二)外貌评定

猪的外貌与体型,不仅是其生长发育、健康状态和结实性的外表反映,而且也是一定生产力的直接表征。虽然,近代由于测试技术的不断改进,性能测定在选择中越来越居主导地位,但是性能测定仍存在着一些具体困难,而外貌评定则方便易行,具有一定的实际意义,在国外仍被广泛应用。不同品种或类群的外貌评分标准各异,但基本原理与方法相似。这里以长白猪的外貌评定标准为例,做一简单介绍。

1. 一般外貌　大型,发育良好,舒展,全身大体呈梯形。各部位匀称,接合良好、紧凑。体长、高适中。头、颈轻。前躯宽、深,相对轻于后躯。中躯伸长,背线微弓或平直。后躯发达、丰满。四肢站立有力,关节活动灵活。性情温顺,少敏激,眼有神,性征表现明显,体质强健。毛白有光泽,无不良毛质现象,皮肤光滑,无黑斑。

标准分数:25 分

2. 头颈部　头轻秀,脸长适中,鼻平直,下巴正,面颊紧凑,目光温和有神。耳薄,不太大,稍向前倾,两耳间距不狭。颈不太大,宽度略薄,紧凑,向头与肩部移转平顺,喉部到前胸连线间不疏松。

标准分数:5 分

3. 前躯　紧凑,且相对轻于后躯,肩附着良好,向中躯移转良好,胸要深、宽、充实。

标准分数:10 分

4. 中躯　背腰稍长,宽度阔,坚实,背线微弓或平直,平滑向后躯移转。肋部开张好。腹深,不疏松,腹线直,下肷部充实。

标准分数:20 分

5.后躯　外观丰满。臀部宽、圆、长。腿厚、宽直至飞节,小腿发达。尾附着高,粗细适中。

标准分数:25 分

6.乳头与生殖器　正常乳头 13～16 个,无小乳头或印痕乳头,排列均匀,乳头饱满不凹陷。

生殖器发育正常,形态质地良好。公猪睾丸均匀对称,包皮不积尿。母猪阴蒂不上翘。

标准分数:5 分

7.肢蹄　四肢稍长,左右一致,站立有力,肢间宽,无 X 形状出现,关节活动灵活,形态轻盈。飞节健壮不摆动。系部有弹性,无卧系现象。蹄部无裂纹,蹄质好。

标准分数:10 分

(三)个体号识别

猪的个体号(individual number of pig)是猪的代号,是用来区别于其他个体的某一头猪特有的编号。种猪场为便于进行个体选择、系谱登记、日常管理和记录,每头猪都要有个体编号。

根据《全国种猪遗传评估方案(试行)》规定,个体号(ID)实行全国统一的种猪编号系统,该系统由 15 位字母和数字组成,例如 DDXXXX505000101。前 2 位用英文字母表示品种:DD 表示杜洛克猪,LL 表示长白猪,YY 表示大白猪,HH 表示汉普夏猪,二元杂交母猪用父系+母系的第一个字母表示,如长大杂交母猪用 LY 表示;第 3～6 位用英文字母表示场号,由农业部统一认定;第 7 位用数字或英文字母表示分场号(先用 1～9,然后用 A～Z,无分场的种猪场用 1);第 8～9 位用数字表示个体出生时的年度;第 10～13 位用数字表示场内窝序号;第 14～15 位用数字表示窝内个体号。上例即表示 XXXX 场第 5 场 2005 年第 1 窝出生的第 1 头杜洛克纯种猪。

猪常用的个体编号有耳缺、耳标和体标等方法,这里简单介绍一下这三种方法的编号法及其优缺点。

1.耳缺编号法　耳缺编号法是最简便、最传统的标志猪个体号的方法,也是目前使用最普遍的方法。

耳缺编号法对仔猪进行编号,是用耳号钳按照一定的规律,在猪左、右耳朵的上、下沿及耳尖打上缺口,在耳中间打一洞,每一缺口或洞代表某一数字,其总和即为仔猪的个体号。仔猪编号通常在出生后 12 h 内进行。各场编号的原则会不一样,但不管按照哪种原则,都无法达到《全国种猪遗传评估方案(试行)》所规定的要求。所以如果《全国种猪遗传评估方案(试行)》得到全面实施,也许在未来集约化种猪场将无法使用这一方法。现介绍两种生产上常用的耳缺编号法。

(1)小数编号法如图 1-1(a)所示。原则是:“左大右小,上 1 下 3(或上 3 下 1),公单母双,右尖 100 左尖 200,右孔 400 左孔 800,然后将两个耳朵上的所有数字相加即得耳号”。

此法为传统的编号方法,所打的耳缺少,标记和识读较准确,但用此法耳号最多只能表示到 1 599,只适用于中小型猪场使用。

(2)个十百千法如图 1-1(b)所示。原则是:“左大右小,根 3 尖 1,公单母双”。

此法是随着规模化养猪生产的发展在小数编号法的基础上发展起来的一种编号方法。

读数简单，从左耳下开始，按逆时针方向到左耳上，到右耳上，再到右耳下，依次从千、百、十到个位进行编号。这种方法可以编出相对较大的数字，因而可以在一定范围内防止猪只个体编号的重复与交叉，但某些数字需要打的缺口较多（如 8 号要在耳朵一边打 4 个缺口）。另外，在标记和识读时还易出错，如“根”和“尖”弄混。但此法是目前最流行的方法。

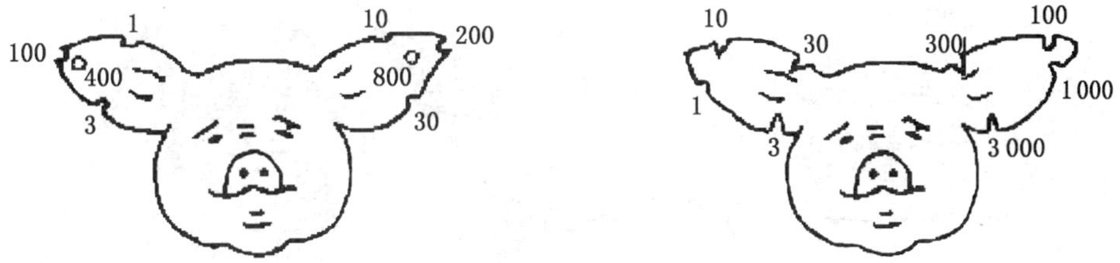

（a）小数编号法
左大右小，上 1 下 3

（b）个十百千法
左大右小，根 3 尖 1

图 1-1　猪的耳号

2. 耳标编号法　耳标编号法是用一种特制的标有编号、代码的金属（如铝）或橡塑牌钳于猪的耳上进行猪个体标志的方法。耳标钳和耳标如图 1-2 所示。根据育种、科研、防疫、生产等需要而有各种式样和颜色，按照《全国种猪遗传评估方案（试行）》规定，猪场还可以在编号中标志出性别、胎次、品种、系群的不同。数码易于识别，安装操作简便、迅速、安全卫生。耳缺编号法一般表示的位数有限（4 位数），而耳标法则可以表示较多的位数，不易产生重号，因而可以实现《全国种猪遗传评估方案（试行）》规定的个体编号的标准要求。但由于猪是属于探究意识很强的群居性的动物，因而在生产中极易发生猪只之间互相咬斗而咬脱耳标的现象，如果没有防范措施，很容易导致猪个体号混乱，而给育种或试验研究带来麻烦或差错。故在生产中也可将耳标法和耳缺编号法同时使用。

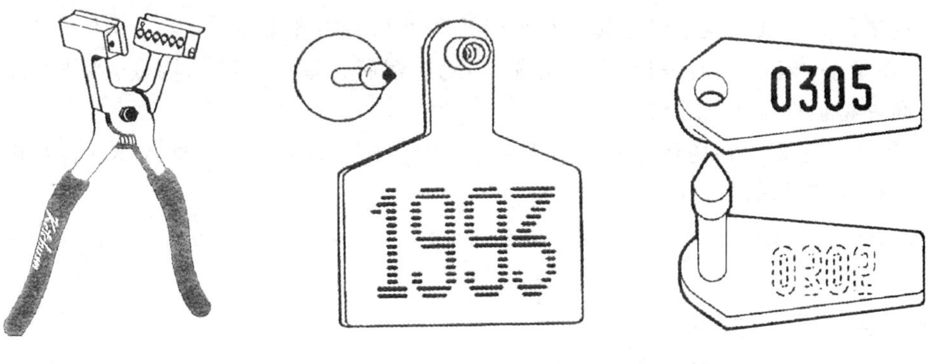

图 1-2　耳标钳及耳标示例

3. 体标编号法　体标（body tattoo）是现代养猪生产发展起来的育肥猪或商品猪的标志方法，是用专用体标设备（body tattooer）在仔猪 2～5 周龄时在猪的身上进行刺号的方法。猪体标仪器和体标如图 1-3 表示。其中以肩标和臀标居多，一般在国外使用较多，如 PIC 公司基本采用体标方法进行猪个体编号。

体标不易丢失，识别很简单，不易出错，而且随着猪体的生长，标记越来越大，越来越明显。但该方法一般只适用于白毛色的猪种，而且要使用蓝色、绿色或黑色颜料。如果颜料质量不过关，会对猪体产生影响，且对猪皮会有损伤，降低了猪皮的使用价值(如需要用猪皮做皮衣、皮鞋)。

图 1-3 猪体标仪器、体标示例及染色示例

三、实验仪器和材料

猪品种资源电子图谱及相关介绍材料，多媒体设备；实习场相关品种或类群的猪，相应的猪只固定用绳索等；猪用耳号钳、耳标钳、耳标、刺标设备等。

四、实验内容、方法和步骤

(1)通过放映幻灯片、教师讲解的方法，使学生对国内外著名猪种具有初步的感性认识，了解国内猪种在形成过程中受地域及社会经济条件影响的规律性。

(2)在猪场教学实习时，根据现场情况，实地讲解所在场猪群结构特点、品种特征，并进行个体品种特征性分析与评价。

(3)要求学生根据猪场猪体编号的规律，对猪场现有猪的耳号、耳标或体标进行识别，并仔细体会各种编号法的优缺点。

(4)如果许可，让学生进行猪体编号的实践操作，并体会不同标号方法实际操作中的区别。

五、实验注意事项

(1)进行品种识别与品种特征比较时，要注意提前掌握相应品种或类群的一般特征，以便识别。

(2)进行外貌评定时要注意从总体观察到局部观察逐步过渡，并进行详细比较，积累经验。

(3)识别种猪耳号、耳标、体标时，要注意自我保护，以防在与猪近距离接触时被猪咬伤。

(4)识别耳号时，一定要了解清楚实习场的编号规律，分清左和右、看清“尖”和“根”，不然易读错耳号。

六、数据处理和实验结果分析

将你在猪场所识别的或亲自进行编号的猪号记录下来，并填写下表：

所在实习猪场名称：____________________

该猪场猪编号的编排方法：____________________

____

你所识别的个体号记录：

个体号__________品种__________出生年月__________性别__________

个体号__________品种__________出生年月__________性别__________

个体号__________品种__________出生年月__________性别__________

七、讨论和作业

(1)列出你家乡所养地方猪种的名称、所属类型、外形特征、形成的自然条件和社会经济条件。

(2)认识长白、大约克、杜洛克等国内外猪种及不同杂交组合的外貌特征与区别要点。

(3)试归纳实习场有几个猪种或类群，了解其来源，分析这种结构与来源是否合理。列出各猪种或类群的名称、所属类型、外形特征及商品生产中的作用。

将(2)、(3)两题结果合并入下表：

组合/品种	
来源	
毛色	
体型外貌	
繁殖性能	
肥育性能	
胴体特征	
肉质特征	
主要用途	
简单评议	

(4)识读以下猪的个体号：

DLXXXX105000101 __________　LYXXXX105000105 __________

DDXXXX105000111 __________　YYXXXX105000108 __________

LMXXXX105000117 __________　MMXXXX105000121 __________

YLXXXX105000109 __________　LLXXXX105000128 __________

PLXXXX105000109 __________　DPXXXX105000129 __________

请分析上述编号中有没有在现实生产中几乎不可能碰到的情况，为什么？如果实习场有这种编号法，请仔细体会其优缺点。

实验二　种猪卡认识与猪的系谱图建立

一、实验目的和要求

(1)了解种猪卡的基本结构和内容。

(2)掌握种猪系谱图的建立方法，并学会对系谱图进行审查和鉴定。

二、实验的基本原理

种猪生产经常要根据本场种猪的生产性能和遗传基础对种猪进行选择和淘汰。选择的标准有几个方面，一般要求种猪本身生产性能高、体质外形好、发育正常，具有良好的繁殖性能，合乎品种标准，并具有较高的种用价值等。前5个方面较容易评定，通常可以通过种猪生产性能测定和外貌鉴定来进行，而种用价值高则是对种畜的最终要求，也最重要。因为种猪的主要价值不在于其本身生产多少肉产品，而在于其能够生产出多少品质优良的后代。因此，这就要求种猪不但本身表现要好，而且还要具有优良的遗传基础。

种猪遗传基础的鉴定通常根据其亲属的遗传信息来估计。因此，育种工作者重要的工作之一就是收集、整理生产第一线的资料，认真做好各种记录，如繁殖配种记录、产仔记录、定时称重、体尺测量、外貌鉴定、产量和饲料消耗等原始记录。这些资料将转载到种猪卡上去。

种猪卡是种猪的档案资料，从中可以了解种猪的血缘、出生日期、生长发育状况、配种和分娩等繁殖情况，以及疫苗接种和疾病治疗等与种猪有关的基本资料。种猪卡是进行种猪生产管理时重要的参考资料，也是进行种用价值评定和选种、选配时的重要依据。

种猪系谱是种猪卡的重要内容之一，是记录种猪亲缘关系情况的文字资料，通常包括一头种猪的父母及其祖先的编号、名字、生产成绩及鉴定结果等记录文件。系谱上的各种资料来自于日常的原始记录。系谱一般记载3～5代，这已足够鉴定种猪之用，因为代数越远对被鉴定种猪的影响就越小。目前大多数种猪场使用养猪生产管理软件，其中有一个完善的育种资料数据库管理系统，实际上只要准确记录了个体及其父母的编号，就可以非常方便地追溯出它祖先的资料，但为了管理的方便仍需要制作出种猪的系谱卡片。

种猪系谱一般有个体系谱和群体系谱之分。个体系谱又包括注释系谱、结构系谱和路径系谱等，其中结构系谱分竖式和横式两种，生产中以横式系谱为主。群体系谱是系统地记载种群繁衍情况的一种文件，它反映一个猪场种猪的血缘情况以及祖先的生产成绩，是选种、选配和育种规划时的重要参考资料。

三、实验仪器和材料

(1)种猪卡样板。

(2)个体和群体系谱图。

四、实验内容、方法和步骤

(一)种猪卡的认识

种猪卡的内容包括种猪系谱、出生年月、个体生长发育等测定记录,历年配种和繁殖成绩(包括遗传缺陷记录),疫苗接种和疾病治疗等与种猪有关的基本资料,是生产管理和选种选配时的重要参考资料。

(二)个体系谱的建立

个体系谱通常是构成种猪个体证明的重要材料,是种猪卡的重要内容之一。为种猪建立个体系谱的目的主要有两个:一是向人们提供种用个体祖先的有关信息,通过谱系鉴定方式来估计该个体本身的性状水平,以利于早期选种;二是通过审查个体系谱上有无共同祖先来估计个体本身的近交系数,以及系谱上任意两个体间的亲缘系数等,以利合理选配。

个体系谱的记载方式一般都从个体的父母开始,分别逐代向祖先追溯。商业用个体系谱记载到个体的第三祖代;育种用个体系谱要追溯到个体的第五和第六祖代。

1. 注释系谱　注释系谱的记载内容最为全面完整,除系谱上每个个体的名号外,还要记明个体的种质特性、特征、出生日期、体型评定成绩、生产性能表现、后裔鉴定结果以及获奖情况等。

2. 结构系谱　结构系谱的书写与注释系谱等完全相同,但要比注释系谱简单得多,一般只在系谱上记载每一个体的名号。结构系谱分为横式和竖式两种书写方式。

(1)横式系谱:横式系谱中的种猪的名号记在左边,历代祖先顺序向右记载,愈向右祖先代数愈高。各代的公猪记在上方,母猪记在下方,系谱中间可划一横线,上半为父,下半为母。这是生产中用得较多的一种,如图 2-1(a)所示。现以 1108 号母猪为例,可写出横式结构系谱图,如图 2-1(b)所示。

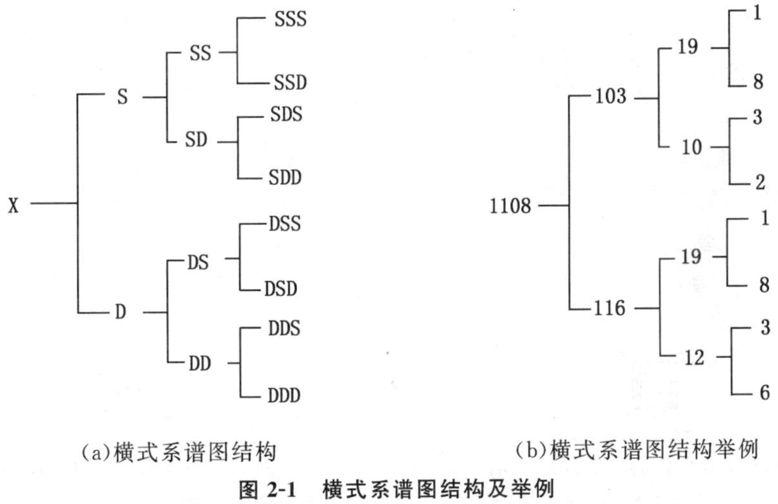

(a)横式系谱图结构　　(b)横式系谱图结构举例

图 2-1　横式系谱图结构及举例

(2)竖式系谱:竖式系谱格式是将种猪的名号记在上端,下面是父母(祖Ⅰ代),再向下是父亲的父母(祖Ⅱ代)。每代的公猪记在右侧,母猪记在左侧。系谱正中划一垂线,右半为父方,左半为母方,如图2-2(a)所示。仍以1108号个体为例,可写出竖式结构系谱,如图2-2(b)所示。

个体(X)							
母亲(D)				父亲(S)			
外祖母(DD)		外祖父(DS)		祖母(SD)		祖父(SS)	
外曾祖母(DDD)	外曾祖父(DDS)	外曾祖母(DSD)	外曾祖父(DSS)	曾祖母(SDD)	曾祖父(SDS)	曾祖母(SSD)	曾祖父(SSS)

(a)竖式系谱格式

1108							
116				103			
12		19		10		19	
6	3	8	1	2	3	8	1

(b)竖式系谱图举例

图2-2 竖式系谱图的结构及举例

3.路径系谱 路径系谱是根据结构系谱画出的仅指明谱系上个体间传递关系的更简明的图示文件。主要是在进行种猪亲缘关系分析时制定的一种简单的系谱。这种系谱不登记生产性能的其他资料,仅记录种猪名号。

路径系谱的书写不同于结构系谱或注释系谱,其特点是沿着遗传传递方向将谱系上有关个体用箭头连接线连接起来,组成简明的关系图。编制时用"□"代表公猪,"○"代表母猪,在符号的中间或旁边注明个体的名号。同一种猪在系谱中出现几次,在这里均只占有一个位置,尽量使各条连线不交叉,将出现次数最多的种猪放在中间位置。注意后代个体永远在其父母的两条箭头线的汇合点上。根据要求又分为一般路径系谱和简明路径系谱。后者是根据结构系谱仅画出连接路径上有关的祖先个体,而前者则画出所有个体。仍以1108号个体为例,其一般路径系谱和简明路径系谱见图2-3。

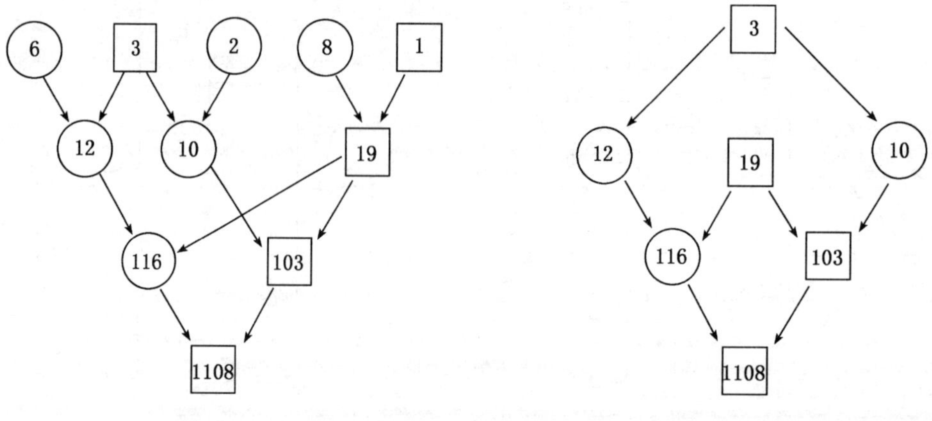

(a)1108号个体的一般路径系谱 (b)1108号个体的简明路径系谱

图2-3 1108号个体的一般路径系谱图和简明路径系谱图

(三)群体系谱的建立

在种用群体中,通常要求编制一个群体系谱。群体系谱是将群体内个体间的血缘关系按照规定的方式整齐地排列和联系成的图谱。通过群体系谱可以快速查明群体内不同个体的来源、亲缘关系和亲缘程度,以及各家系的延续和发展情况等;同时能观察出每一个体在群体内的作用,有利于发现其中优秀的个体,可为今后留种繁殖和制定育种计划等指明方向。

以下用实例说明编制群体系谱的方法。

1. 资料收集　根据种猪群体所有的种猪卡,按其出生先后顺序排列。在种猪卡中查清种猪各自的父母及各代祖先,按个体、品种(品系)、性别及其父母的名号等编制成数据资料(表 2-1)。

表 2-1　绘制系谱的数据资料

个体名号	品种	性别	父名号	母名号
1	A	♂	—	—
3	A	♂	—	—
5	A	♂	—	—
7	A	♂	—	—
9	A	♂	—	—
11	A(AB)	♂	9	10
13	N	♂	11	20
2	B	♀	—	—
4	B	♀	—	—
6	B	♀	—	—
8	AB	♀	1	6
10	AB	♀	3	2
12	AB	♀	3	4
14	AB	♀	3	4
16	A(AB)	♀	5	8
18	A(AB)	♀	7	16
20	A(AB)	♀	9	10
22	A(AB)	♀	9	10
24	A(AB)	♀	9	10
26	A(AB)	♀	9	10
28	A(AB)	♀	9	12
30	A(AB)	♀	9	14
32	N	♀	11	20
34	N	♀	11	20
36	N	♀	11	22
38	N	♀	11	18
40	N	♀	11	18
42	N	♀	11	18

2. 整理绘制

(1)种公猪名号的排列。根据母系祖先清单，首先在公猪各列中查出公猪号，按其使用先后，在绘图纸的左边由下向上依次排列，然后从每头公猪向右划一横线。最早使用的公猪排在上方，最后使用或计划使用的公猪排在下方。

(2)留种母猪名号排列。分两种情况，一种是群体最初使用的母猪应分别写在最早使用的种公猪横线的上方；另一种是在种群繁殖过程中所产生的留种母猪，应分别写在从其母亲引向其父亲横线的交叉处，并用"□"代表公猪，"○"代表母猪。该后代又生子女时，用同样方法在与其交配的公猪的横线相交处写上它们子女的号码，依此类推。

(3)再留种公猪的名号排列。种群繁殖过程中所产生的再留种公猪与再留种母猪的标记方法相同，不过要将其用虚线再引向左端，如图 2-4 所示。

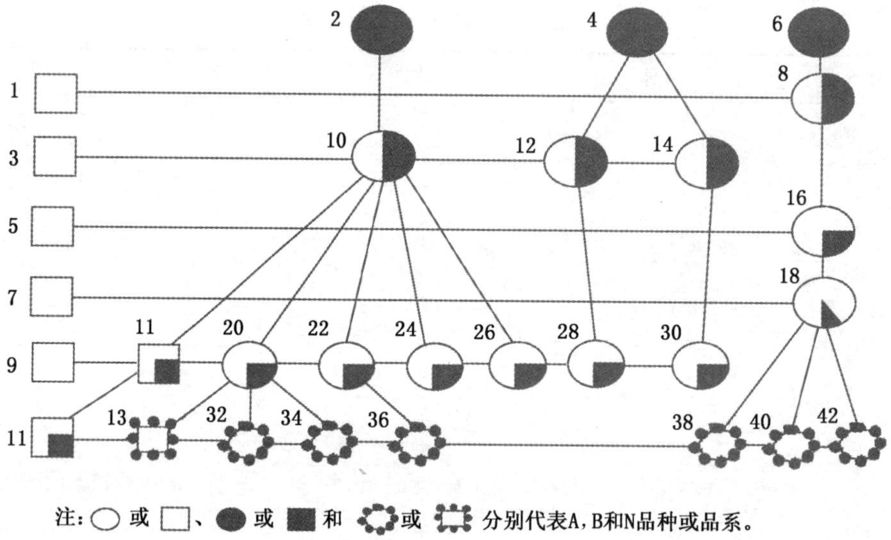

图 2-4 所给群体的群体系谱图

(4)注意事项。先绘制草图，再根据草图上各个体的关系(如其中有同胞关系或其他关系)对草图的连线进行调整。要使一个零乱的草图变成精确、清晰、美观的群体系谱是一项细致的工作，必须经过多次反复查对，树立全局观念，妥善安排每一个体，每一个体在图中只能出现一次。后代多的或发生近交的公猪可以一头占两条横线。凡来源不明的后代，要划在无号的横线上或空隙处。

3. 分析讨论 从图 2-4 可以看出所给群体的形成过程及有关个体在群体中所起的作用。从种公猪来看，9 号对形成最终群体起重要作用，7 号次之；从种母猪看，10 号对形成最终群体起主要作用，18 号次之。从推动种群的发展来看，11 号个体又起着更主要的作用。最终群体是由 5 号公猪和 2 号母猪通过 3 或 4 代的非近交和近交繁殖而形成的。

五、实验注意事项

(1)资料的搜集十分重要，特别强调原始记录的完整性、准确性，以减少误差。

(2)资料的整理应认真细致,制作系谱时要尽量完整、清晰,以便于应用。

六、数据处理和实验结果分析

系谱是一头种猪的历史材料。对编制好的系谱要进行审查与鉴定,为进一步的选种、选配和育种计划的制定做准备。

通过查阅和分析各代祖先的生产性能、发育表现以及其他材料,可以估计该种猪的近似种用价值。通过系谱审查可以了解到种猪祖先的近交情况,分析优秀种猪祖先的选配情况,可以作为今后选配工作的借鉴。

审查步骤:首先注意的是父母代,然后才看祖父母代。因为在没有近交的情况下,每经过一代,个体与祖先的关系减少一半。其次,大多数审查是在种猪尚处于幼年,本身无生产记录和后裔鉴定材料。同时要比较全面地审查祖先有无遗传缺陷、有无质量特差者、有无近交和杂交等情况,重点是祖先的外形和生产性能。另外,审查要对多头进行对比鉴别,选出优良者作为种用。当然所有审查是建立在完善的记录基础上,所以平时的资料收集十分重要。再次,祖先中公猪的后裔测定成绩比各代母猪的表现材料更为重要,因为公猪对生产的影响比母猪要大得多,尤其是在人工授精得到普遍应用的现代化养猪生产场中。

七、讨论和作业

(1)根据表 2-2 所给资料,绘制 108 号个体的横式系谱和群体系谱图。

表 2-2　绘制系谱的数据资料

个体	品种	性别	父名号	母名号	个体	品种	性别	父名号	母名号
1	A	♂	—	—	16	A(AB)	♀	5	8
3	A	♂	—	—	18	A(AB)	♀	7	6
5	A	♂	—	—	20	A(AB)	♀	9	10
7	A	♂	—	—	22	A(AB)	♀	9	10
9	A	♂	—	—	24	A(AB)	♀	9	10
11	A(AB)	♂	9	10	26	A(AB)	♀	9	12
119	N	♂	11	20	28	A(AB)	♀	9	12
2	B	♀	—	—	30	A(AB)	♀	9	14
4	B	♀	—	—	118	N	♀	11	20
6	B	♀	—	—	120	N	♀	11	20
8	AB	♀	—	—	112	N	♀	11	22
10	AB	♀	—	—	104	N	♀	11	18
12	AB	♀	3	4	106	N	♀	11	18
14	AB	♀	3	4	108	N	♀	11	18

(2)种猪系谱对猪的育种工作的重要意义。

附:GBS种猪育种数据管理与分析系统使用简介

一、简介

现代家畜育种通常采用现代动物遗传育种的理论和方法来指导实际育种工作,并广泛应用计算机进行信息管理与分析。也就是说,将现代动物遗传育种的理论、方法和技术软件化,再通过计算机(结合计算机的信息管理功能)将其体现出来。

现以中国农业大学动物科技学院开发的GBS种猪育种数据管理与分析系统为例做一介绍。该系统集种猪个体基本资料和生产性能测定数据的采集、管理与遗传统计分析为一体,应用现代遗传育种理论和方法,将猪育种过程规范化、程序化、定量化。此系统可完成种猪个体遗传评定、种猪选配方案制定、群体遗传进展分析、群体遗传参数估计等基本育种工作,还可根据需要打印多种用于育种分析的报表和种猪卡。在编制系统时充分考虑到软件的适用性,采用WINDOWS窗口标准界面设计和"傻瓜化"操作程序,使用户更加容易使用。另外,系统在数据结构上与许多计算功能实现了公开化和可维护性,可满足高级用户的特殊需要。

二、数据管理和使用说明

用户登录系统后可选择"数据管理"、"育种分析"、"系统管理"和"退出"等功能。

数据管理:主要是对个体基本信息和性能测定记录进行登记、查询、修改、删除、打印报表等。

育种分析:利用系统中存储的数据进行个体育种值估计,计算选择指数,分析遗传进展,估计群体遗传参数等。

系统管理:进行系统基本参数定义,系统维护等。

退出:单击窗口上方的"退出",就可退出本系统。

1. 个体基本档案新登　新出生个体基本信息登录包括耳号、性别、出生日期、出生重、乳头数(左、右)、出生场、父亲个体号、母亲个体号等,每一个体号应是全场惟一的;种猪历史档案登录与新出生个体基本信息登录类似。另外,可将当前数据保存到软盘上,或将存在软盘上的数据调入,或将不同的数据合并在一起,并可打印输出当前录入的数据。

2. 个体基本档案的查询、修改　可在指定的位置直接输入耳号或个体号,调出个体的基本档案资料,进行查询或修改。

3. 个体生产性能测定数据录入、查询、修改　个体的生产性能测定数据主要分为四大类:繁殖性能(配种、妊娠、产仔、断奶等)、生长性能(生长速度、饲料利用率、活体膘厚及眼肌厚等)、外貌及体尺测定、屠宰测定(包括胴体和肉质测定)。通过给定的窗口可以对个体或成批数据进行录入、查询或修改。

4. 统计查询

(1)基本信息查询:可查得系统中存有的基本信息。

(2)计算所选变量的描述性统计量:可进行平均数,标准差,最小值,最大值,90%,95%和99%百分位数等计算,如选择变量"出生重"(只需用鼠标在该列中的任意一行点击一下),再单击此按钮,系统就会显示结果。

(3)对所选变量按一定条件查询:如选择变量"胎次",单击此按钮,系统将显示结果,并对所选变量按升序或降序排列。

(4)测定性状查询:给定出生日期范围、出生场、品种和要查询的性状类型,按“执行查询”按钮,系统将显示与“个体基本信息查询表”结构完全相同的表单。

5.种猪卡制定　先找出要制卡的个体(可利用个体号自动提取功能),单击“种猪卡制定”,系统将给出种猪档案证明。种猪档案证明分为种猪基本档案和销售用种猪卡,其区别在于在种猪基本档案中有个体的繁殖成绩,而在销售用种猪卡中有种猪的免疫记录。

6.个体和群体近交系数计算　单击“个体近交系数计算”按钮,系统将计算所有纯种个体的近交系数;单击“群体近交情况分析”,选定场后;单击“执行分析”,系统将打印(或打印预览)该群体中各品种的平均近交水平。

7.选配计划制定　单击“选配计划制定”,系统将给出选配咨询表,分别在公猪和母猪个体号栏目中输入要参加配种的公猪和母猪个体号,也可用个体号自动提取功能。在给定了公猪号和母猪号后,按“计算血缘关系”,系统将计算选定公猪和母猪之间的血缘关系。在“最大允许血缘相关系数”下的方框中给入所允许的与配公猪和母猪之间的最大血缘相关系数,然后点击“输出建议表一”或“输出建议表二”,在输出建议表一中,系统将给出从血缘关系角度考虑每一母猪的所有适配公猪,在输出建议表二中,则同时给出每一公猪和母猪在主要生产性状上的育种值和选择指数,用户可根据育种值确定最终的选配方案。

育种分析主要是指利用生产性能测定数据进行个体遗传评估(育种值估计)和计算选择指数,分析群体遗传进展或遗传差异,估计群体遗传参数(遗传力、重复力、遗传相关等)。

实验三　规模化猪场建设常规知识

一、实验目的和要求

(1)了解规模化猪场建设的常规知识。

(2)结合实际生产,加深对规模化猪场建设理论知识的理解,初步学会规模化猪场建设的设计。

二、实验的基本原理

养猪生产的规模化、集约化是当前我国生猪生产的主要发展趋势。而猪场建设是规模化养猪生产的基础,它的设计合理与否,直接关系到能否有效地组织生产、提高经济效益。标准化的猪场建设,应能合理利用自然和社会经济条件,有效控制猪舍环境,保证良好的卫生条件,高效地进行猪的生产,提高经济效益及促进生态平衡。

规模化猪场的建设包括立项规划、猪场选址、规模确定、布局和生产工艺流程与栏位设计、设计图纸的绘制、建筑材料选择及猪场建设等环节。

(一)立项规划

规模化猪场建设应根据所在地区畜牧业发展水平与已有分布情况,从种植业与养殖业之间的养分平衡角度进行适度规模的规划,同时应根据当地生猪市场流通特点进行猪场类型与适度规模的规划,还要根据猪群的生产性能及自身的资金、设备等条件确定适当的规模。

(二)场址选择

1. *地形地势* 猪场地形一般要求开阔整齐,地形狭长或边角多都不便于场地规划和建筑物布局;地势应较高、干燥、背风向阳、平坦或有一定坡度(坡度不大于25°为宜)。

2. *水源水质* 一是要求水量充足,便于取用和进行卫生防护,并易于净化和消毒。二是要求水质良好。饮水质量以固体的含量为测定标准,每升水中固体含量在150 mg左右是理想的,低于5 000 mg对幼畜无害,超过7 000 mg可导致腹泻,高过10 000 mg即不适用。

3. *面积及土壤特性* 一方面要有足够的面积并留有发展的空间。猪场生产区如果按育肥猪每头占地3～4 m^2 计算,一般年出栏10 000头商品猪的猪场以占地3 000 m^2 为宜。生活区、生产管理区、隔离区另行计算。另一方面猪舍场地要求土质坚实,渗水性强,热容量大,且未被病原体污染。选择场址时应着重考虑化学和生物学特性,避免在旧猪场场址或其他畜牧场上重建或改建。

4. *社会条件* 猪场首先应选择交通便利的地方,但因猪场的防疫需要和对周围环境的污染,又不可太靠近主要交通干线,最好离主要干道500 m以上,同时,大型猪场距村镇居民点不少于1 000 m,如果周围有围墙、河流、林带等屏障,距离则可适当缩短些。生态型猪场的建设是我国畜牧业可持续发展的必然选择,即将猪场建在周围有足够的农田、鱼塘或果园的地方,实现猪农相结合的道路。

(三)猪场布局

1. *场地的分区* 猪场一般分4个区,即生产区、生产管理区、生活区、隔离区。4个区的排列应根据全年主风方向及地势走向(由高到低)依次为生活区—生产管理区—生产区—隔离区。

(1)生产区:生产区是猪场的主体,包括各类猪舍和生产设施。主要包括种猪舍、分娩舍、仔猪保育舍、生长育肥舍和装猪台等。生产区各猪舍的位置需考虑配种、转群等联系方便,同时又要考虑疾病的控制等因素。按传统规模化养猪生产的理念,分娩舍应放在较好的位置,既要靠近妊娠舍又要离仔猪保育舍相对较近。生长育肥舍应设在下风向。商品猪置于离场门或围墙近处,围墙内设装猪台,运输车辆停在围墙外装车。另外,还要考虑猪舍的朝向和猪舍间距。猪舍的朝向关系到猪舍的通风、采光和排污,一般以冬或夏季主风与猪舍长轴有一定夹角为宜,应避免主风方向与猪舍长轴平行或垂直。以单栋猪舍来看,坐北朝南的自然通风条件较好,多栋平行时,前后排猪舍间距至少等于其高度,以利于采光、通风、防疫和防火。按照现代三点式养猪理念,可在条件许可的前提下,将猪群分成种猪生产区、仔猪培育区和肉猪生产区三个大区,各区间隔在500 m以内,越大越好。

(2)生产管理区:主要包括行政、技术办公室,接待室,饲料加工车间,饲料储存库,水电供应设备,车库,消毒池,消毒间,洗澡间,更衣室等,该区域与生产区紧密相邻。

(3)生活区：主要包括办公室、接待室、财务室、职工宿舍、食堂、文化娱乐室等。该区一般单独设立，并设于生产区的上风向或与风向平行和地势较高的一侧，距离生产区 300 m，同时其位置应便于与外界联系。

(4)隔离区：包括兽医室、隔离猪舍、尸体解剖和处理设施、粪污处理及贮存设施。该区是卫生防疫和环境保护的重点，应设在整个猪场的下风或偏风方向、地势低处，以避免疫病传播和环境污染。

2. 道路的规划　场内道路应净、污分道，互不交叉，出入口分开。净道供人走和运输，污道则专运粪污、病猪、死猪和废弃设备。生产区不宜设直通场外的道路，而生产管理区和隔离区应分别设置通向场外的道路，以利于防疫。

3. 场内绿化　场内绿化不仅可以美化环境，而且更重要的是可以防暑防寒、吸附灰尘、防疫隔离。但同时也要考虑到绿化树的面积及体积，以免影响夏季通风和冬季采光。场区绿化可在冬季主风的上风向设防风林，在猪场周围设隔离林，在场区各猪舍之间、道路两旁种植树木，以遮阳和绿化，在场区裸露地面上种植花草，以营造一个健康的场区小气候。

(四)生产工艺流程设计

1. 生产工艺流程

(1)三阶段饲养工艺流程：空怀及妊娠期→泌乳期→生长育肥期。

(2)四阶段饲养工艺流程：空怀及妊娠期→泌乳期→仔猪保育期→生长育肥期。

(3)五阶段饲养工艺流程：空怀配种期→妊娠期→泌乳期→仔猪保育期→生长育肥期。

(4)六阶段饲养工艺流程：空怀配种期→妊娠期→泌乳期→仔猪保育期→育成期→育肥期。

(5)以场为单位全进全出的饲养工艺流程见图 3-1。

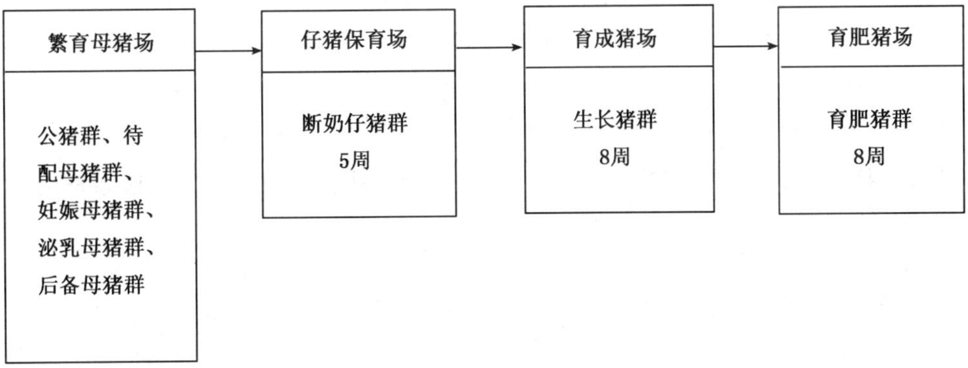

图 3-1　以场为单位的全进全出饲养工艺流程

2. 生产工艺流程设计

(1)确定饲养模式。猪只在猪舍中的安排、配种方式、饲喂方式、饮水方式、清粪方式等都需要根据饲养模式来确定。饲养模式一定要根据不同养猪生产水平，因地制宜地建立，而不能照抄照搬。

(2)确定生产节律。生产节律是指相邻两群泌乳母猪转群的时间间隔(天数)。合理的生产节律是全进全出工艺的前提，是有计划利用猪舍和合理组织劳动管理、均衡生产商品育肥猪的基础。规模越大,生产节律越短。年产 1 万头商品育肥猪的企业多实行 7 天制。

(3)确定工艺参数。工艺参数是准确计算各类猪群的存栏数、猪舍及各猪舍所需栏位数、饲料用量和产品数量的基础。下面介绍两个重要的生产工艺参数。

①繁殖周期:

繁殖周期=母猪妊娠期+仔猪哺乳期+母猪断奶至受胎时间=
母猪妊娠期+仔猪哺乳期+21×(1-情期受胎率)

②母猪年产窝数:

母猪年产窝数=(365/繁殖周期)×分娩率

(4)猪群结构的设计。

①母猪头数$=\dfrac{\text{年出栏肉猪数}}{\text{母猪年产窝数}\times\text{窝产活仔数}\times\text{出生至出栏阶段成活率}}$

②公猪头数=母猪头数×公母比例

③后备公猪(合格)=淘汰公猪数=公猪头数×年更新率

④后备母猪(合格)=淘汰母猪数=母猪头数×年更新率

⑤每个节律转群头数。假设以 n 天为一个节律,全年有 N 个节律 $N=365/n$

年产总窝数 $A=\dfrac{\text{计划年出栏头数}}{\text{窝产仔数}\times\text{从出生至出栏的成活率}}$

产仔窝数 $B=A/N$(每周分娩泌乳母猪数)

妊娠母猪数 $C=B/R1$ ($R1$ 为分娩率)

配种母猪数 $D=C/R2$($R2$ 为情期受胎率)

哺乳仔猪数 $E=10\times A\times R3$($R3$ 为出生仔猪成活率)

保育仔猪数 $F=E\times R4$($R4$ 为从哺乳仔猪到保育仔猪成活率)

生长育肥猪数 $G=F\times R5$($R5$ 为从保育仔猪到生长育肥猪成活率)

⑥各类猪群组数。若生产节律为 n 天,则不同阶段猪群组数为不同阶段猪群饲养天数除以生产节律(n)。

(5)猪栏配备。

①公猪栏和配种栏。规模化猪场猪舍的公猪栏和配种栏有实体、栏栅式和综合式 3 种。公猪多以单栏饲养,每栏面积 7~9 m^2,栏高一般为 1.2~1.4 m,栏长和宽根据不同需要设定。公猪栏与配种栏配置大致有 3 种:一是待配母猪栏与公猪栏组成一个配种单元,二是待配母猪栏与公猪栏隔通道相对配置,三是待配母猪与公猪分别单栏饲养。

②妊娠母猪栏。妊娠母猪栏有两种:一种是单体栏,另一种是小群栏。单体栏由金属材料焊接而成,一般栏长 2 m,栏宽 0.65 m,栏高 1 m。小群栏可以采用实体、栏栅式或综合式,栏高一般为 1.0~1.2 m。

③分娩栏。分娩栏是一种单体栏,中间为母猪限位架,是母猪分娩和哺育的场所,两侧是仔猪采食、饮水、取暖和活动的地方。

规模化猪场一般采用高床分娩栏。这种栏是将金属编织的漏缝地板设在离地面和粪沟一定距离处，目前一般高为 30～40 cm，但如能在 60 cm 以上，则对母仔健康更为有利。金属编织网上安装母猪限位栏、仔猪围栏、仔猪保温箱、饮水器、补料槽等。

④仔猪保育栏。目前现代化猪场多采用高床网上保育栏。主要由金属编织漏缝地板网、围栏、自动食槽、连接卡、支腿等组成。金属编织网通过支架设在粪尿沟上，围栏由连接卡固定在金属漏缝地板网上，相邻两栏在间隔处设有一个双面自动食槽，每栏安装一个自动饮水器。

⑤生长猪栏和育肥猪栏。地板多为混凝土结实地面或水泥漏缝地板条，也有采用地面前部为水泥地面，后部有 0.8～1.0 m 宽的水泥漏缝地板。隔墙可用金属栅栏或水泥结构。

⑥猪栏配备量。

各饲养群猪栏分组数＝猪群组数＋消毒空舍时间(天)/生产节律(天)

每组栏位数＝每组猪群头数/每栏饲养量＋机动栏位数

各饲养群猪栏总数＝每组栏位数×猪栏组数

(五)设计图纸的绘制

根据上面所提供信息，对规模化猪场进行布局，并绘制图纸。一个万头商品猪场平面设计图如图 3-2 所示。

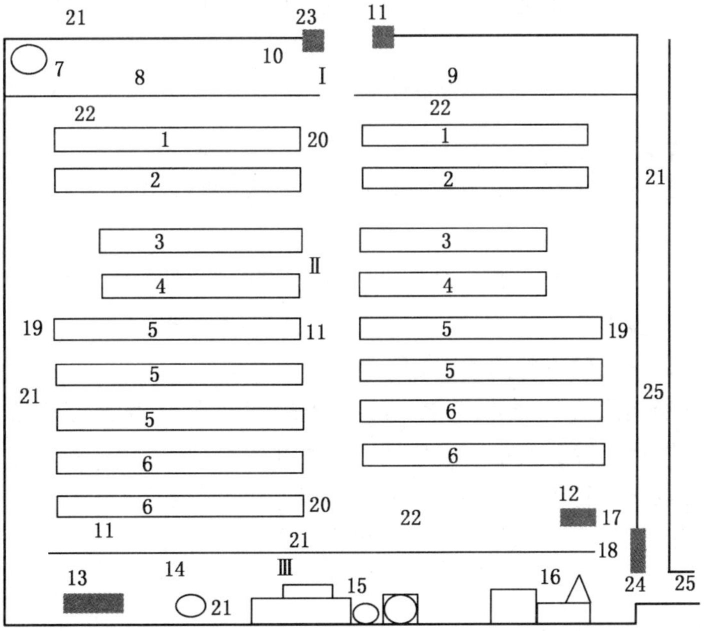

Ⅰ.场前区　Ⅱ.生产区　Ⅲ.隔离区

1.配种舍 2.妊娠舍 3.产房 4.保育舍 5.生长舍 6.育肥舍 7.水泵舍 8.生活、办公用房 9.生产附属用房 10.门卫 11.消毒室 12.厕所 13.隔离舍及解剖室 14.死猪处理设施 15.污水处理设施 16.粪污处理设施 17.选猪间 18.装猪台 19.污道 20.净道 21.围墙 22.绿化隔离带 23.场大门 24.粪污出口 25.场外污道

图 3-2　年出栏 1 万头商品猪规模化猪场平面设计图示例

(六)建筑材料的选择

建筑材料的选择主要是猪舍建筑材料的选择。

1. 地面　目前猪舍多采用水泥地面和漏缝地板,但是水泥地面传热较快,为克服这一缺点,可在地表下层垫炉灰渣增强地面的保温性能。比较理想的地面是水泥勾缝平砖式。

2. 墙壁　根据不同地区不同地理环境的要求,墙壁使用不同的材料。比较理想的墙壁为水泥勾缝砖砌墙,离地 0.8～1.0 m 水泥抹面。

3. 屋顶　比较理想的屋顶为水泥预制板平板式,并加 15～20 cm 厚的土,以利保温、防暑。

4. 粪尿沟　沟槽材料为水泥,上架漏缝地板。漏缝地板材料有钢筋混凝土板条或板块、钢筋编织、塑料板块、陶瓷板块等。

5. 猪栏　前面已详述。

(七)猪场建设

将以上理论知识作为指导,结合实际进行规模化猪场的建设。

三、实验仪器和材料

图片、多媒体、录像带、铅笔、直尺、计算器、绘图纸、卷尺、各种规格的皮尺等。

四、实验内容、方法和步骤

(一)实验内容

(1)了解实习场猪场建设情况,包括规划、地理位置、布局、生产工艺、建筑材料及总体施工情况等。

(2)试做一个年出栏 1 万头商品育肥猪的规模化猪场的规划。

(二)实验方法、步骤

(1)观看规模化猪场建设的图片、录像。

(2)观察实习场周围情况,详细记录实习场周围地理、交通、生态等信息。

(3)进行有关距离、长度、高度、深度、宽度等尺寸的测量。

(4)分析实习场布局特点、存在问题,并提出修改建议方案。

(5)理论规划一个年出栏 1 万头商品育肥猪的规模化猪场。

五、实验注意事项

(1)每个猪场在规划过程中,都会由于不同的原因而不能按照理论的要求实施,要注意仔细了解实习场规划布局中存在的问题。

(2)猪场场址的选择应尽量走农牧相结合的道路,向生态型猪场场址的选择方向发展。

(3)生产工艺流程的设计是猪场建设的主线,应根据各个地区不同的需要采用不同的设计路线。

(4)建筑材料的选择应以经济合理为原则。

六、数据处理和实验结果分析

1. 数据处理　包括场址的选择、各个建筑物布局、生产工艺流程的设计及设计图纸的绘制等环节都要进行适当的数据处理。

2. 结果分析　对自己选取的不同的设计路线进行实验结果分析。

七、讨论和作业

(1)把各自不同的规模化猪场建设的设计分成几个小组，分别进行讨论。

(2)绘制一个年出栏 1 万头商品猪的规模化猪场的平面布局图。

(3)对一个年出栏 1.5 万头商品猪的规模化猪场的猪栏进行配位。

实验四　公猪的采精与精液品质检查

一、实验目的和要求

(1)掌握公猪采精的基本操作要领。

(2)掌握精子密度的 3 种检测方法以及精子活率的检查方法。

二、实验的基本原理

(一)假台猪制作

公猪对台猪反应不太敏感，所以可以用假台猪代替母猪用做台猪进行采精。

假台猪可分固定式、折叠式两种。为方便不同体重的公猪使用，高度常制成可调式。现介绍一种台猪的制作方法，供参考。

用 3.0 cm×3.0 cm 的角铁制作 100 cm×20 cm 的长方形铁架，槽口向上，两端有固定螺丝孔各 4～6 个。制作长 30 cm、口径 4.5 cm 的钢管 2 根，在其上打一线孔若干，孔径 0.5 cm、间距 2.5 cm，并焊接在厚 0.6 cm、长 70 cm、宽 70 cm 的铁板上，使孔轴向平行。用口径 3.5 cm、长 30 cm 的钢管制作支腿 2 条，每隔 2.5 cm 打孔，焊在角铁架上，用来调节高度。选用长 99.7 cm、宽 19.75 cm、厚 10～15 cm 的半弧形木块作垫板，在面部挖成 5～7 cm 深的槽，固定在铁架上。将长 110 cm 汽车内胎，两端封口，在其一端装气嘴，用帆布包好置于垫板槽中并用皮带和铁钉固定，外包带毛猪皮封于垫板上，这样一个假台猪就制作成了(图 4-1 和图 4-2)。

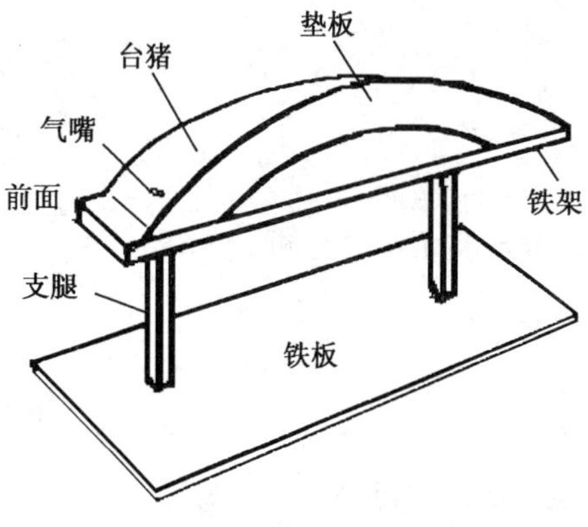

图 4-1 可调式台猪示意图

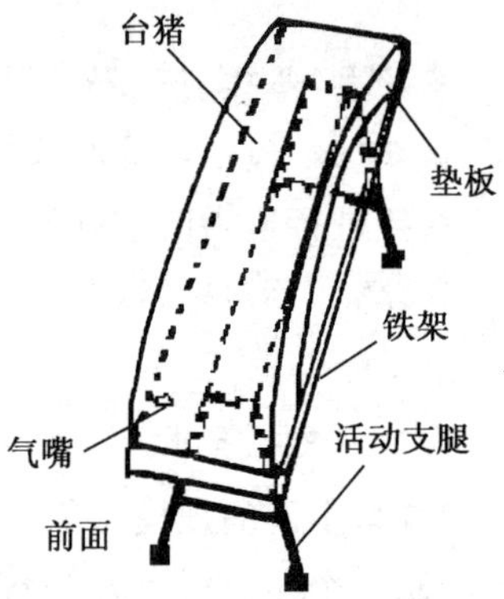

图 4-2 折叠式台猪示意图

(二)采精

目前徒手采精已经成为给公猪采精的主要手段,它比假阴道法简便得多。因为猪射精的条件不像其他家畜那样苛刻——决定于温度、压力和湿润程度 3 种因素,而主要决定于压力,温度在 15℃以上即可(采精员手心的温度即可),润滑可由公猪本身分泌的副性腺分泌物来解决。

采精前要将用到的乳胶手套、集精杯等进行常规消毒,刷拭公猪体躯,用湿毛巾清洗干净其腹部与包皮。公猪采精常用手握式,即当种公猪爬跨于假台猪上时,采精人员蹲于假台猪左侧,右手向上握住阴筒,阴茎经几次摩擦后即行挺出,手心转向下方成圆筒状,握住阴茎头螺旋部分并露出少许,趁势牵拉使阴茎充分伸出,手指呈拳握式,有节奏地握动,并用食指轻摩阴茎头端。当阴茎充分勃起变得紫红并不再回缩时,公猪随即射精(图 4-3)。

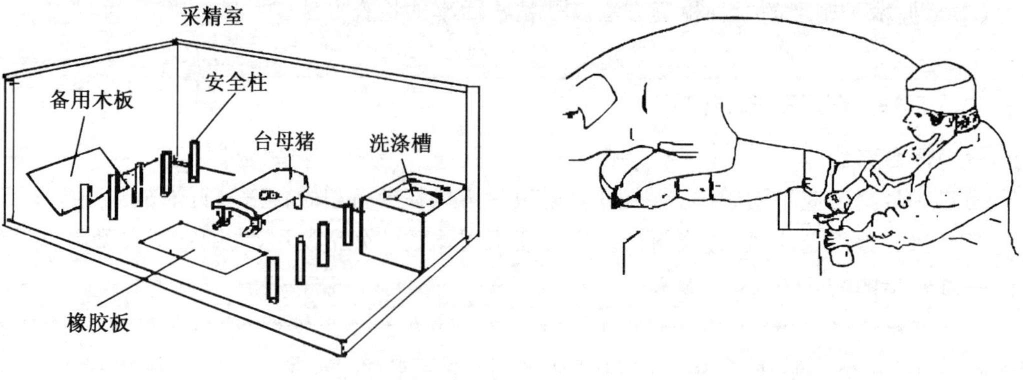

图 4-3 公猪采精室布局与采精图

公猪射精是分步进行的。公猪最先排出的稀薄精液主要为副性腺液体,不必收集。当第一次射精结束后,握阴茎的手指再行节奏性握动,促使公猪进行第二次射精。

(三)精液品质检查

公猪精液的评定指标主要包括精液的体积、感光、活力、畸形率、精子密度等 5 方面内容,评定应在专门的处置室进行(图 4-4)。

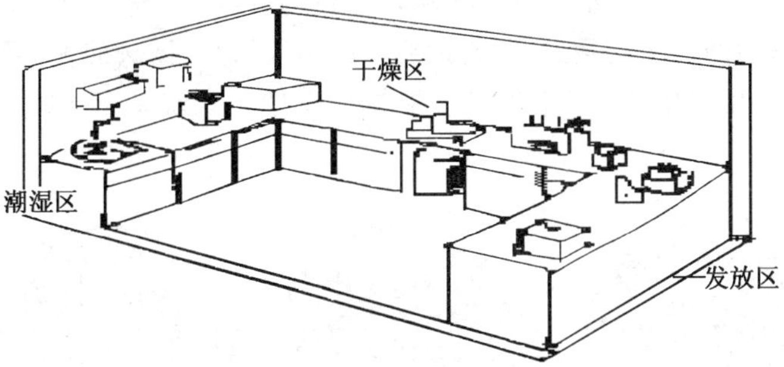

图 4-4　精液处置室

1. *体积*　通过量筒来测量，但可能因量筒不卫生或温度低等而损伤精子细胞，不利于保存。实践中可通过称重来进行间接测定，一般 1 g 精液的重量相当于 1 mL 精液的体积。

2. *感光*　正常精液的色泽为淡灰色或乳白色，稍有腥味。若带有特殊臭味，则一般混有尿液或其他异物，不宜留用。咖啡乳色表示精子密度高，水样乳色表示精子密度低，粉红色表示精液带血，黄色表示精液里有包皮分泌物、尿液或脓汁。

3. *活力*　活力又称活率，以直线前进运动的精子数占全部精子数的百分率表示。采精之后和精液稀释后都要进行活率检查。在我国，活率评定一般用"十级制"，即计算一个视野中呈直线前进运动的精子数目，100%者为 1 级，90%者为 0.9 级，依此类推。若活力低于 0.5 则不能使用，一般不低于 0.7。在检查精液活力时要用加热（35～38℃）的载物片，用无菌玻璃棒蘸取混合均匀的精液一滴，用压片法立即在 200×或 450×的显微镜视野下观察计数。

4. *畸形率*　完整的精子包括精子头、精子尾两部分。其头部宽约 8.5 μm，长约 17 μm；前端为帽样的顶体，其尾部长约 40 μm。当公猪异常精子数超过 20%时，该公猪的精液将无法使用。检查精液的畸形率可通过孟加拉玫纪染色法进行检查。染色液由孟加拉玫纪 3 g、福尔马林（40%）1 mL 和蒸馏水 99 mL 配制而成。制作染片时，在距载玻片一端约 1 cm 处滴原精液一滴，用滴管在精液旁滴染色液一滴，之后混匀，使精液在载玻片中完全分散开，干燥载玻片进行观察。

5. *精液密度*　以 1 mL 精液中含有的精子数（万）为单位进行表示。正常公猪的精液密度为每毫升 2 亿～3 亿个精子，有的也能高达每毫升 5 亿个精子。精液密度的测定方法有目测法、比色法和计数法 3 种。

目测法是按显微镜中视野里精子之间空隙的大小进行估计，分为"密"、"中"、"稀"和"无"四级。密级：精子之间空隙很小，容纳不下 1 个精子（约 3 亿/mL）；中级：空隙可容纳 1～2 个精子（约 2 亿/mL）；稀级：容纳 2 个以上的精子（约 1 亿/mL）；无级：没有精子。这种方法虽然简便，但主观性强、误差大。

比色法是养猪场常用的精子密度测定方法。精子透光性差，而精清透光性好。波长 550 nm 的可见光透过 10 倍稀释的精液时，吸光度和精子密度成正比。根据测得数据，对照标准曲线即可得到精子密度。该法具有简便、快捷的特点，重复性较好，但也存在一定的误差（约 10%）。

最精密的测定方法是红细胞计数法，即在高倍镜下直接计数精子数量，一般稀释 5×

10^4 倍后进行计数，先在 10×下找到计数区域，然后换到 45×下进行计数，计算 5 个对角线方格共 80 个小方格内的精子头数（在下右边线上的不计入）。该法准确，可用来校正精子密度，但检测时间长，在生产单位较少被采用。不同密度精子表现见图 4-5。精液鉴定标准见表 4-1。

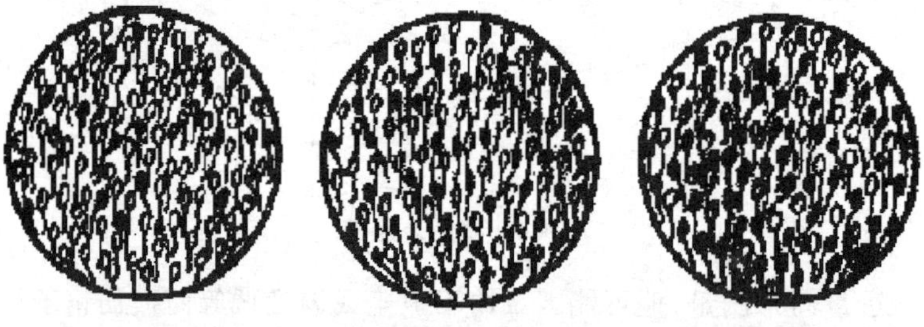

0.8级 0.6级 0.3级

图 4-5 不同精子密度示意图

表 4-1 精液鉴定标准

项目	正常	异常	备注
精液气味	腥味、无异味	臭味	有臭味精液，废弃
精液颜色	乳白色或无色	淡黄色 浅红色	黄色是混有尿液，废弃 红色是混入血液，废弃
精子形态	云雾状、蝌蚪状	畸形、双头、双尾、无尾	畸形精子超过 20%的精液应废弃
精子密度	密，精子间的空隙小于 3 个精子	精子间的空隙在 3 个精子以上	空隙小于 1 个精子以下为密级 空隙 1～2 个精子为中级 空隙 2～3 个精子为稀级 精子间的空隙在 3 个精子以上的精液应废弃
精子活力	直线运动	不动或非直线运动	直线运动的精子 100%为 1 分，每减少 10 个百分点扣 0.1 分，活力低于 0.5 分的精液应废弃

（四）精液稀释

精液稀释的目的是增加体积加大使用对象；防止因温度降低对精子的冷刺激；提供缓冲液以防止 pH 值升高；提供营养物质与抗生素延长精子寿命、增强精子活力。如果已测得精子密度，那么可按比例稀释，使每头母猪一次输精剂量中的精子数为 20 亿～30 亿个，即稀释后的精液中的精子数不应少于 1 亿/mL。一般来说，密级，活力 0.8 以上者可稀释 2 倍；中级，活力 0.8 以上者或密级，活力 0.6～0.7 者可稀释 0.5～1 倍；活力不足 0.6 的精液不宜保存和稀释，随采随用。

1. 常见精液稀释液的配制

奶-卵稀释液：鲜牛奶 100 mL，卵黄 8 mL，青霉素 20 万 U。

奶-葡-柠檬稀释液：鲜牛奶 30 mL，5%葡萄糖 30 mL，2.9%柠檬酸钠 30 mL，卵黄 10 mL，青霉素 20 万 U。

葡-柠稀释液：葡萄糖 5 g，柠檬酸钠 0.3 g，EDTA 0.1 g，加蒸馏水至 100 mL。

IVT 稀释液（国外最广泛的伊利尼变温稀释液的简称）：葡萄糖 0.3 g，柠檬酸钠 2 g，碳酸氢钠 0.21 g，氯化钾 0.04 g，蒸馏水 100 mL，青霉素 10 万 IU。

KieV 稀释液：葡萄糖 6 g，柠檬酸钠 0.37 g，碳酸氢钠 0.12 g，EDTA 0.37，蒸馏水 100 mL。

葡-奶稀释液（日本）：葡萄糖 5 g，脱脂奶粉 3 g，碳酸氢钠 0.24 g，氨苯磺胺 0.2 g，磺胺甲基嘧啶钠 0.04 g，蒸馏水 200 mL。

葡-柠稀释液（中国）：葡萄糖 5～6 g，柠檬酸钠 0.3～0.5 g，EDTA 0.1 g，卵黄 3 mL，蒸馏水 100 mL，庆大霉素 1 万 IU，先锋霉素 0.2 g，林肯霉素 0.2 g，青霉素 5 万 IU，链霉素 5 万 IU。

EDTA 葡柠液（山西）：EDTA 0.1 g，葡萄糖 5.5 g，柠檬酸钠 0.5 g，青霉素 10 万 IU，蒸馏水 100 mL。

2. 精液剂量数的计算

剂量数＝（采集的精液体积×精子密度×精子活力）/（每个输精剂量所要求的精子数×每次输精量）

稀释后的精液体积（总体积）＝剂量数×每次输精量

需加入的稀释液体积＝总体积 － 采集量

稀释比例：需加入的稀释液量/采精量

3. 精液稀释操作　稀释精液的稀释液温度要与精液温度相当，稀释液应沿着容器壁或玻璃棒缓慢流入精液中，稀释后的精液要尽可能在 48 h 内用完。

三、实验仪器和材料

（1）实验动物：经过人工采精训练的公猪。

（2）药械用品：台猪、一次性胶皮手套、400 mL 集精杯、纱布、泡沫保温箱、显微镜、显微镜保温箱（或显微镜恒温台）、载玻片、盖玻片、计数板、分光光度仪、温度计、滴管、3％氯化钾溶液、1％氯化钠溶液、1/1 000 新洁尔灭溶液、75％酒精。

（3）有关制作假台猪的铁架、木块、汽车内胎、带毛猪皮等材料。

（4）精液采集器具。

（5）配制精液稀释液和保存液的药品与器具：1/3 000 新洁尔灭溶液、生理盐水、EDTA 液、葡萄糖、75％酒精等药品；恒温水浴锅、恒温冰箱、位相差显微镜或彩色电视生物显微镜、手提式高压蒸汽灭菌器、恒温板（37～38℃）、保温瓶、广口玻璃杯、细目纱布、毛巾、橡皮手套、pH 试纸（或 pH 计）、平面载玻片和盖玻片、A•O 或 THOMA 氏红细胞计数板和稀释管、精子计算器、玻棒、拭镜纸、温度计、精液注入器及酒精棉球等。

四、实验内容、方法和步骤

（一）采精

（1）将消过毒的纱布和集精杯用 1％氯化钠溶液冲洗，拧干纱布，折为 4 层，罩在消毒后的集精杯口上，面微凹，然后用橡皮筋套住，放入37℃的恒温箱内预热。

(2)将手洗净，戴上用75%酒精溶液消毒过的一次性胶皮手套，用1%高锰酸钾溶液消毒公猪的包皮及其周围皮肤，再用清水洗净消毒液，并用毛巾擦干。

(3)逗引公猪爬上台猪，待公猪伸出阴茎时，采精员蹲在公猪的左后方，立即用右手手心向下紧握住龟头部，当公猪前冲时将阴茎的S状弯曲拉直，小心地把阴茎全部拉出包皮外。

(4)拇指顶住并按摩前端龟头，其他手指有节奏地协同动作。射精过程中不要松手，并注意采精过程中不要触碰阴茎体。手握得轻重要掌握适度。

(5)开始射出的20 mL精液不要收集，当开始射出乳白色的精液时再用集精杯收集。拇指随时拨开排出的胶状物。

(6)待公猪射完后，顺势将阴茎送回包皮中，并将公猪赶下台猪，送回公猪栏。

(二)感观检查

(1)观察集精杯中原精液的颜色并记录。

(2)嗅闻集精杯中原精液的气味并记录。

(三)密度检查及活率评分

(1)取1滴原精液滴在载玻片上，盖上盖玻片，使精液分散成均匀一层，不要留有气泡。

(2)将载玻片置于显微镜下，400倍下观察精液密度，按“密”、“中”、“稀”和“无”四级记录。

(3)取1 mL原精液，用预热后的3%氯化钾溶液9 mL稀释，将稀释后精液置于保温箱中。

(4)取稀释后精液1滴，置于计数板的槽中，盖上盖玻片。

(5)将计数板置于600倍显微镜下，计数5个中方格内的精子总数并记录(T)。

(6)取稀释后精液置于比色杯中，将分光光度仪调至波长550 nm，测定精液的吸光度(OD)。

(7)取稀释后精液1滴，置于载玻片上，盖上盖玻片，使精液分散成均匀一层，不要留有气泡。

(8)将载玻片置于150倍显微镜下，观察精子活率并记录。

五、实验注意事项

(1)需保持采精环境安静，并注意自身安全，防止被公猪踩踏和拱咬。

(2)公猪包皮部位消毒后，必须用清水洗净，并擦干。否则残留液滴入精液后，会导致精子死亡或污染精液。

(3)直接接触精液的器具，包括盖玻片、载玻片、烧杯、玻棒等都需要事先预热。

(4)精液稀释过程中，不要剧烈搅拌。

六、数据处理和实验结果分析

(1)比色法精子密度：

$$D=OD\cdot E$$

式中：D 为样品精液密度(亿个/mL)，OD 为样品精液的吸光度，E 为精液密度标准曲线精液密度对吸光度的比值(斜率)。

(2)红细胞计数法测定精液密度：

$$D=0.005\cdot T$$

式中：D 为精液密度(亿个/mL)，T 为 5 个中方格内的精子总数(个)。

七、讨论和作业

(1)根据实验体会，讨论目测法、比色法和计数法的优缺点，分析三种方法测定精液密度产生差异的原因。

(2)将本次实验所观测结果分别填入表 4-2 内，说明该原精液是否可用于输精。若可用，请说明稀释倍数。

表 4-2　种猪精液品质检查登记表

耳号	品种	采精日期	采精量(mL)	色泽	气味	密度			活率	稀释倍数
						目测法	比色法	计数法		

实验五　猪的配种技术

一、实验目的和要求

(1)把握母猪的发情规律，学会进行母猪的发情鉴定。

(2)初步掌握输精的操作要领，为全面掌握人工授精技术奠定基础。

(3)掌握母猪妊娠诊断技术。

二、实验的基本原理

(一)发情鉴定

母猪的发情表现在各种家畜中最为强烈，尤其是中国地方良种母猪更为明显。母猪发情开始一般表现为食欲差，外阴红肿，在圈内不停走动，爬墙拱地，接受或主动爬跨公猪甚至母猪。当公猪接近时，顿时变得温驯安静，愿意接受公猪爬跨、交配。此时如果用手按发情母猪背部时，母猪表现翘尾弯腰，站立不动，即所谓"静立反应"，这时表明母猪发情正旺，应及时配种。母猪是否发情，可以通过"一看、二听、三算、四按背、五综合"的方法进行鉴定。

一看，即看母猪外阴变化、行为变化和采食情况：①外阴变化。发情母猪外阴变化包括阴户肿胀与消退，阴户颜色变化，黏液量多少，黏膜颜色的变化。阴户肿胀是发情母猪表现出的最早征象，但输精要掌握在阴户肿胀消退至出现明显皱褶，阴户已基本恢复到发情以前的状况时进行。要注意初产母猪的皱褶没有经产母猪的明显。在阴户肿胀的同时颜色也随之变红，中后期渐转淡。输精适期以阴户颜色恢复接近平常时为宜。此外，杂交母猪发情初期阴道分泌黏液较少，略呈白色，持续时间较短；以后渐增多，稀薄，水样；再后变得透明，这种状况维持的时间较长，是通常最容易观察到的征象；后期变稠、变少，在阴户端部几乎不再有黏液时输精比较适宜。如果黏液颜色异常，有异味，说明生殖道有炎症，宜用青霉素冲洗治疗，最好在下一发情期再进行输精配种。黏膜颜色的变化也是渐进性的，一般以红色转变为粉红色时输精较适时，但要注意到母猪的年龄和胎次，初产或老龄母猪以黏膜呈淡粉红色时输精为宜。②行为变化。母猪发情的精神状态大多数为安静型，少数为兴奋型和隐性型。发情初期表现为不安，走动，略有爬跨行为；中后期甚至发呆，站立，隔栏静望，对声音刺激灵敏，竖耳静听。③采食情况。母猪发情后食量不减，但食欲略有变化，表现为采食时间延长，不像平时狼吞虎咽与争食。

二听，即听母猪的叫声。母猪发情初期常发出哼鸣声，声音短而低，呈间断性，要留心才能听到。

三算，即算母猪发情周期、发情持续期、断奶隔离期。通过计算"三期"，可为预知发情期及适时输精提供参考。母猪发情期一般为 3～4 天，少数为 2～3 天。如果低于 2 天或超过 4 天，就属非正常发情，需要查明原因。

四按背，即按母猪背部刺激部位(图 5-1)确定输精时间。按背测试是确定母猪输精时间的有效方法。如果按背时母猪呈呆立静止状态，表明发情母猪接受爬跨，此时就要进行输精配种。只有当母猪接受爬跨时才能输精配种，否则难以实施输精操作。在母猪发情期内，最好每隔 2～3 h 按背测试一次，这样有利于把握最佳输精时间。

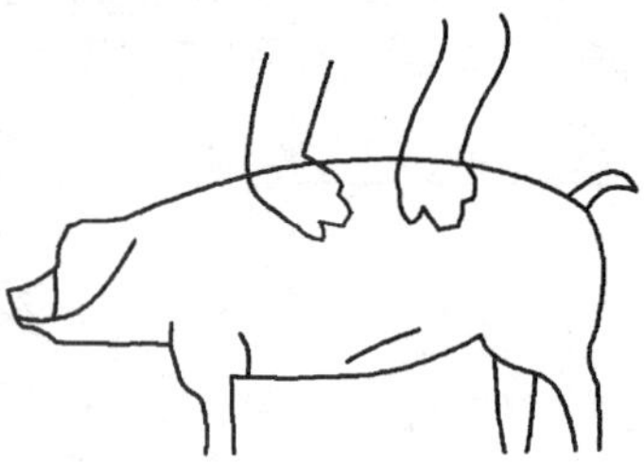

图 5-1 母猪背部刺激部位

五综合，即根据"一看、二听、三算、四按背"的情况进行综合分析，找出母猪的发情规律，确定最佳配种时间。

由于大型晚熟的品种猪常常不易观察到明显的发情征候，因此，在养猪生产实践中，主要以公猪的试情为主，以提高母猪的发情诊断成功率。

(二)输精

输精是指用输精管将稀释精液注入发情盛期母猪的生殖道。在自然交配时，公猪阴茎可以直接伸到子宫内射精，输精时也应模拟自然交配方式，使输精管通过子宫颈进入子宫体(图 5-2)。猪的阴道和子宫颈结合处无明显界限，所以给猪输精时不需使用开膣器。由于处于发情盛期的母猪会出现背荐反射，所以给母猪输精时基本不用保定措施。

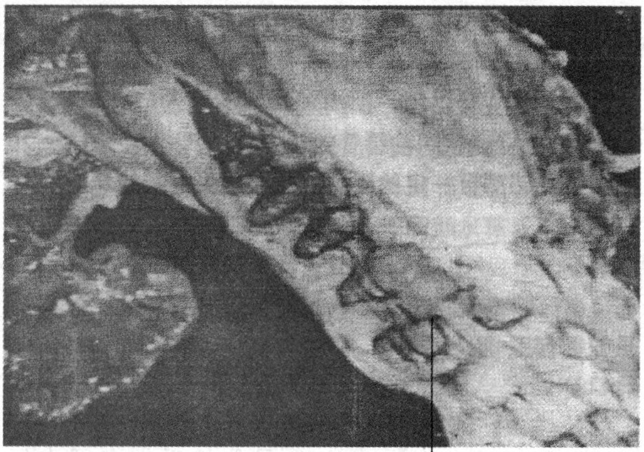

图 5-2 输精时输精管头部的正确位置

输精管分为两大类，一类是可以反复使用的输精管，一般用橡胶制成，适用于低剂量输精。优点是在消毒之后可以反复使用；缺点是容易出现精液逆流，且消毒不严格的情况下容易使母猪感染疾病。另一类是一次性输精管，目前使用较为普遍的是海绵头输精管。虽然成本比反复使用的输精管稍高，但适于大剂量输精，且不易出现逆流。

(三)妊娠诊断

妊娠诊断是母猪繁殖管理上的一项重要内容。配种后，应尽早检出空怀母猪，及时补配，防止空怀。这对于保胎，缩短胎次间隔，提高繁殖力和经济效益具有重要意义。母猪早期妊娠诊断技术方面的研究很多，主要有外部观察法、公猪试情法、超声诊断法、激素反应观察法、尿液检查法、血小板计数法、孕酮测定法、EPF 检测法、红细胞凝集法、掐压腰背部法和子宫颈黏液涂片检查等。但是，每种方法都有各自的优缺点。

1. *超声诊断法* 超声诊断法是利用超声波的物理特性，将其和动物组织结构的声学特点密切结合的一种物理学诊断法。其原理是利用孕体对超声波的反射来探知胚胎的存在、胎动、胎儿心音和胎儿脉搏等情况来进行妊娠诊断。超声波诊断法在母猪妊娠诊断中使用时间较长，但在国内还不普遍。测定时，先清洁探测部位(最后一对乳房后上方或腹白线)，之后涂抹石蜡油使探头紧贴腹壁，对妊娠初期的母猪应将探头朝向耻骨前缘方向或呈 45°角斜向对侧上方，胎儿的心音为“咚咚”声或“扑咚”声，其频率在 200 次/min 左右，胎动音似犬吠声，无规律性。

目前用于妊娠诊断的超声诊断仪主要有 A 型、B 型和 D 型。B 型超声诊断仪可通过探查胎体、胎水、胎心搏动及胎盘等来判断妊娠阶段、胎儿数、胎儿性别及胎儿状态等，具有时间早、速度快、准确率高等优点，但价格昂贵、体积大，只适用于大型猪场定期检查。多普勒超声诊断仪(D 型)可通过测定胎儿和母体血流量、胎动等做较早期诊断。张寿利用北京产 SCD-Ⅱ型兽用超声多普勒仪对配种后 15～60 天母猪检测，认为配种后 51～60 天准确率可达 100%。A 型超声诊断仪体积较小，如手电筒大，操作简便，几秒钟便可得出结果，适合基层猪场使用。

2.激素反应观察法

(1)孕马血清促性腺激素(PMSG)法。母猪妊娠后有许多功能性黄体,这些功能性黄体抑制卵巢上卵泡发育。功能性黄体分泌孕酮,可抵消外源性PMSG和雌激素的生理反应,母猪不表现发情即可判为妊娠。方法是于配种后14～26天的不同时期,在被检母猪颈部注射700 IU的PMSG制剂,以判定妊娠母猪并检出妊娠母猪。判断标准:被检母猪用PMSG处理,5天内不发情或发情微弱及不接受交配者判定为妊娠;5天内出现正常发情,并接受公猪交配者判定为未妊娠。

(2)己烯雌酚法。对配种16～18天母猪,肌肉注射己烯雌酚1 mL或0.5%丙酸己烯雌酚和丙酸睾丸酮各0.2 mL的混合液,如注射后2～3天无发情表现,说明已经妊娠。

(3)人绝经期促性腺激素(HMG)法。HMG是绝经后妇女尿中提取的一种激素,主要作用与PMSG相同。

3.尿液检查法

(1)尿中雌酮诊断法。把2 cm×2 cm×3 cm的软泡沫塑料拴上棉线作阴道塞。检测时从阴道内取出,用一块硫酸纸将泡沫塑料中吸纳的尿液挤出,滴入塑料样品管内,于−20℃贮存待测。尿中雌酮及其结合物经放射免疫测定(RIA),小于20 ng/mL为非妊娠,大于40 ng/mL为妊娠,20～40 ng/mL为不确定。

(2)尿液碘化检查法。在母猪配种10天以后,取其清晨第一次排出的尿放于烧杯中,加入5%碘酊1 mL,摇匀、加热、煮开,若尿液变为红色,即为已怀孕;如为浅黄色或褐绿色说明未孕。

4.血小板计数法　血小板显著减少是早孕的一种生理反应,根据血小板是否显著减少就可对配种后数小时至数天内的母畜做出超早期妊娠诊断。该方法具有时间早、操作简单、准确率高等优点。尤其是为胚胎附植前的妊娠诊断开辟了新的途径,易于在生产实践中推广和应用。具体操作办法为:在母猪配种当天和配种后第1～11天从耳缘静脉采血20 μL置于盛有0.4 mL血小板稀释液的试管内,轻轻摇匀,待红细胞完全破坏后再用吸管吸取一滴充入血细胞计数室内,静置15 min后,在高倍镜下进行血小板计数。配种后第7天是进行超早期妊娠诊断的最佳血检时间,此时血小板数降到最低点$(250\pm91.13)\times10^3/mm^3$。试验母猪经过2个月后进行实际妊娠诊断,判定与血小板计数法诊断的妊娠符合率为92.59%,未妊娠符合率83.33%,总符合率93.33%。马群山等试验符合率为89.53%,李玉龙等所得总符合率为93.85%。

5.其他方法

(1)公猪试情法。配种后18～24天,用性欲旺盛的成年公猪试情,若母猪拒绝公猪接近,并在公猪2次试情后3～4天始终不发情,可初步确定为妊娠。

(2)阴道检查法。配种10天后,如阴道颜色苍白、干燥、无光泽(早期),并附有浓稠黏液,触之涩而不润,说明已经妊娠。也可观看外阴户,母猪配种后如阴户下联合处逐渐收缩紧闭,且明显地向上翘,说明已经妊娠。

(3)外部观察法。主要观察母猪的外部表现和行为特点,已妊娠的母猪,表现阴户紧缩为一条线，皮毛油光发亮，妊娠后期，表现为腹部增大下垂，乳房皮肤发红，乳头增大，在最后两乳头上方可触摸到胎儿。在行为上主要表现为疲倦、贪睡、食欲旺盛、行动缓慢、性格温驯。

除上述方法外，还有血或乳中孕酮测定法、EPF 检测法、红细胞凝集法、掐压腰背部法和子宫颈黏液涂片检查等。母猪早期妊娠诊断方法有很多，它们各有利弊，临床应用时应根据实际情况选用。

三、实验仪器和材料

1. 实验动物　处于发情盛期的母猪、成年公猪、配种后 21 天左右的母猪。

2. 药械用品　一次性胶皮手套，经稀释的猪鲜精液 50 mL，泡沫保温箱，1/1 000 新洁尔灭溶液，一次性海绵头输精管，50 mL 玻璃注射器，输精栏，润滑液，剪刀，注射针头等。

3. 器械　妊娠诊断仪（A 超或 B 超）。

四、实验内容、方法和步骤

（1）进行发情鉴定（时间推算与行为观察相结合）。

（2）将发情鉴定后的母猪赶入输精栏。一人按压住母猪的背荐部或骑在母猪背荐部，使母猪出现背荐反射而站立不动。另一人用 1/1 000 新洁尔灭溶液给母猪外阴部和尾根进行消毒，然后用清水清洗消毒液，再用干毛巾擦干。

（3）取出一次性海绵头输精管，注意不要碰触其前部 2/3，并在前端涂抹润滑液。

（4）将润滑后的输精管缓慢旋转插入到母猪阴道中。先略向上推进 10～15 cm，然后平直插入。一边捻转，一边抽送，一边慢慢插入。当插入的深度为 30～40 cm 时（视母猪大小而异），会感到有阻力，证明此时输精管头部已到达子宫颈口，将输精管左右旋转，稍稍用力将海绵头插入子宫颈第 2～3 个皱褶处。此时会感到输精管被子宫颈锁定，向回拉时感到有阻力。

（5）从保温箱中取出稀释后的精液，小心混匀精液，剪去塑料输精瓶瓶嘴，将输精瓶接上输精管，开始输精。

（6）轻压输精瓶，确认精液能够流出，用针头在输精瓶底扎一个小孔。然后按摩母猪乳房、外阴或按压背荐部，使子宫产生负压将精液吸入。

（7）控制输精瓶的高度，调节输精时间。一般在 5～10 min 内输完，不得少于 5 min，否则倒流的可能性会增大。

（8）输精后不要急于将输精管拔出。取下输精瓶后，将输精管弯曲打折，防止空气进入和精液倒流。

（9）登记配种记录，并对输精情况进行评分。

（10）用 A 超或 B 超仪对配种 21 天左右的母猪进行妊娠诊断。

五、实验注意事项

（1）进行母猪的发情鉴定时要耐心、仔细，以提高诊断的准确率，防止疏漏。

(2)插入输精管时注意不要插入到膀胱内。

(3)精液的流入完全靠子宫负压吸入,不允许将精液强行挤入生殖道。

(4)若在输精管插入过程中母猪排粪尿而使输精管受到污染,则必须更换一只新的输精管。

(5)若母猪发情征兆不明显且无法保持稳定站立姿态,最好找一头成年公猪置于输精栏旁,以利输精顺利进行。

(6)进行妊娠诊断时,要注意部位、角度,以提高诊断的准确率。

六、数据处理和实验结果分析

(1)对猪场相关猪群进行连续性发情鉴定,最好对适龄猪群进行连续3~5天的发情鉴定,并填入表5-1。

表5-1 母猪发情鉴定记录表

耳号	品种/类型/组合	胎次	断奶日期/后备猪出生日	发情鉴定日	主要外观征状	结论	处理

(2)输精评分的目的在于如实记录输精情况,便于在母猪返情后查找失配原因,从而制定相应的对策,在以后工作中采取相应的改进措施。输精评分规则见表5-2。

表5-2 输精评分规则

项目	1	2	3
背荐反射	差	有一些移动	几乎没有移动
输精管锁定	没有锁住	松散锁住	持续牢固锁住
精液倒流	严重倒流	一些倒流	几乎没有倒流

(3)对配种21天左右母猪进行妊娠诊断,并将诊断结果填入表5-3。

表5-3 母猪妊娠鉴定记录表

耳号	品种/类型/组合	胎次	首配日期	复配日期	观察日期	外观征状	A超/B超情况	结论	处理

七、讨论和作业

(1)讨论输精管被子宫颈夹牢时的手感和如何使精液被子宫收缩波吸入。

(2)将本次输精评分填入表 5-4。

表 5-4　种猪精液品质检查登记表

母猪耳号	首配			二配			三配			输精员
	公猪	日期	评分	公猪	日期	评分	公猪	日期	评分	

实验六　仔猪接产与管理

一、实验目的和要求

(1)掌握母猪预产期推算方法。

(2)观察母猪的临产症状,进行临产诊断。

(3)掌握母猪接产的操作程序。

(4)了解仔猪接产、剪牙、断尾、补铁、去势、免疫等管理技术。

二、实验的基本原理

(一)预产期推算

猪的妊娠期平均为 114 天。在母猪临产前做好预产期推算,对提高母猪的管理效益,增加母猪分娩接产及时率具有重大意义。通常有按照妊娠期 114 天进行的“三三三”预产期推算法,即 3 月+3 周+3 天,如 3 月 26 日配种,预产期为 7 月 20 日;也可按妊娠期 110 天用“加四减十法”进行推算,即配种月加 4、配种日减 10,如 8 月 16 日配种,预产期为 12 月(8+4)6 日(16−10)。由于后者具有提前准备的优点,所以现在很多猪场已开始采用该法。

猪临产时腹部明显变大而下垂,母猪尾根两侧塌陷,卧姿时能看到胎儿在腹内跳动,到分娩前 3~5 天,肿胀阴唇变得松弛,中间两对乳头可挤出少量清亮液体,营养较好的母猪产前 1 天常出现漏奶(奶水自动流出)现象。当发现有衔草做窝、漏奶现象时,6~12 h 即会产仔。

(二)临产诊断

随着胎儿的发育成熟和分娩期的接近,母猪的生殖器官和骨盆会发生一系列的变化,母猪的精神状态和全身状况也会发生改变。通常把这些变化叫分娩预兆，根据这些预兆可以大致做出临产诊断。

1.乳房　母猪在分娩前3天左右，乳房迅速发育，腺体充实。在临近分娩时，可从乳头中挤出少量清亮胶状液体或初乳，有的出现漏乳现象；分娩前数天，乳头开始增大、变粗。

2.软产道　在分娩前1～2天，子宫颈开始变得松软，原来封闭子宫颈口的黏液软化，流入阴道，有时从阴门流出，呈透明拉长的线状。如果子宫颈已经开张，表示已经进入开口期，分娩将在数小时内发生。随着临产的将近，阴道和阴唇开始出现变化，主要表现为阴道壁松软变短、黏膜潮红，阴道黏液也从浓厚黏稠变得稀薄滑润，阴唇逐渐柔软肿胀、皱襞展平和颜色发红。

3.骨盆　在妊娠的末期，由于骨盆血管内血流量的增多，静脉淤血，促使毛细血管壁扩张，血液的液体渗出管壁，浸润周围组织，使得骨盆韧带柔软松弛，荐坐韧带后缘由硬变得柔软，荐髋关节也变得柔软，使荐骨活动性增加，用手握住尾根上下活动时，能够明显感觉到坚固后端可以上下移动。由于盆骨韧带松弛，臀部肌肉出现明显的塌陷现象。在临床上，可以把母猪尾根的塌陷情况作为母猪的临产征候。

4.行为　母猪临产前食欲不振或者拒食。叼草做窝，精神抑郁、不安，频频排尿，阴部流出黏液。

(三)接产规程

衡量一个猪场总体效益(利润)的一个最重要指标就是每头母猪每年所能提供的断奶仔猪数。这一指标的高低主要由母猪和仔猪两个方面构成：母猪方面必须追求最大的窝产仔数和最大的年产窝数；仔猪方面必须通过良好的管理降低断奶前的仔猪死亡率，从而大大提高每头母猪所提供的断奶仔猪数。

分娩是借子宫和腹肌收缩把胎儿及其附属膜(胎衣)排出的过程，可分为开口期、产出期、胎衣排出期三个阶段。猪分娩时都是侧卧，仔猪常常是正倒交替产出，当猪努责1～4次即可产出1仔，两仔间隔一般为5～20 min。整个产仔期长短与产出的胎儿数成正相关，通常为2～6 h。胎衣排出的时间一般在产后10～60 min，产后1 h胎衣还未排出，称为胎衣不下，需注射催产素以促进胎衣排出。母猪整个助产顺序如下。

(1)根据配种卡及分娩预兆，做好产房消毒与肥皂、毛巾、消毒药、镊子、剪子、脸盆和助产工具(图6-1)等用品的准备工作。

(2)当母猪有呼吸加快的临产征兆时，用0.1%高锰酸钾水或2%新洁尔灭消毒母猪外阴和乳头。

(3)胎儿头部露出阴户、羊膜尚未破裂时，应立即撕破羊膜使胎儿鼻端露出，以防窒息；当出现母猪努责减弱时，应辅助将正在排出的仔猪拉出。

(4)仔猪排出后应立即清除仔猪口鼻中的黏液，使其呼吸畅通。用毛巾、抹布或软稻草(更好)顺着毛的方向擦拭猪身上的羊膜，尽量使其发出叫声。在距腹部3 cm处用手指指甲钝性切断法(不提倡用剪刀剪)进行断脐并立即消毒。将仔猪放入有加热功能的接产箱保温(不提倡立即吃奶)，并在1～2 h内按照大仔猪吃后边奶头奶水、小仔猪吃前面奶头奶水的原则进行哺乳。

(5)对产后母猪的外阴部进行清洁消毒。

(6)加强对新生仔猪的保温、超前免疫与吃奶。

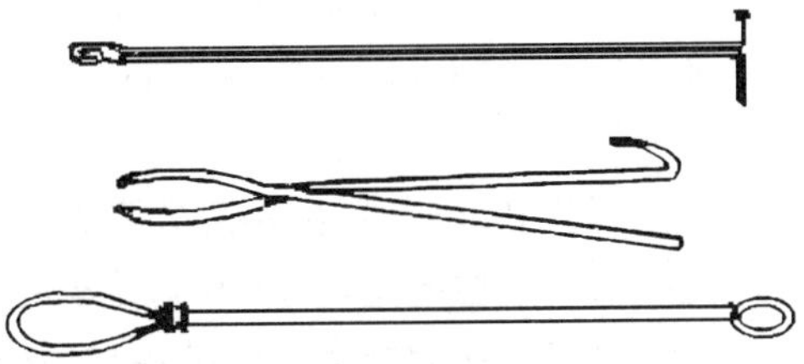

图 6-1　母猪助产工具

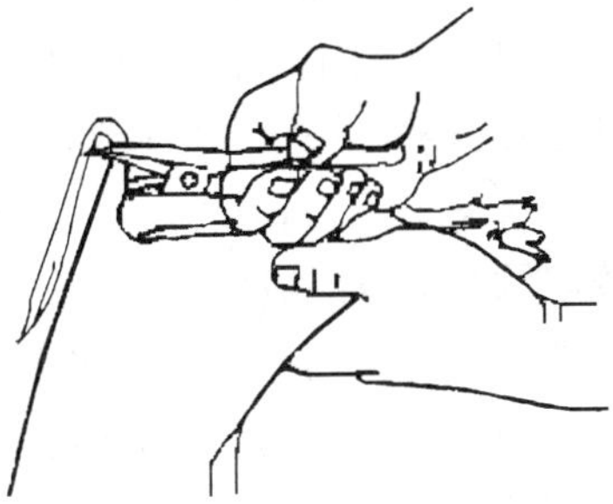

图 6-2　仔猪去尾示意图

(四)仔猪管理

仔猪管理的关键技术主要包括固定奶头、剪牙、断尾、补铁、去势、免疫等。多数调查表明,大部分仔猪的死亡是由多项原因造成的,这包括母猪分娩过程拖延、仔猪接产不及时或技术不正确以及母猪的挤压、寒冷、饥饿、虚弱或疾病等因素单独或综合而造成。分娩期间仔猪死亡的原因大部分是因窒息和冻僵而造成。因此,母猪分娩时正确接产可提高仔猪的成活率。仔猪的死亡主要集中在出生后的头几天,因此,在出生后的最初几天多加关照,就可能降低这一损失。

1. 固定奶头　新生仔猪在产后 3 天内,往往不固定奶头吮吸,3 天后则固定在一个奶头上吮吸。在产后 3 天内,要根据仔猪的大小(奶量需要)对仔猪吃奶奶头进行调整,促使所有仔猪都能正常发育。

2. 剪牙　猪的乳齿式为 2(Di3/3 Dc1/1 Dp3/3),恒齿式为 2(I3/3 C1/1 P4/4 M3/3)。刚出生的仔猪有乳切齿(Di)一对,乳犬齿(Dc)一对。及时剪掉乳犬齿有利于保护母猪乳房,对防止咬伤有重要作用,通常在出生时用剪牙钳剪去乳犬牙的 1/3(牙齿发褐部分)。

仔猪剪牙指的是剪去仔猪的尖锐犬齿,其目的是防止仔猪在争抢母猪乳头时咬伤乳头,也可以防止仔猪间相互争斗而互伤。为提高弱小仔猪的生长速度,体弱的仔猪可以不剪,这样能增强弱仔与其他健康或体重较大同窝同胞竞争的能力(表 6-1)。

表 6-1　剪牙或不剪牙对仔猪增重速度(0～21 天)的影响

组别	处理	增重速度(g/日)
试验窝	弱仔不剪牙	171
	壮仔剪牙	182
对照窝	弱仔剪牙	157
	壮仔剪牙	190

3. 断尾　仔猪断尾可以预防以后仔猪间咬尾现象,如果作为种用还便于进入繁殖期后的发情观察和配种操作。去尾的方法见图 6-2。

4.去势　肥育用仔猪宜尽早去势(阉割),如果不去势,则公猪体内含有雄烯酮(androstenone)和粪臭素(skatole),具有难闻的膻味,影响了猪肉的品质;母猪则因性成熟后发情影响其增重。实践证明,去势的猪性情安静,食欲增强,增重加快,肉的品质得到改善。但由于现代养猪生产技术的提高,母猪在没有达到性成熟前就已经达到屠宰体重,所以一般只对小公猪进行去势。小公猪的阉割,以1～2月龄或体重5～10 kg为最合适;大公猪则不受年龄限制。阉割前,对猪应进行全身检查,当传染病流行或阴囊及睾丸肿胀时,应暂缓手术。患阴囊疝的猪,阉割的同时应行手术治疗。

5.免疫　仔猪出生时没有先天性免疫力,只有吃到初乳以后,靠初乳把母体的抗体传递给仔猪,以后才逐渐过渡到自体产生抗体而获得免疫力。遗憾的是,初乳中免疫球蛋白的浓度以及仔猪出生后对免疫球蛋白直接吸收的能力下降极快,而主动免疫的进程却较为迟缓,仔猪10日龄后才开始自产免疫抗体,35日龄前数量还很少,5～6月龄才接近成年猪水平(65 mg/100 mL)。因此,从免疫抗病角度考虑,一方面仔猪出生后应尽早吃上初乳(生后2 h内),另一方面,应结合实际情况有针对性地制定并执行免疫程序。

6.补铁　铁是造血和防止营养性贫血必需的元素。初生仔猪体内铁的贮存量很少,每千克体重约为35 mg,每日生长发育需铁约7 mg,母乳中含铁量少而较恒定,仔猪每日从母乳中最多可获得铁约1 mg。因此,仔猪体内贮存的铁很快就会耗尽,如得不到及时补充,就会影响血红蛋白的形成而发生营养性贫血,出现皮肤和黏膜苍白、被毛粗乱、食欲减退、轻度腹泻、生长停滞、抗病力减弱等现象,严重者死亡。因此,初生仔猪应及时补铁,补铁对于提高仔猪的生产性能有良好的效果(表6-2)。

表6-2　补铁或不补铁对仔猪生产性能的影响

组别	头数	育成率(%)	60日龄增重		白痢病		死亡	
			平均增重(g)	增重率(%)	头数	发病率(%)	头数	死亡率(%)
补铁组	56	96.91	10.52	137	13	23.2	2	3.6
对照组	56	89.29	7.15	100	26	46.4	6	10.7

三、实验仪器和材料

实验仪器和材料主要包括:助产器械(助产钳、助产钩和助产绳等),手术器械(手术剪刀,手术刀柄、刀片,止血钳,持针钳和缝合针等),仔猪剪牙钳,仔猪断尾钳,去势刀,各种规格注射器和针头;清洁的毛巾或软稻草;补铁制剂,有关疫苗,催产素,消毒抗菌药品等;实验用仔猪。

四、实验内容、方法和步骤

(一)仔猪接产

母猪分娩以及仔猪接产过程中,要求保持环境安静,动作迅速而准确。

1.掏　仔猪出生后,接产人员应迅速用手指将仔猪口、鼻中的黏液掏出并擦净,避免初生仔猪因呼吸道堵塞而造成窒息死亡。

2. 理　帮助仔猪理顺脐带，避免脐带受到压迫而阻断血液循环。

3. 擦　用清洁的毛巾或软稻草（更好）将仔猪全身的黏液擦净，减少因仔猪体表水分蒸发大量散热而导致的体温下降。

4. 断　将脐带内的血液向仔猪腹部方向挤压，然后在距离腹部 2～4 cm 处用手将脐带掐断，断处用碘酒消毒。

5. 编号　对种用仔猪可用耳标法、耳缺法或体标法进行编号。

6. 辅助吃乳　人工辅助仔猪尽早吃上母猪初乳。

7. 假死仔猪的抢救　仔猪产下后呼吸停止，但有心跳和脉搏，称为仔猪假死。抢救方法：①人工呼吸法：将仔猪四肢朝上，一手托其肩，一手托其臀，反复屈伸直至呼吸；②倒提拍打法：一手抓住假死仔猪的两后肢倒提起，另一手拍打其臀部的方法；③刺激法：可采用在鼻部针刺或涂酒精等刺激物的方法，因低温导致的假死，可将仔猪全身浸泡入 40℃ 的温水中刺激复活。

8. 母猪难产的处理　母猪应于分娩开始后 3 h 内完成分娩，各个仔猪娩出的平均间隔时间应为 15 min 左右。如果母猪在分娩开始后 5 h 仍未完成分娩或前后仔猪娩出的间隔时间超过 1 h，则有必要采取助产措施。可采取机械性助产（用手将仔猪从产道牵引拉出）或注射催产素。分娩时如若产式正常（头位或尾位），可按每 100 kg 体重注射催产素 1 mL 进行助产；如若产式为侧位则采取机械性助产，可将手臂洗净消毒后伸入产道调正产式后，随母猪努责慢慢将仔猪拉出，术后为防止感染，母猪应注射抗生素或其他抗菌消炎药物。

（二）仔猪剪牙

1. 剪牙时间　仔猪出生后的第一天。

2. 剪牙方法　将仔猪剪牙钳消毒，剪断仔猪的两个犬齿。

3. 注意事项　犬齿的断面要剪平整，避免损伤仔猪的齿龈。

（三）仔猪断尾

1. 断尾时间　仔猪出生后的第一天（可与仔猪剪牙同时进行）。

2. 断尾方法　将仔猪断尾钳消毒，剪去仔猪尾巴的 1/3（约 2.5 cm），创伤处用碘酒消毒，防止感染。生产实践中也有用橡皮筋勒住仔猪的断尾处，阻断其血液循环，数日后尾端自行脱落。

3. 注意事项　操作中应注意防止流血不止，并注意消毒，防止继发感染。

（四）仔猪补铁

1. 补铁时间　仔猪出生后的 2～3 日龄。

2. 补铁方法　补铁的方法有口服和注射两种，其中，肌肉注射补铁针剂简便易行、效果确实，可选择国产的牲血素、丰血宝或进口的血多素、富血来等，给仔猪一次性肌肉注射补铁 150 mg 左右。

3. 注意事项　仔猪注射部位以及注射器械应严格消毒，并做到一猪一针头。

（五）仔猪去势

1. 去势时间　现代养猪生产一般选择在仔猪哺乳期间、15 日龄以内进行去势，此时仔猪体重较小，容易保定操作，应激刺激小，手术流血少，术后恢复快。

2.公仔猪去势方法　将仔猪左侧横卧，背向术者。术者以左脚踩住其颈部、右脚踩住其尾根。术者左手腕部用力按压仔猪右侧大腿根部，同时用中指、食指和拇指捏住阴囊颈部，将睾丸推向阴囊底部并固定，右手持去势刀沿阴囊缝际切开皮肤和总鞘膜 2～3 cm，挤出睾丸，用手扯断鞘膜韧带并牵引出睾丸及精索，在睾丸上方 1～2 cm 处将精索捻转挫断摘除睾丸。术部涂抹碘酒，切口不必缝合。

3.母仔猪去势方法　将仔猪右侧横卧、背向术者。术者以右脚踩住其颈部、左脚踩住其左后肢的蹠部并尽量向后，使仔猪后躯接近仰卧姿势。术者以左手中指顶住仔猪左侧髋结节，然后以拇指用力压迫同侧腹壁，术部切口位置距左侧乳头 2～3 cm。此时，右手持去势刀，用拇指与中食指控制刀刃的深度，垂直切开皮肤及腹壁各层组织并斜行深入 1.0～1.5 cm，子宫角即随同腹水一起自动冒出体外。术者用右手拇指和食指捏住子宫角和卵巢，右手其他三指的背面紧紧压住腹壁，两手拇指和食指交替捻导拉出两侧子宫角和卵巢，然后钝性挫断子宫体，将两侧子宫角和卵巢一并摘除。术部涂抹碘酒，切口不必缝合，提起仔猪的后腿稍稍摆动一下放开即可。

4.注意事项　操作人员的手以及器械和手术部位应进行严格消毒，防止感染；在传染病流行期间可暂缓手术；手术时间应尽量与免疫注射的时间分开，避免加大对仔猪的应激刺激。

(六)仔猪免疫

预防免疫接种是猪疫病防制的关键措施，各猪场应根据当地的疫情、疾病的种类和性质、猪只抗体和母源抗体的高低、猪只日龄和用途以及疫(菌)苗的性质等方面的情况，有针对性地制定相应的免疫接种程序。通常在仔猪的免疫程序中应考虑对猪瘟、猪丹毒、猪副伤寒、口蹄疫、伪狂犬病、猪链球菌病、萎缩性鼻炎、传染性胸膜肺炎等，选择合适的疫(菌)苗在适宜的日龄按规定的剂量进行免疫接种。

下面是猪瘟的免疫接种实例。

1.免疫接种的时间　仔猪首免在 20 日龄左右，二免在 50～60 日龄。在猪瘟常发地区，可对初生仔猪实施超前免疫。

2.免疫接种的剂量　选用猪瘟组织活疫苗或猪瘟细胞活疫苗，按瓶签注明的剂量加生理盐水稀释，仔猪首免肌肉或皮下注射 1～2 头份，二免注射 2～4 头份；超前免疫是仔猪出生后立即肌肉或皮下注射 1.0～1.5 头份，2 h 后给仔猪吃初乳。

3.免疫接种方法　免疫注射时，将猪适当保定后，在猪的耳根后方或股内侧剪毛消毒，肌肉注射时术者一手固定于注射部位，一手持连接针头的注射器，在注射部位呈垂直的角度快速刺入 2～4 cm；皮下注射时术者一手捏起局部皮肤，使成三角形皱褶后，另一手持连接针头的注射器，从皱褶基部以 45°角刺入皮下 2～3 cm，注入规定剂量的疫苗，随即拔出针头，局部消毒。

4.注意事项

(1)各种疫苗使用前应检查其名称、厂家、批号、有效期、物理性状、贮存条件等是否与说明书相符。明确并遵守其稀释比例、每头剂量及使用方法，禁止使用过期、无批号、油乳剂破乳、失真空及颜色异常或不明来源的疫苗。

(2)注射过程应严格消毒，注射器及针头应洗净煮沸 10～15 min。每注射一头猪更换一枚针头，防止交叉感染。吸取药液时始终用一专用针头(插在瓶塞上并裹以挤干酒精的棉球)，绝不可用已给猪注射过的针头再吸取药液。接种部位以3%碘酊消毒，再以70%～75%酒精脱碘，酒精干后注射疫苗。接种弱毒菌苗前后7天不得使用抗生素和磺胺类等抗菌药物。

(3)凡是健康猪只一定头头注射、个个免疫，避免迟防、漏防和错防。对病弱猪只暂时不要免疫，恢复健康后要进行补注。注射疫苗时，部位要准确，剂量要精确，防止疫苗浪费，尽量减少疫苗外溢现象。

五、实验注意事项

(1)在实验中要求学生认真负责、胆大心细，实验开始前，对每项操作指导教师可先行讲解、示范操作，学生再按规范要求进行独立操作。

(2)实验如果选择在猪场进行，要求学生必须遵守猪场的生产规章制度，共同维持猪场的正常生产秩序；进入猪场、养猪生产区和猪舍时，必须遵从防疫要求进行严格的消毒，确保猪场的安全生产。

(3)实验前对有关用具和实验材料要精心准备，所有用具在使用前后都必须进行彻底的清洗消毒，尤其是对不同的实验仔猪进行操作时，要注意用具和人员的消毒，避免交叉感染。

六、数据处理和实验结果分析

观察实验涉及到的各项仔猪管理技术的实际操作所产生的结果，并根据实验结果分析各项操作的必要性和存在的问题。

七、讨论和作业

(1)根据实验内容，为猪场设计出仔猪管理关键技术的程序化操作一览表。

(2)调查某猪场仔猪管理的技术状况，哺乳期和保育期仔猪的生产性能(增重速度、料重比、发病率、死亡率等)情况，提出存在的问题和改进意见。

实验七 猪的行为特征观察

一、实验目的和要求

(1)通过对猪行为学的观察与认知，正确理解猪的正常行为学特性和异常行为的表现。

(2)根据生产工艺，合理地、充分地利用这些行为学特性，提高工人的劳动生产率和养猪生产企业及农户的经济效益的整体改革方案。

二、实验的基本原理

猪的行为是指猪对各种不同的内在和外界条件的适应或调整的一种表现，即对刺激的一种反应。“猪行为学”是研究猪同周围事物连续地相互作用的动态过程，主要研究猪与环境的关系，以及群体内个体之间的关系。猪行为学是以猪的行为为研究对象的新兴学科，涉及到生态学、生物气候学、神经学、内分泌学、遗传学及营养学等学科的研究进展，研究在不同条件下的猪的行为规律。应用这些规律指导养猪生产实践并创造条件满足猪只在行为上的需求，改善饲养管理、优化环境条件、提高生产性能和改良猪肉品质。同时，也有助于猪病的防制。

三、实验仪器和材料

计时设备，实验表格，天平，饲料(颗粒料、粉料、添加甜味剂的颗粒料和粉料)，量筒(500 mL)。

四、实验内容、方法和步骤

1.采食行为　猪的采食行为包括：摄食与饮水。

(1)遗传特征：拱土觅食是最主要的特点。猪鼻子高度发达，拱土觅食，嗅觉起决定作用。即使现代的舍食，饲以良好的平衡日粮，猪仍有拱地觅食的特征。采食时力图占据有利位置，有时前肢踢入食槽，将饲料拱洒一地。猪采食有竞争性，爱抢食，群饲的猪比单饲的猪吃得多、吃得快、长得快。

(2)味道：猪喜食甜食。

(3)料型：颗粒料与粉料比，猪爱吃颗粒料；干料与湿料比，猪爱吃湿料，且花费时间少。

(4)采食：自然条件下，猪白天采食6～8次，夜间采食3～5次，每次采食持续10～20 min，限食时少于10 min，自由采食的时间长而且能看到每头猪的个性特点。乳仔猪昼夜吮奶次数因年龄而有差异，为15～25次。大猪采食量和摄食频率随体重增大而增加。

(5)饮水：一般饮水与采食同时进行，猪的饮水量很大，吃干料时，饮水量是干料的2倍。成年猪饮水，与环境温度有很大关系，吃干料后需立即饮水，每天9～10次，吃湿料则需2～3次。自由采食时摄食与饮水交替进行，限食时则在吃完料后才饮水。2月龄前的小猪一般可学会使用自动饮水器。

具体的实验方法与步骤如下：

(1)将不同生理阶段的猪分别放入不同的圈舍。

(2)能计量的饮水设备，测定每天的饮水量。

(3)在不同的圈舍放入不同的饲料，在饲料组合上，主要包括粉料、颗粒料、无甜味剂饲料和添加甜味剂饲料等。

(4)填写表7-1的内容。其中，抛洒地面的饲料量占饲料总量的比例可以观察出猪的拱土觅食特性；对于颗粒料、粉料、添加甜味剂饲料等采食量差别可以看出猪的采食具有选择性的特性；记录各猪只的饮水量可以观察出猪的饮水特性。

表 7-1 猪的采食及饮水记录表 kg

猪只类型	饲料类型					饮水	
	次数	粉料	添加甜味剂粉料	颗粒料	添加甜味剂颗粒料	饮水量	饮水次数
哺乳仔猪							
保育猪							
生长猪							
育肥猪							

2. 排泄行为

(1)遗传特征：猪不在吃住的地方排粪便，猪的祖先——野猪不在窝边排粪便，以防敌兽发现。

(2)排泄特点：在良好的管理条件下，猪是最爱清洁的动物。能保持睡床干洁，在距睡床一定距离的固定地方排泄。一般猪在采食中不排泄，在饱食后 5 min 开始，排粪 1～2 次，多为先排粪，后排尿。两次饲喂中间多排尿而少排粪，夜间排泄 2～3 次，清晨早食后排泄量最大。

具体的方法与步骤如下：

(1)测定猪圈舍的面积，确定饲槽、爬卧点及粪尿排泄点的空间位置。

(2)观察单位时间内猪只的排泄次数。

(3)估计排泄粪尿的量。

(4)填写表 7-2 的内容。

表 7-2 猪只的排泄记录表 kg

时间段	猪只类型															
	育肥猪				哺乳仔猪				保育猪				生长猪			
	粪		尿		粪		尿		粪		尿		粪		尿	
	量	次数	量	次数	量	次数	量	次数	量	次数	量	次数	量	次数	量	次数
6:00～ 9:00																
9:00～11:00																
11:00～13:00																
13:00～17:00																
17:00～19:00																
19:00～ 6:00																

3. 群居行为

(1)遗传特征：为生存需要，野猪群居，结对同行和觅食，形成猪的整体社会特征。

(2)群居特点：

等级：猪有明显的等级，在一窝仔猪出生后不久很快形成，体大、体壮的小猪将获得优先的哺乳和采食权。不同窝仔猪合并一起后，经一番争斗，也很快形成强弱等级次序。一般来说，体重大、气势强的仔猪占优位，年长比年少的占优位，公比母占优位，未去势比去势占优位。等级次序是线型的,在限食时,这种关系表现得特别突出。

正常饲养,猪散开觅食,和平相处,受到惊吓时会聚在一起。

4.争斗行为　争斗行为包括:进攻、防御、躲避、守势。

(1)遗传特征:同群或不同群猪之间为争食、争地,以及同群猪内的位次结构调整都会进行残酷的争斗。

(2)争斗特点:现代猪的争斗行为多受饲养密度的影响,当猪群密度过大,每猪单位空间减小时,采食和游戏中的争斗行为会明显增加,一是咬头,二是咬尾。会造成增重下降和巨大的饲料浪费。

两窝猪合并或一头陌生的猪进入一猪群时,一般都会遭到严厉攻击,轻者1～2周停止生长,重者可达1～2个月,有的甚至成为僵猪,严重时可造成死亡。

在炎热的夏天,两头陌生的公猪会因极力争斗而热极虚脱,能造成一方或双方死亡。

具体方法与步骤如下:

(1)确定猪群结构,包括生理阶段、性别、体重、密度等。

(2)确定争斗原因,包括并圈、合群、引入新猪只、争料等。

(3)记录争斗次数、参与头数等内容。

5.性行为　猪的性行为包括:发情、求偶和交配行为。

(1)遗传特征:猪处在食物链的下方,常受敌兽侵害,为了种族繁衍,形成了性成熟早、产仔多特点。

(2)性行为特点:母猪发情,公、母猪都会表现出特有的交配前行为。母猪发情,卧立不安,食欲时高时低,并发出有节律的、柔和的哼哼声,爬跨其他母猪和主动接近公猪,当管理人员压其背时,立刻出现特有交配呆立反射。但有些母猪有明显的配偶选择性,对个别公猪表现特别的厌恶。公猪兴奋时,主动接触和追逐母猪,嗅体侧、外阴,拱其臀部,并发出连续的、有节律的、柔和的哼哼声(有人称之为"求偶歌声")。但如果由于营养和运动不良,公猪会性欲低下。

6.母性行为　猪的母性行为表现为:絮窝、哺乳及抚育仔猪等分娩前后的一系列行为。

(1)遗传特征:为保证种族的繁衍,母猪会尽力抚育仔猪,保证其成活,当仔猪受到威胁时,母猪会表现出特殊的勇气和拼命牺牲精神。

(2)母性特点:

分娩:临近分娩,母猪通常会以衔草絮窝的形式表现,即使是坚硬的地面,也会用爪子抓。分娩前24 h,母猪表现精神不安、频频排尿、磨牙、咬尾、拱地、时起时卧。侧卧分娩,时间一般在下午4时以后比较安静的时间,夜间产仔较多,当第一头仔猪娩出后,母猪会发出尖叫声。

哺乳:母猪在整个分娩过程中都处在放奶状态,当小猪吃奶时,母猪会尽力露出乳头,以利小猪吃奶。充分暴露乳房可形成一个热源,引诱小猪在温暖的乳房下躺卧。哺乳时一般侧卧,中途不换姿势。母、仔双方都可以主动引起哺乳行为,如哼叫、拱挤等,母猪会选一个靠墙的安全地方,用嘴将小猪拱开,慢慢卧下,以免压伤小猪,如果一旦压住,母猪会立刻站起来,重做一次,保证不会压坏小猪。

认仔:母仔之间通过嗅觉、听觉和视觉相互联系,母猪确认仔猪、仔猪确认母猪和固定的奶头，都非常准确，即使在很复杂的情况下也不会弄错。

护仔：面对外来的侵犯，母会发出吼声警告，此时仔猪会伏地不动或闻声逃窜。母猪会张开两颌对来犯者发出威吓声，甚至进行攻击。

具体方法及步骤如下：

(1)确定母猪品种、分娩时间、哺乳仔猪头数。

(2)观测单位时间内仔猪的哺乳次数。

(3)估计泌乳量。

(4)观察母猪的护仔性，主要包括对仔猪的防压保护和外来侵犯的护卫等。

(5)填写表 7-3 的内容。

表 7-3 母猪泌乳行为记录表

母猪品种	母猪胎次	哺乳仔猪头数	泌乳量(kg)	哺乳次数

7.活动与睡眠行为

(1)遗传特征：白天活动、觅食，只在温暖的季节，夜间有少许觅食活动。

(2)活动特点：主要活动在白天，因猪的年龄和生产特性不同而有差异，仔猪昼夜休息时间为 60%～70%，种猪约 70%，母猪为 80%～85%，育肥猪为 70%～85%，休息高峰在半夜，清晨最少。

哺乳母猪：随哺乳天数增加睡卧时间逐渐减少，走动次数由少到多，时间由短到长。休息表现为两种方式，一是静卧，多侧卧少伏卧，呼吸轻而匀，眼虽闭但易惊醒；二是熟睡，呼吸深长，有鼾声，间有皮毛抖动，不易惊醒。

仔猪：出生 3 天内，除吸乳及排泄外，几乎全部睡觉，随日龄增长，睡眠逐渐减少，但在 40 日龄大量采食后，睡眠又稍有增加。条件合适，在饱食和足饮后，一般都会安静休息。

具体方法与步骤如下：

(1)确定以生理阶段、生产用途为主要特征的猪群结构。

(2)记录单位时间内猪只的睡眠与活动时间。

(3)填写表 7-4 的内容。

表 7-4 猪只活动与睡眠行为记录表 min

时间段		母猪	哺乳仔猪	断奶仔猪	保育仔猪	生长肥育猪
6:00～ 9:00	活动					
	睡眠					
9:00～11:00	活动					
	睡眠					
11:00～13:00	活动					
	睡眠					

续表 7-4

时间段		母猪	哺乳仔猪	断奶仔猪	保育仔猪	生长育肥猪
13:00～17:00	活动					
	睡眠					
17:00～19:00	活动					
	睡眠					
19:00～ 6:00	活动					
	睡眠					

8.探究行为　探究行为包括:探查活动和体验行为。

(1)遗传特征:为了种族繁衍,猪有很强的侦测环境和寻找、辨认食物的能力。

(2)探究特点:猪的探究行为大多是朝地面的,通过看、听、闻、尝、啃、拱等感官进行探究。特别是小仔猪对周围一切新的东西都表现出极大的“好奇”,会用鼻拱、口咬的方式来探查周围环境中所有的新东西,其探究时间比群体玩耍的时间还要长。猪在觅食时,首先都有一个拱掘动作,通过闻、拱、舐、啃,觉得符合口味并确认环境安全没有危险后才会采食。例如乳猪当7日龄开始补料时,小乳猪一般不会采食诱食的乳猪料,只会拱、闻、舐,进行尝试性接触,特别是首日,这种行为能达6～12次之多,一般要经过2～4天,甚至1周才会少量采食。

猪栏内睡觉、采食、排泄有明显不同的地带,都是通过嗅觉区分不同的气味而形成的。

9.异常行为　异常行为包括:争斗、闹圈、咬头尾等超出范围的恶癖行为。

(1)遗传特征:有无遗传性尚无理论和实践的依据。

(2)异常行为特点:多与环境中有害刺激有关,如长期圈禁的母猪会顽固地咬嚼自动饮水器的铁质乳头;单调、无聊、狭小的空间会让母猪不停地咬栏柱。随着饲养密度的增加,攻击行为也增加。有些神经质的母猪产后会出现食仔现象。营养缺乏和环境拥挤会出现咬尾行为,给生产以极大危害。

10.后效行为　后效行为是猪出生后学会的识别事物和听人指挥等条件反射行为,与先天的觅食、哺乳及性行为等有较大差异。

后效行为特点:猪出生后对新事物熟悉后便建立较固定的认识,对吃、饮的记忆力很强,能准确记住睡窝、食槽、水器、排泄点的位置,以及定时喂料、给水的笛声、铃声、敲打声。一般来说,通过训练,均能建立猪的良好的后效行为,达到提高生产效率的目的。

五、实验注意事项

(1)在观测猪的采食行为时,供试饲粮应该在等能等蛋白的基础上。

(2)被猪抛洒到地面上的饲料应该烘干后,在相同的含水量条件下测定重量。

(3)泌乳量的测定有测量估计和推算估计两种方法。

测量估计:仔猪吃奶前后的体重变化。

推算估计:母猪第一个月的泌乳量=(30天全窝仔猪重－全窝仔猪初生重)×3

母猪第二个月的泌乳量=母猪第一个月的泌乳量×(60%～70%)

六、讨论和作业

(1)如何认识猪的行为学特性?

(2)如何充分利用猪的行为学特性提高猪的生产性能和劳动生产率?

实验八　猪的屠宰测定

一、实验目的和要求

(1)了解屠宰测定的整个过程。

(2)掌握主要项目的测定方法。

二、实验的基本原理

测定肉猪的一些主要屠宰性状,如屠宰率、瘦肉率,是检验猪种选育和饲养效果的手段之一。猪的活体背膘厚与胴体瘦肉率呈高度遗传相关,且有较高的遗传力。因此,通过活体测膘来间接估测瘦肉率,可以免除屠宰测定的繁重劳动,减少因宰猪而带来的经济损失。

超声波测膘的原理:利用超声波的反射与折射等物理特性。测膘时,探头所发生的超声波(人耳听不到的声波)反射至猪体,当遇到不同的组织界面,由于其声阻不同,就产生不同的反射,反射信号被接收并在示波屏上显示出来,根据不同的反射波峰就可读出猪的背膘厚度和眼肌厚度。图 8-1 是超声波测膘仪探头。

图 8-1　超声波测膘仪探头

三、实验仪器和材料

待宰肉猪若干头,超声波测膘仪、液体石蜡油、毛剪、秤、各种屠宰用的刀具、砧板、卷尺、游标卡尺、硫酸纸、皮尺、求积仪等。

四、实验内容、方法和步骤

(一)宰前活体测膘

1. 器械准备　首先要检查测膘仪是否完好,仪器电源是否充足;其次要准备套口保定器或保定架,剪毛用毛剪,液体石蜡油。

2. 保定　将欲测定猪用套口器套住上颌骨,站立保定或在保定架中保定。

3.测定部位　倒数第三到第四肋骨间距背中线 4～6 cm。

4.剪毛　将测膘部位找准后，在测点用毛剪将猪的被毛剪干净。

5.测膘　等测定猪安静后开始进行活体测膘。打开超声波测膘仪电源开关，按说明书的操作步骤操作。调好超声波测膘仪后，在测定部位及超声波测膘仪的探头上按要求涂上液体石蜡油，探头平放于测定部位，并与皮肤垂直密合，略施压力。然后读数、记录。测毕，关闭超声波测膘仪，清洁探头，备用。

(二)宰前活重

(1)屠宰前三天每日早晨空腹称重，用三次值的平均作宰前活重(较繁琐，不常用)。

(2)屠宰前一天晚上开始停食，次日宰前称重(目前应用)。

(3)空体重：宰前活重减去宰后胃肠道和膀胱的内容物重量，即空体重＝宰前活重－胃肠道和膀胱内容物重量(采用空体重无需停食)。

(三)体尺测量(用皮尺测量)

1.体长　两耳根连线的中点沿背线到尾根的距离。

2.胸围　肩胛后缘胸部的围长。

3.管围　左前肢管部最细处周长(不常用)。

4.腿围　从左后膝关节前缘经肛门至右膝关节前缘之间的距离。

(四)屠宰方法

(1)屠宰前禁食 24 h，允许猪饮水。

(2)严禁鞭打、急赶、过度拥挤、高温等强烈有害刺激。

(3)实行宰前电击晕法。电流不小于 1.25 A。电压不低于 240 V，电极置放于耳根后部，麻醉时间 2～3 s。

(4)采用切断颈部大血管放血法，击晕与刺杀的间隔不超过 32 s。

(5)水温 68℃。

(五)胴体重

肉猪经电麻、放血、烫毛、开膛去除内脏(板油、肾脏除外)，去头(沿耳根后缘及下颌第一条自然横褶切离寰枕关节)、蹄(前肢断离腕掌关节，后肢在跗关节内侧断离第一间关节)和尾(紧贴肛门切断尾根)，开片成左右对称胴体，左右两片胴体重量之和(包括板油和肾)即胴体重。

(六)屠宰率

$$屠宰率=\frac{胴体重}{宰前活重}\times100\% \quad 或 \quad 屠宰率=\frac{胴体重}{空体重}\times100\%$$

胴体长度：用钢卷尺测量吊挂的右胴。

胴体斜长：耻骨联合前缘至第一肋骨与胸骨接合处内缘的长度。

胴体直长：耻骨联合前缘至第一颈椎凹陷处的长度。

(七)膘厚与皮厚

在第 6 与第 7 胸椎相接处测定皮肤厚度及皮下脂肪厚度，皮厚可用游标卡尺测定，膘厚可用钢直尺或钢卷尺测量。多点测膘以肩部最厚处、胸腰椎接合处和腰荐椎接合处三点的膘厚平均值为平均膘厚，采用时须加说明。

(八)眼肌面积

眼肌面积指最后胸椎处背最长肌的横断面面积，先用硫酸纸描下横断面图形，用求积仪测量其面积，若无求积仪，可量出眼肌高度和宽度，用下列公式估计：

$$眼肌面积(cm^2)=眼肌高度(cm)\times眼肌宽度(cm)\times0.7$$

（九）花板油比例

分别称量花油、板油的重量，并计算其各占胴体的比例：

$$花(板)油比例=\frac{花(板)油重量}{胴体重}\times100\%$$

（十）肉质分析的样品采集

1.眼肌样　用刀挖取倒数第2～3肋骨处的全部背最长肌，装入样品袋，同时在一纸条上注明该猪的耳号、品种、样品采样时间及该样品为“眼肌，测系水力用”，并将该纸条同时放入样品袋内，置于冰箱或有冰块的保温箱中保存待用。

如还要测滴水损失，则用刀挖取倒数第3～4肋间处的全部背最长肌，装入样品袋，同时在一纸条上注明该猪的耳号、品种、样品采样时间及该样品为“眼肌，测滴水损失用”，并将该纸条同时放入样品袋内，置于冰箱或有冰块的保温箱中保存待用。

用刀挖取最末胸椎与第1腰椎接合处全部背最长肌，装入样品袋，同时在一纸条上注明该猪的耳号、品种、样品采样时间及该样品为“眼肌，测肌内脂肪用”，并将该纸条同时放入样品袋内，置于冰箱或有冰块的保温箱中保存待用。

2.腰大肌样　撕去胴体腹内壁上的板油，取下肾脏后，用刀割取一大块(250～500 g)腰大肌肉样，装入样品袋，同样按上述方法注明猪耳号、品种、样品采集时间及该样品为“腰大肌，测嫩度或熟肉率”字样，置于冰箱或有冰块的保温箱中保存待用。

（十一）胴体瘦肉率

将去掉板油和肾脏的新鲜胴体剖分为四部体，瘦肉、脂肪、骨、皮。肌间零星脂肪不剔出，随瘦肉。皮肌随脂肪也不另剔出，作业损耗控制在2%以下。瘦肉占这四种成分总和的比例即为瘦肉率。

$$瘦肉率=\frac{瘦肉重量}{骨骼重量+瘦肉重量+脂肪重量+皮肤重量}\times100\%$$

肉脂比：以脂肪为基准计算所得的瘦肉对脂肪的比。

$$肉脂比=\frac{瘦肉重量}{脂肪重量}\times100\%$$

（十二）后腿比例

沿倒数第1和第2腰椎间的垂直线切下的后腿重量(包括腰大肌)占整个胴体重量的比例。

$$后腿比例=\frac{后腿重量}{胴体重}\times100\%$$

（十三）腿瘦肉率

腿瘦肉率是指前、后腿瘦肉占宰前活重的百分数。

$$腿瘦肉率=\frac{前后腿瘦肉重}{宰前活重}\times100\%$$

用左胴结合骨、肉、皮脂剥离作腿瘦肉率测定。前腿前端即屠宰测定去头部位，后端从第5、第6肋骨间沿与背中线垂直方向切下，并将腕关节上方切去1～2 cm，后腿自倒数第1、第2腰椎间垂直切下（切前先将腰大肌即柳梅肉分离加入后腿），并将跗关节上方切去2～3 cm。然后剥取前、后腿瘦肉称重，计算即得腿瘦肉率。

五、实验注意事项

（1）活体测膘时，猪应保持自然站立的姿势，同时要找准测定部位，否则测定结果不准确，没有可比性。

（2）屠宰时注意不要用暴力，以免引起猪的应激反应。

（3）分割胴体时注意分割的部位，前躯和后腿的分界在倒数第1、第2腰椎间，腰大肌样算后腿的重量。

（4）采取肉质分析的肉样时要注意采样部位的正确，同时计算瘦肉率时不要忘记将所采的肉样重量加入到瘦肉重量中。

六、数据处理和实验结果分析

序号		1	2	3	4
猪号					
品种、组合					
活体膘厚(cm)					
出生日期					
屠宰日龄					
宰前活重(kg)					
胴体重(kg)	左胴重				
	右胴重				
	小　计				
板油	重(kg)				
	比率(%)				
屠宰率(%)					
胴体长(cm)	直长				
	斜长				
膘厚(cm)	肩膘厚				
	胸腰膘厚				
	腰荐膘厚				
	三点平均				
	6～7肋膘厚				
6～7肋皮厚(cm)					
肋骨数	左肋数				
	右肋数				
眼肌(求积仪)(cm^2)					
眼肌(cm)	高				
	宽				

续前表

序号	1	2	3	4
中、前躯总重(kg)				
中、前躯肉重(kg)				
中、前躯脂重(kg)				
中、前躯骨重(kg)				
中、前躯皮重(kg)				
后腿肉重(kg)				
后腿脂重(kg)				
后腿骨重(kg)				
后腿皮重(kg)				
后腿重(kg)				
后腿比率(%)				
后腿瘦肉率(%)				
右胴皮百分比(%)				
右胴骨百分比(%)				
右胴脂百分比(%)				
右胴瘦肉率(%)				

测定地点：　　　　测定人：　　　　记录人：　　　　记录时间：

七、讨论和作业

(1)计算出作业损耗比例，分析作业损耗的原因。

(2)根据试验猪骨、肉、皮、脂的比例情况，分析试验猪是否属于瘦肉型猪。

实验九　猪的肉质评定

一、实验目的和要求

(1)了解猪的肉质评定的重要性。

(2)学习几个常用测定项目的测定方法。

二、实验的基本原理

1.肉色　肌肉的颜色主要取决于肌肉中的肌红蛋白质含量及铁原子的化学价态。正常肉呈鲜红色，蛋白质变性和受微生物污染的肉呈绿色。PSS 的异常肉质呈灰白(PSE 肉)或暗褐(DFD 肉)色。研究结果表明,肌红蛋白(Mb)和血红蛋白(Hb)是构成肉色的主要物质,起主要作用的是 Mb,正常情况下,Mb 呈紫色;当与氧结合时则形成氧合肌红蛋白(MbO_2)而呈鲜红色;当结合氧释放后则形成高铁肌红蛋白(MMb)而呈褐色。因此 Mb 与氧的结合状态,在很大程度上影响着肉色,且与肌肉的 pH 值有关。

2. 肌肉 pH 值　肌肉 pH 值是反映猪屠宰后肌糖原酵解速率的重要指标,也是判定生理正常肉质或异常肉质(PSE 肉或 DFD 肉)的依据。宰后肌肉活动的能量来源主要依赖于糖原的酵解和磷酸肌酸的分解,前者的产物是乳酸,后者的产物是磷酸和肌酐。这些酸性物质在肌肉内潴积,导致肌肉 pH 值从活体时的 7.3 左右开始下降,其下降速度与肌肉中某些酶系 (如糖酵解酶系)的活性、遗传基础、应激敏感性、宰前处理和屠宰条件等有关。

3. 系水力　肌肉受外力作用时保持其原有水分和添加水分的能力称肌肉的系水力。它影响肌肉的风味、多汁性、嫩度、颜色、加工与储藏性能。研究结果表明,肌肉中水分约占了 70%。在通常情况下,肌肉中的水分以水化水、非活动自由水及自由水的形式存在。其中水化水约占 5%,这部分水相当恒定;非活动自由水约占 80%,活动相当有限,只有当肌肉蛋白质变性或有外力作用时才发生变化;自由水约占 15%,活动自由且较易失去。因此,Gauregul 等 (1981)建议用系水潜能、可榨出水分和自由滴水来区分不同性质的系水力。

4. 滴水损失　在不施加其他任何外力而只受重力作用的条件下,肌肉蛋白质系统在测定时的液体损失量,称为滴水损失,它与肌肉的系水力呈负相关,可作为度量有肉系水力的指标。

5. 大理石纹或肌内脂肪　肌肉大理石纹指可见的肌内脂肪,它的含量和分布状况与肌肉的多汁性、嫩度和滋味密切相关。肌内脂肪主要以甘油酯、游离脂肪酸及游离甘油等形式存在于肌纤维、肌原纤维内或它们之间,其含量及分布因品种、年龄及肌群部位等因素而异。

6. 熟肉率　肌肉受热之后,其组成成分发生一系列物理和化学变化,产生重量损失,对度量烹煮损失有实际经济意义。

7. 肌肉嫩度　食用嫩度是人们对肌肉结构特征的总概括,是消费者最为重视的食用品质之一。通过主观或客观的方法评定嫩度可以反映肌肉蛋白质结构特性及其在一系列因素作用下发生的变性、凝集和水解程度以及在食用时人们口感优劣程度。

三、实验仪器和材料

标准肉色板、猪肉用酸度计(H19025 型)、数显式肌肉嫩度计、失水率测定仪(改装的允许土壤膨胀压缩仪)、采样器及刀具、乙醚抽提脂肪装置(由水浴锅、烧瓶、自动回流抽提装置、冷凝系统组成)、水浴锅、感应量为 0.1 g 的天平、电子分析天平、吸水纸、滤纸、烘箱、干燥皿、乙醚(分析纯)、冰箱等。

四、实验内容、方法和步骤

1. 肉色　以最后肋骨处的背最长肌横断面为评定部位,用标准肉色板于宰后 1～2 h 在室内正常光照,不允许在强光直射下或阴暗处评定。标准肉色板共 6 个色级,1、2 级色淡(PSE 肉),3、4 级正常,5、6 级色深(DFD 肉)。

2. 肌肉 pH 值　肌肉 pH 值分为 pH 1 和 pH 24。pH 1 是指于猪屠宰放血后 45 min 时测定最后胸椎处背最长肌中心处肌肉的 pH 值。pH 24 则是指宰后 24 h 测定半膜肌或头半棘肌中心部位的 pH 值。

测定方法：在屠宰现场，采用 pH 仪电极直接插于测定部位的肌肉中测定。如果不能保证在停止呼吸后 45 min 内开膛、劈边，则可在宰杀后、煺毛前，于最后肋骨处距离背中线 6 cm 处开口取背最长肌肉样，肉样置于玻璃皿中，将电极直接插入肉样测定，每个肉样连续测定 3 次，用平均值表示。

判断标准：正常背最长肌的 pH 1 多在 6.0～6.5 之间。pH 1＜5.9，并伴有肉色灰白、质地松软和汁液外渗等现象，可判为 PSE 肉；半膜肌或头半棘肌的 pH 24＞6.2，并伴有肉色暗红、质地坚硬、肌肉表面干燥等现象，可判为 DFD 肉。

3. 系水力　宰后 2 h 内取第 2～3 腰椎处的背最长肌，用两片的采样刀（两刀片之间距离为 1.0 cm）切取厚度为 1.0 cm 的薄片。用圆形取样器（直径为 2.523 cm，圆面积约为 5 cm^2）取样，用扭力天平或分析天平称重后，上、下垫相同层（10～18 层）的滤纸或吸水性好的卫生纸，再在压缩仪上加压 35 kg，持续 5 min（可用改装的允许土壤膨胀压缩仪）。撤除压力后称肉样重，从失水重计算失水率。

$$失水率=\frac{加压前肉样重量-加压后肉样重量}{加压前肉样重量}\times 100\%$$

上式计算出的仅为失水率，若需计算系水力时，则在测定失水率的同时，取绞碎肉样测定其水分含量，依下式计算其相应的系水力：

$$系水力=\frac{肌肉总水分重-肉样失水重}{肌肉总水分重}\times 100\% \quad 或$$

$$系水力=保水力=\left(1-\frac{压前重-压后重}{压前重\times 肉样含水率}\right)\times 100\%$$

在计算系水力和保水力时，均需另行测定肌肉总水分重或含水率。

4. 滴水损失　在猪屠宰后 45～60 min 内取样，切取倒数第 3～4 肋间处眼肌，将肉样切成厚 2.0 cm、3 cm、5 cm 的长条，于天平称重后用细铁丝钩住肉片的一端，使肌纤维垂直向下，悬挂于塑料袋中（肉样不得与塑料袋壁接触），扎紧口袋后挂于冰箱内，在 4℃ 条件下保持 24 h，取出肉条称重，按下式计算结果：

$$滴水损失=\frac{吊持前肉样重-吊挂后肉样重}{吊挂前肉样重}\times 100\%$$

5. 大理石纹或肌内脂肪

(1) 主观评定——大理石纹评定

部位：最末胸椎与第 1 腰椎接合处背最长肌横断面。

时间：在 0～4℃ 冰箱中存放 24 h，与肉色评分同时进行。

评分：对照大理石纹评分标准进行评定：1 分：脂肪呈痕（迹）量分布；2 分：脂肪呈微量分布；3 分：脂肪呈少量分布（理想分布）；4 分：脂肪呈适量分布（理想分布）；5 分：脂肪呈过量分布。两分之间允许评 0.5 分。结果用平均数表示。

(2)客观评定:鲜样测定法——乙醚索氏抽提法。

①取最末胸椎与第1腰椎接合处背最长肌肉样,将肉样的表层切除,以除去表层的脂肪和表层渗出水的肌肉。然后将中心部分切碎,装袋备用,并标明猪耳号或样品号。每个样品至少重15 g。然后用减差法(先称取滤纸重,取肉样于滤纸中包好,称重,该重减去滤纸重即为该肉样重)在电子分析天平上称取3～5 g肉样于烘干的滤纸中包好(W_1),并做平行样,同时用铅笔在滤纸包上注明样品号。之后在烘箱中于65℃烘15 h,然后于干燥皿中冷却30 min,用分析天平称重(W_2)。此时分析天平的玻璃罩内中最好放一个无水硫酸铜的干燥纱布包,以防空气中的水分进入肉样滤纸包中。

②脂肪的乙醚抽提。第一天下午将平行样品放入脂肪乙醚抽提管内浸泡过夜,第二天上午将水浴锅电源打开,在80℃下进行回流。9～10 h后取出滤纸包,待乙醚挥发干净后,放入105℃烘箱烘干。1.5 h后取出在干燥皿中冷却30 min,称重(W_3)。也可以将烧瓶洗净烘干后称重(W_4),再装乙醚,抽提结束后待烧瓶中的乙醚自然挥发干净后,再称烧瓶重(W_5)。以烧瓶的增重来表示该样品中脂肪的含量,这样操作理论上测定结果会更精确,但一个抽提装置中只能放一个滤纸包样,在有限的实验条件下测定样品数有限,也不易做平行样。其计算公式为:

$$\text{粗脂肪含量}=\frac{\text{浸前肉样重}-\text{抽提烘干后肉样重}}{\text{烘前肉样重}}\times 100\%=$$

$$\frac{W_2-W_3}{W_1}\times 100\% \text{ 或 } \frac{W_5-W_4}{W_1}\times 100\%$$

6. 熟肉率　取左、右两侧的腰大肌样并称重(W_1),然后放置于盛沸水的水浴锅的蒸屉上,加盖。加热蒸30 min,取出蒸熟肉样,用铁丝钩住吊挂于室内阴凉处,冷却20 min再称量熟肉重(W_2)。计算公式为:

$$\text{熟肉率}=\frac{W_2}{W_1}\times 100\%$$

式中:W_1为蒸前试样重(g);W_2为蒸后试样重(g)。

7. 肌肉嫩度　宰后3 h剥离腰大肌,除去肌膜外附着的脂肪,将肌肉装入清洁的聚乙稀薄膜袋中,然后放置于冰箱内,在0～4℃条件下熟化96 h。取出经熟化的肌肉在室温下放置15 min,然后打开肉袋,将直径约0.5 cm的玻璃温度计插入肌肉中心部位,再扎好袋口,使袋口向上放入30℃恒温水浴锅中,加盖持续加热,直至肌肉中心温度达70℃时为止。然后取出肉样,用自来水冲洗片刻以降温,置室温下使肌肉冷却至20℃。

将5 cm×2 cm×2 cm的长条顺肌纤维走向修成5 cm×1 cm×1 cm的长条后,置剪切仪的剪切台上(仪器应先进行调试及校正),用手扶平,启动仪器升降按钮使处于下降位置,再按动工作按钮进行剪切操作,记录数字显示屏上显示的读数,即剪切力值(kg或N)。每个长条切4次,每个肉样切5个长条,用平均值表示。剪切值越小,嫩度越好。

8. 化学成分　宰后2～3 h内取左半胴体第3～5腰椎处背最长肌中心部位肌肉,取样100 g。取样后立即准确称重,以免水分损失。如不能立即分析,应保存于冰箱中。按常规肉脂化学成分分析方法测定水分、粗脂肪、粗蛋白质和灰分量,以各种营养成分占鲜肉样重量的百分数表示。

五、实验注意事项

(1)注意各个肉质项目所要求的采样时间和样品保存方法(温度)。

(2)注意各个肉质项目所用的肉样部位,有的为眼肌样,有的为腰大肌样。

(3)样品分析时注意要做平行样,平行样间的误差太大说明实验操作有问题。

六、数据处理和实验结果分析

猪号	
品种	
肉色	
pH 1	
失水率(%)	
系水力(%)	
滴水损失(%)	
肌肉脂肪(%)	
熟肉率(%)	
嫩度(kg)	
评价	

七、讨论和作业

本实习进行前3项内容测定。将所测结果填入上表内,对所测肉质做一简要的评价,并比较不同测定方法间的误差。

实验十　猪场生产经营管理

一、实验目的和要求

(1)了解猪场生产经营管理的主要内容和方法。

(2)掌握猪场经营效益分析的原理、方法和步骤。

二、实验的基本原理

猪场的生产经营管理是指为实现一定的经营目标，按照猪只生长繁殖的自然规律和市场经济规律，运用经济科学技术和管理手段，对猪场的生产、销售、劳动报酬、经济核算等活动进行计划、组织和调控，充分合理利用内部各种资源和条件，有成效地组织养猪生产过程中的产、供、销等各项活动，不断提高生产效率，实现生产过程和流通过程的统一，取得高产、高效、优质的养猪生产目标。养猪场要实现以较低的成本获得高产出和高效益，不仅要具有良好的品种、设备和先进的生产技术，更要有完善的管理体系。猪场的生产经营管理范围很广，其中最主要的是猪群管理、计划管理和成本管理。这里仅介绍猪场的猪群管理和成本管理。

三、实验仪器和材料

(1)养猪场的猪群结构、猪场各种生产管理的档案记录资料。

(2)计算器、产品目录及市场价格、饲料价格及各种费用等相关的记录资料。

四、实验内容、方法和步骤

(一)猪群的管理

养猪场猪群是主要的生产因素，猪群管理的好坏直接关系到生产水平和经济效益的高低，因此，任何一个现代养猪企业都应该重视猪群的管理。

1. 明确猪群类别的划分　猪场应根据生产技术条件和各类猪群的特点，将不同年龄、体重、性别和用途的猪只划分为不同的类群，以便于猪群的周转和统计、生产的管理。一般对于规模化猪场可将猪群划分为以下几个类型。

(1)哺乳仔猪：出生到28(或35)日龄断乳的仔猪。

(2)育成猪：一般指断乳到出生后4月龄的猪。

(3)后备猪：出生后5月龄至初配前留作种用的公母猪。

(4)检定公猪：从第一次配种至所配母猪所产仔猪断乳阶段的公猪，年龄一般在1.0～1.5岁。

(5)检定母猪：从初配妊娠开始至第一胎仔猪断乳的母猪。

(6)成年公猪：又称基础公猪，是指经生长发育、体质外形、配种成绩、后裔生产性能等鉴定合格的1.5岁以上的种用公猪。

(7)成年母猪：又称基础母猪，是指经一胎产仔鉴定成绩合格留作种用的1.5岁以上的母猪。从成年母猪群中选出的优秀个体，具有较高的生产性能和育种价值，以供选育和生产上更新种猪用的猪群称为核心群，核心群种猪一般年龄为2～5岁。

(8)肉猪：专门用来生产猪肉的猪统一称作肉猪，一般又可分为生长猪(断乳至4～5月龄前去势的公母猪)和育肥猪(出栏前1～2月龄的肉猪)两个阶段。

2. 建立良好的猪群结构与周转　猪群结构是指猪场内各类猪群之间和同类群内不同年龄的猪只之间的比例关系。建立一个良好的猪群结构不仅是猪场保持较高的生产性能的要求，也是为了满足猪场自身扩大再生产的需要。合理猪群结构应与猪场的性质、扩大再生产的规模及速度、生产水平有密切关系。

(1)繁殖群内公母猪的适宜比例见表 10-1。

表 10-1　繁殖猪群中公母猪各年龄猪应占的比例　%

类别	1～1.5 岁	2～3 岁	3～4 岁	4～5 岁	5 岁以上	核心群母猪
母猪	35	30	20	10	5	25
公猪	30	20	20	20	10	—

注：核心群母猪包括在基础母猪群内，主要是为猪场提供种用后备猪。

(2)猪场公猪与基础母猪的比例，一般自然交配为 1∶(20～30)，人工授精时这个比例可扩大 10 倍。

(3)后备猪的选留占基础母猪比例应为：断乳时选留头数为 60%，配种时选留头数为 50%，检定时选留头数为 40%。

3. 健全各项生产记录　改进猪群的管理工作，不断提高生产水平，必须健全生产记录，及时进行整理分析。猪群管理的原始凭证包括产仔登记表、猪称重登记表、猪群周转登记表、死亡淘汰报告表、出售购入(调出调入)报告表等。根据生产基层(生产单位，组长，饲养员)填报的以上各种报表，了解猪群生死、转群、出售等变动情况，以检查核实猪场的生产经营计划实施和执行情况，做到心中有数。

(二)猪场成本管理

成本管理是养猪场最重要的经营管理活动，它不仅有助于猪场进行经济效益的分析、劳动报酬合理分配，而且为编制下一年的生产计划提供依据。

1. 成本与费用项目　猪场的生产成本与费用项目按照用途和分摊方法可分为以下项目：

工资和福利费：指直接从事养猪生产的饲养和管理人员的工资和福利费，不包括从事副业生产和基本建设用工。

饲料费：指饲养各类猪群实际直接消耗的各种精饲料、粗饲料、矿物质饲料、多种维生素、微量元素和药物添加剂等费用。

水电和燃料费用：指养猪生产过程中所用去的燃料和水电费用。

医药费用：猪群直接消耗的药品、疫苗和器械等能直接记入的费用。

固定资产折旧和维修费：猪群使用的猪舍和其他设备的折旧和维修费用。

低值易耗品费：能直接记入的低值工具和劳保用品的费用。

其他直接费用：凡不能直接记入上述各项的其他直接生产开支。

种猪摊销费用：指种公猪和母猪逐年减少价值摊销在产品成本中的金额。

管理费用：非直接生产费用，即共同生产费用如领导层工资和其他管理分摊的费用。

2. 成本计算　以上各项成本费用的总和，就是该猪场的总成本。有了总成本，再计算出各类猪群头数、活重、增重、主副产品产量等数值，便可计算出各类猪群的饲养成本和产品成本。养猪生产中一般要计算如下产品的成本：

猪群饲养日成本＝猪群饲养费用/猪群饲养头日数

断乳仔猪活重单位成本＝断乳仔猪群饲养费用/断乳仔猪总活重

商品瘦肉猪单位增重成本＝(肉猪群饲养费用－副产品价值)/肉猪群总增重

猪产品单位成本＝(各猪群的饲养费用－副产品价值)/各猪群产品总产量

3.盈亏的核算(投入产出分析) 投资的最终目的是为了获得经济效益,规模化猪场的投入产出分析,实际上就是通过财务计划核算,进行资金的收支核算或盈亏分析。评价猪场的经营效果,其目的是最大限度地降低各项成本开支,增加收入,使养猪企业的盈利最大化。现以北京某万头猪场为例,介绍财务计划的制定及分析方法。

例:北京某万头猪场,饲养基础母猪600头,拥有固定资产700万元。根据1999—2001年的生产运行及财务状况的数据,制定2002年的猪场利润计划。

(1)分析此猪场运行每年需要的固定费用。猪场的固定费用一般包括:

①折旧费用:70万元(固定资产700万元,综合折旧率10%);

②种猪价值摊销:24万元(600头种猪,购入价值1 200元/头,共72万元,按使用3年摊销);

③上缴管理费:4万元。

合计:98万元,平均每月分摊固定成本8.17万元。

(2)计算猪场运行过程中每生产1头猪所需追加投入的变动费用,即单位变动成本。

正常生产运行情况下,出栏1头90 kg育肥猪所需变动费用有(以下数据为3年平均数,供参考):饲料费用420元;兽药费用5元;工资福利保险20元;水电燃料费5元;销售费10元;其他费用14元。

合计:474元,即每出栏1头猪的变动成本为474元。同理,设出栏一头重50 kg后备猪的变动费用为450元。

(3)根据市场形势估计销售价格与销售预测。根据市场分析预测,预计2002年1头育肥猪90 kg出栏时,每千克单价为7.2元,每头育肥猪销售单价648元;每头50 kg后备猪单价1 000元。

(4)保本分析。根据量本利分析原理作盈亏临界分析。盈亏临界点是指收入与成本相等时的生产状态,常用一定的业务量来表示:

盈亏临界点销售量=固定成本÷(单价-单位变动成本)

盈亏临界点销售额=单价×盈亏临界点销售量

根据市场形势,猪场可能有以下几种情况:

①保守分析法:假设种猪市场较差,只好以销售育肥猪来维持经营。在售价、成本不变情况下,每头育肥猪售价为648元,则

保本销售量(月)=81 700÷(648-474)=470(头)

保本销售额(月)=648×470=30.46(万元)

②乐观分析法:种猪销售数量大,且生产水平也较好的情况下,以销售种猪为主来维持运行。在售价、成本保持不变的情况下,若每头种猪售价1 000元,则

保本销售量(月)=81 700÷(1 000-450)=149(头)

保本销售额(月)=1 000×149=14.90(万元)

③客观分析法:假设2002年计划销售后备猪600头。在正常生产时,平均每月销售后备猪50头,不足部分通过销售育肥猪来维持经营运行。在售价、成本保持不变情况下,设每

头后备猪售价仍是 1 000 元，每头育肥猪售价为 648 元，则

保本销售量(为每月育肥猪销售)＝[81 700－(1 000－450)×50]÷(648－474)＝312(头)
保本销售额(月)＝1 000×50＋648×312＝22.96(万元)

若 2002 年能够完成平均每月销售后备猪 50 头、育肥猪 312 头，达到 22.96 万元销售额，即可保本。

(5)计算目标利润销售量。如果还是计划销售 600 头后备猪，在售价、成本不变情况下，实现目标利润每月 3 万元，则目标利润销售量(月)计算如下：

每月销售 50 头种猪可负担固定成本＝(1 000－450)×50＝2.75(万元)
需销售育肥猪以实现收入＝8.17＋3－2.75＝8.42(万元)
每月育肥猪销售量＝84 200÷(648－474)＝484(头)
目标利润销售额(月)＝1 000×50＋648×484＝36.36(万元)

即当 2002 年完成销售 600 头后备猪、5 808 头育肥猪的销售计划，达到年销售额 436.32 万元(36.36 万元×12 个月)时，可实现利润 36 万元。

(6)敏感度分析。从上面的计算过程中可以看出，影响猪场实现利润的主要经济因素有 4 个：销售量、售价、变动成本、固定成本。每一因素的变化都可引起利润的变化，但其影响程度各不相同。通过敏感度分析，可以分析出 4 个因素对利润变化的影响程度。现以计算目标利润销售量为例，目标利润设定每月 3 万元。若售价、销售量、变动成本、固定成本各变动 1%，对利润产生的影响列于表 10-2。

表 10-2　不同因素对利润的影响

影响利润因素	变动程度(%)	预计销售成本	预计影响销售收入	绝对影响额	影响利润比率(%)
销售单价	＋1	484.5	97 689.12	97 869.12	27.17
销售量	＋1	484.38	43 584.00	13 392.00	3.72
变动成本	－1	479.79	30 229.92	30 229.92	8.40
固定成本	－1	483.22	8 170.00	8 170.00	2.27

从表 10-2 可以看出，对利润影响的敏感性从强到弱依次为：售价、变动成本、销售量、固定成本。当销售单价变动 1%时，利润可变动 27.17%，提高售价是增加利润最好的办法，其后依次是降低变动成本、提高销售量、降低固定成本。因为涨价是提高盈利的最有效手段，价格下跌也将是企业的最大威胁，所以当市场价格跌至一定程度时，企业负责人在尽量降低成本、压缩开支的同时，必须考虑依靠外部筹资来维持猪场的正常运营。

五、讨论和作业

(1)以某一猪场的各类猪群实际存栏数量进行计算分析，检查该场猪群结构的合理性。

(2)如何做好养猪场的成本核算，以降低生产经营的成本，提高养猪场的经济效益？

实验十一　猪场生产记录档案

一、实验目的和要求

(1)了解猪场生产记录档案在养猪场经营管理中作用和意义

(2)了解和熟悉养猪场的生产记录登记的内容和项目，掌握对猪各种生产的测定方法以及记录档案资料的整理和分析。

二、实验的基本原理

生产记录档案是记录猪场生产经营活动的原始资料，它不仅反映了猪场的基本生产状况，而且也是进行编制计划、成本核算、检查和分析生产计划执行情况的依据；猪场生产记录档案对于种猪或繁殖场而言，通过对影响种猪的生产性能的各种重要经济性状的测定和记录，是确定育种目标和进行种猪有效选育的第一步，更是猪场进行品种(系)的选育和杂交改良效果评价等重要资料。因而，猪场生产记录档案是猪场生产管理中不可缺少的工作内容，必须建立和健全原始资料的记录，并对它进行科学地整理与分析，这样才能够及时有效地总结经验，改善猪场的生产管理，提高养猪场生产水平和经济效益。

养猪场主要的生产记录包括配种记录、母猪产仔哺乳记录、种猪生产发育记录、饲料消耗、猪群的周转记录等。

三、实验仪器和材料

(1)实验材料：养猪场的各种记录表格，养猪场的部分种猪记录档案等。

(2)称量猪体重的称：磅秤(成年专用)、台秤(乳猪用)等。

四、实验内容、方法和步骤

(一)猪场各种记录档案的内容

养猪场主要的生产记录包括配种记录、母猪产仔哺乳记录、种猪系谱卡和生产发育记录、饲料消耗、猪群的周转记录等(表 11-1 至表 11-8)。猪场的生产记录档案主要内容有如下几个方面。

(1)配种记录：主要记载进行交配的公、母猪耳号、品种、交配日期，以便查找血统，考查选配效果，推算预产期。

(2)母猪产仔哺乳记录：主要记载产仔母猪的耳号、品种、胎次、分娩日期、产仔数、仔猪初生重、20 日龄重、断乳存活数及断乳重等。

(3)猪生长发育记录：登记种猪体重、体长、胸围、体高等成绩。

(4)饲料消耗记录：登记各猪舍养猪的类群、头数、饲料品种消耗量或领料量。

(5)种猪系谱卡片：包括种公猪系谱卡片与种母猪系谱卡片，登记种猪的系谱及祖先的综合成绩、本身的生长发育成绩以及种公猪的配种成绩与种母猪的产仔哺乳成绩等。

为了解猪群生死、转群、出售等变动情况，另有各种报表。根据猪场的具体要求，确定为日报表、周报表和月报表。主要记载各类猪群的头数，增减原因等。根据生产基层(生产单位、组长、饲养员)填报的以上各种报表，如填写猪群变动登记表和猪群变动月报表，了解这些情况后，才能做到对于猪群管理心中有数。

(二)猪场各种生产指标记录的测量方法

猪场进行各项生产记录档案的登记，实际上就是通过对这些档案记录表格中所包含的项目如猪的生长发育、繁殖性能、饲料消耗等生产性状进行测定，并进行详细、真实的记录，这样才能真实地反映猪场的实际生产水平和进行及时、准确和有效地分析，这里主要介绍猪场常见的生产记录项目的测量方法。

1. *生长肥育性能的测量方法*　在猪的生长发育与生产性能有直接关系，特别是与肥育性能关系密切。在种猪的幼龄阶段生产性能尚未表现之前，生长发育是选种的主要依据。在猪的生长发育中，以生长速度和饲料转化率为最重要的性状。

(1)体重：一般在猪早饲前空腹直接称得的重量为猪的实际体重，以千克为单位。母猪妊娠和哺乳对体重影响较大，因此，母猪的称重要避开妊娠第50～60天或产后15～20天。

(2)生长速度：一般以仔猪断乳至出栏期间体重的平均日增重(*ADG*)表示。猪的日增重一般以克为单位。

$$平均日增重=\frac{结束体重-起始体重}{育肥天数}$$

也可用体重达一定活重(90 kg或100 kg)的日龄作为生长速度的指标，或用达到一定日龄时的体重作为指标。实践生产中通常用平均日增重以及体重达90 kg的日龄表示。但后者作为种猪性能的测定指标不太合理，且因结束时需多次称重也不便于实际应用。

(3)饲料效率(*FCR*，food conversion rate)：也称饲料利用率或耗料增重比或增重耗料比，常用性能测定期间每单位增重所消耗的饲料量或每单位饲料的增重来表示。

$$饲料利用率=\frac{育肥期饲料消耗量}{结束体重-起始体重}\quad 或\quad 饲料利用率=\frac{结束体重-起始体重}{育肥期饲料消耗量}$$

(4)日采食量(food intake)：它是度量猪的食欲好坏的性状，以千克为单位。在不限制采食的条件下，猪的平均日采食量称为采食能力(food intake capacity)或随意采食量(voluntary food intake)，是近年来猪育种方案中日益受重视的一个性状。

$$日采食量=\frac{育肥期饲料消耗量}{育肥天数}$$

2. *母猪繁殖性状的度量*　繁殖性状是一类重要的经济性状，猪的繁殖力直接关系到养猪生产力水平的高低。种猪的繁殖力由产仔数、仔猪出生窝重和个体重、断乳窝重和个体重等许多繁殖性状构成，其度量方法如下。

(1)产仔数：母猪的产仔数有两种指标，即母猪的窝产仔总数和窝产活仔数。窝产仔总数是指母猪一窝所生的全部仔猪数，包括死胎、产后即死和木乃伊；窝产活仔数是指母猪一窝所生的全部活仔猪数。

(2)初生重：它包括两种指标，即初生窝重和初生个体重。初生窝重是指仔猪初生时一窝所有活仔猪的合计重量；初生个体重是指仔猪初生时每头小猪的体重(这一指标常用初生平均个体重即仔猪初生时每头小猪的平均重量表示)。仔猪的初生重必须在仔猪出生后吃乳之前进行测定,以千克为单位。

(3)仔猪断乳重:它包括两种指标,即仔猪断乳窝重和断乳仔猪个体重。仔猪断乳窝重是指仔猪断乳时全窝所有仔猪的合计重量;断乳仔猪个体重是指仔猪断乳时每头小猪的体重(这一指标常用断乳仔猪平均个体重即断乳时平均每头小猪重量表示),以千克为单位。

(4)断乳仔猪的存活率(或育成率):是指仔猪断乳头数占初生时活仔猪数的百分比。

$$成活率=\frac{断乳仔猪数}{产活仔猪数}\times 100\%$$

(5)母猪的泌乳力:一般以仔猪初生后20(或21)日龄时的窝重表示,包括寄养仔猪在内,以千克为单位。它是评定母猪的泌乳能力或泌乳量的大小的指标,但由于母猪排放乳汁的生理特点,很难直接准确度量排乳量,所以,采用哺乳仔猪的体重增加的重量来度量母猪的泌乳能力。

(6)初产日龄和产仔间隔:初产日龄是指母猪头胎产仔的日龄。产仔间隔是指母猪相邻两胎次间的平均间隔时间,即产仔间隔=妊娠期+哺乳期+空怀期。

(7)母猪年提供仔猪数(Pn):它是目前养猪生产中衡量母猪繁殖力的一个重要指标,即每头母猪年育成的断乳仔猪数,其计算公式:

$$Pn=\frac{Ls-(1-Km)}{G+L+Iwc}\times 365$$

式中:Pn 表示母猪年提供仔猪数,Ls 表示母猪窝产活仔猪数,Km 表示初生至断乳期间仔猪死亡率,G 表示母猪怀孕天数,L 表示母猪哺乳天数,Iwc 表示母猪断乳至妊娠的间隔天数。

五、实验注意事项

(1)体重测量应连续2日早晨空腹称重取其平均值。在种猪的生长肥育性状的测定中,要求按起始体重25 kg或30 kg至结束体重90 kg或100 kg阶段测定其日增重和饲料利用率。

(2)应尽量保持所有测定栏舍条件、饲养员、技术人员、饲料营养水平和配方等相对稳定,尽量减少环境方差。猪的遗传、饲养、环境(包括温度、湿度、光照时间等)和管理等因素对猪的生长发育均有影响,且这些影响往往是综合的、多方面的。如猪生长性状的测定中,从试验结果和估计的遗传力来看,单栏饲养和按体重标准限食情况下选择优于群饲和自由采食,不过,在无法做到严格按体重标准限食和有足够的栏圈时,还是群体自由采食好。

(3)所有测定的猪应为发育正常、健康无病的猪。如果在饲养、实验期间有发病的猪,则应及时治疗,保证其短期内尽快恢复健康,否则,应淘汰。

(4)同一批所有测定的猪日龄和体重不能相差太大,一般要求不超过21日龄。母猪的繁殖性能测定应注意尽量保持胎次和体重相近的原则。在种猪生产性能的测定中,尤其应注意入试重和结束重不能相差太大,这样才能进行比较。例如,甲猪和乙猪60日龄入试重分别为35 kg和20 kg,180日龄结束重分别为100 kg和80 kg,那么,

$$ADGt_{甲}=(100-35)/(180-60)\times 1\,000=541(g/日)$$

$$ADGt_{乙}=(80-20)/(180-60)\times 1\,000=500(g/日)$$

从表面上看，甲猪的平均日增重高于乙猪的平均日增重。事实上，甲猪多出的 41 g/日可能是由于入试重和结束重过大引起的，因猪的后期日增重快，过高地估计了甲猪的表型值，而决定甲、乙猪生长速度的遗传基础可能相近。

六、讨论和作业

(1)实际设计和填写猪场 1 或 2 项生产记录档案表格。

(2)测定猪场生长育肥猪在某一时间段的体重变化和饲料消耗量，并计算其饲料利用效率。

表 11-1　猪场配种记录表

母猪			计划与配公猪				配种记录												预产期		分娩日期	
			主配		后补		第一个情期						第二个情期									
耳号	品种	胎次	耳号	品种	耳号	品种	月	日	时	与配公猪	交配方式	配种员	月	日	时	与配公猪	交配方式	配种员	月	日	月	日

表 11-2　产仔哺乳成绩

母猪号：　　　　分娩日龄：　　　　初娩日期：

胎次	与配公猪		分娩日期			产仔数				初生			20 日龄			断乳			失配次数	寄养仔数	留种仔数	备注
	耳号	品种	年	月	日	总	活	死胎	畸形	头数	窝重(kg)	头重(kg)	头数	窝重(kg)	头重(kg)	头数	窝重(kg)	头重(kg)				

表 11-3　母猪产仔哺乳记录表

圈号			序号	仔猪号	性别	毛色	乳头数		体重(kg)			寄养	
分娩日期							左	右	初生	20 日龄	断乳日龄	日期	母猪
母本	耳号		1										
	品种		2										
	胎次		3										
父本	耳号		4										
	品种		5										

续表 11-3

圈　号				序号	仔猪号	性别	毛色	乳头数		体重(kg)			寄养	
分娩日期								左	右	初生	20 日龄	断乳日龄	日期	母猪
配种日期				6										
妊娠天数				7										
产仔情况	公	母	合计	8										
总产仔数				9										
产活仔数				10										
死胎数				11										
畸形数				12										
寄养仔猪数				13										
断乳时仔猪数				14										
留种仔猪数				15										
				16										
				17										
				18										
				19										
				20										
备注				N										
				$\overline{x}+s$										

记录人：　　　　　　　　记录时间：

表 11-4　种猪生长发育记录表

测定日期			猪号	品种	日龄	体重(kg)	体长(cm)	胸围(cm)	体高(cm)				体况(膘情)
年	月	日											

注：体尺项目可根据本场情况增减。

表 11-5 配种繁殖记录表

公猪号： 初配年龄： 初配体重： 配种成绩：

年度	与配母猪				产仔数						初生重					日龄断乳重					留种仔猪数	备注
	总数	正常分娩	流产	受胎率	窝数	产仔数			平均每窝		窝数	头数	总重(kg)	平均(kg)		窝数	头数	总重(kg)	平均(kg)			
						总	活	畸形	总	活				每头	每窝				每头	每窝		

表 11-6 肥育测定记录表

栏 号		
猪 号		
品种(系)别		
血统	父号	
	母号	
出生	日期	
	体重(kg)	
断奶	日期	
	日龄	
	体重(kg)	
入试	日期	
	日龄	
	体重(kg)	
结束	日期	
	日龄	
	体重(kg)	
试验天数		
试期日增重(kg)		
达 90 或 100 kg 体重日龄		
试期耗料(kg)		
料肉比(%)		
活体膘厚(cm)	肩部	
	腰部	
	臀部	
活体测眼肌(cm^2)		
综合选择指数		

表 11-7 母猪系谱卡

猪号：

品种		品系		出生日期		出生地点		
近交程度		初生重(kg)		断乳重(kg)		乳头数		左： 右：
进场日期		离场日期		离场原因				
外形特征								

(1)系谱：

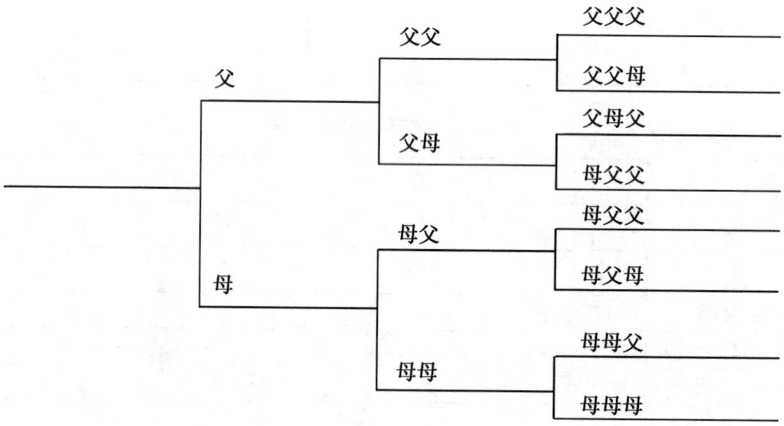

(2)妊娠期记录：

测定日期	月龄	体重(kg)	体长(cm)	体高(cm)	胸围(cm)

(3)备注：

表 11-8 猪群日变动表

饲养员： 时间：

群别	项目	1	2	3	4	5	6	7	8	9	10	11	12	13	14	15	16	17	18	19	20	21	22	23	24	25	26	27	28	29	30	31
	现存																															
	转入																															
	转出																															
	死亡																															

续表 11-8

群别	项目	1	2	3	4	5	6	7	8	9	10	11	12	13	14	15	16	17	18	19	20	21	22	23	24	25	26	27	28	29	30	31
	现存																															
	转入																															
	转出																															
	死亡																															
	现存																															
	转入																															
	转出																															
	死亡																															
	现存栏合计																															

填表人：

实验十二　猪场生产计划的编制

一、实验目的和要求

(1)了解养猪场生产计划编制的内容、目的和意义。

(2)掌握养猪场各项生产计划的编制步骤及方法。

二、实验的基本原理

年度生产计划是企业对下一年度生产的安排、估计和预算。制定年度生产计划是防止盲目生产，保证猪场稳定有序生产的前提条件，也是搞好猪场经营管理的核心内容。编制年度生产计划必须根据市场的需求、自身生产规模和技术条件，合理有效地组织和安排生产，使市场需求和企业生产相互协调一致，为企业本身搞好内部管理，实现稳定有序的生产和产品供应提供保障。

猪场年度生产计划内容主要包括配种分娩计划、猪群周转计划、饲料供应计划、猪场消毒与疫病防治计划、劳动用工计划、物资供应计划等，其核心是猪的配种分娩计划。这里主要介绍配种分娩计划、猪群周转计划、饲料供应计划以及产品的销售等计划的编制方法。

三、实验仪器和材料

（1）猪场的规模、生产和技术水平参数及相关的市场调查资料，猪场生产环节的原始记录档案资料。

（2）计算器、猪场用的各种生产计划表格等。

四、实验内容、方法和步骤

（一）确定合理的生产技术参数

养猪场的年度生产计划是按照一定水平的生产技术参数（表 12-1）进行科学的分析计算来编制的，这些生产技术参数（如受胎率、怀孕率、产仔窝数、活仔数、窝断乳头数、哺乳成活率、育成率等）的确定，应根据本场的实际生产和技术条件，本着实事求是的原则，以现存各生产环节的原始记录为基础，计算出近几年本场正常生产的平均数，作为本年度各生产环节的参数（指标）。对新投产的猪场在设计参数时，应注意参照同类型猪场的生产成绩。由于生产技术参数的不同，要求的猪舍栏位和执行的生产计划也就不同。例如，同是要求每周配准一定的母猪头数，不同的受胎率要求参加配种的母猪头数就不相同。受胎率高则要求参加配种的母猪头数少，反之则要求参加的母猪数量就多。因而，合理确定本年度各生产环节的参数，是制定切实可行的生产计划的必要条件和基础，只有依据符合生产实际的参数所制定的年度生产计划，才可以确保制定计划的合理性和有效实施。

表 12-1 现代养猪生产的技术参数

项　目	一般水平	较高水平	项　目	一般水平	较高水平
繁殖生产节律（日）	7	3～7	不同龄猪的增重（g）		
情期配种受胎率（%）	75～80	85～90	0～28 日龄	150～160	190～220
分娩率（%）	85～90	95 以上	28～70 日龄	350～400	450～500
窝产仔总数（头）	10	11 或 12	70 日龄～100 kg	600～700	800～1 000
窝产活仔数（头）	8 或 9	10 或 11	两胎间隔时间（天）	176～190	146～160
不同日龄猪死亡率（%）			断乳至配种（天）	21～35	7～14
0～28 日龄	10	6	妊娠期（天）	114	114
28～70 日龄	3～5	2	母猪年产仔窝数	1.8～2.0	2.2～2.4
70 日龄～100 kg	3～5	2	母猪年提供商品肉猪数	16～18	22～24
各日龄猪活重（kg）			屠宰率（%）	68～72	73～75
初生	1.25	1.3～1.6	肉猪胴体重（kg）	62～69	72～75
28 日龄	6～7	8～9	胴体瘦肉率（%）	55～58	60～65
70 日龄	20～22	25～28			
150 日龄	80～85	90～100			

（二）配种分娩计划的编制

母猪的配种分娩计划是养猪场最主要的计划之一。编制配种分娩计划不仅可以提高猪场种猪的利用效率和产仔数，而且是编制猪群周转和产品计划的主要依据。

编制猪群配种分娩计划首先根据猪场本身的生产规模、技术条件、市场需求，明确本场是采用全年均衡产仔还是季节性产仔。猪场应根据自身的规模、生产技术和设备等条件进行选择母猪的分娩产仔类型，一般来说，只要生产技术水平和设备条件具备，就应选择全年均衡配种产仔的形式，否则，可采用季节配种产仔形式。其次要确定母猪配种分娩日期，即根据生产经营计划和母猪的繁殖周期，先确定母猪的分娩时间，然后确定母猪配种日期，这样才能实现按计划配种产仔的目的。

编制猪群配种分娩计划还应掌握以下必要的资料：年初猪场猪群结构，上一年最后4个月母猪配种妊娠记录，母猪本年度分娩胎数，每胎产仔数，仔猪成活率，计划淘汰公、母猪数和具体月份。

1. 采用季节性产仔的猪场配种分娩计划的编制　采用季节性产仔，一般采用每年的2～4月份为春产仔；8～10月份为秋产仔。则母猪的配种应在4～6月份和10～12月份。

例1：某猪场根据具体条件，确定了计划年度的总生产任务是年末存栏基础母猪40头，出售种用仔猪450头，育肥猪20头，育肥用仔猪450头。该猪场本年度末各类猪群实际存栏数与计划年度要求各类猪群存栏数见表12-2。

表12-2　各类猪群存栏数　　头

年度	基本公猪	检定公猪	基本母猪	检定母猪	后备公猪	后备母猪	育肥猪
本年度	3	3	40	16	4	32	10
计划年末	2	2	40	16	6	24	0

本例计划生产指标：基本母猪年产2.0窝，每窝产仔10头；检定母猪年产1.0窝，每窝产仔8头，仔猪育成率为90%。

淘汰出售指标：5岁以上老公猪2头，计划于3月份初淘汰；5岁以上老母猪8头，于计划年度第一次分娩的仔猪断奶后淘汰。淘汰的种公猪、种母猪均进行去势肥育，肥育3个月后出售。检定公、母猪和后备公、母猪除选留部分补充种用猪群外，其余均淘汰作商品猪出售。断奶仔猪春季出生时选留部分作后备猪以外，其余均出售（春季出生的作种用仔猪出售，秋季出生的作肥用仔猪出售）。

表12-3　猪群年度配种分娩计划表

年度	月份	配种数			分娩数			产仔数			育成仔猪数		
		基础母猪	检定母猪	小计	基础母猪	检定母猪	小计	基础母猪	检定母猪	小计	基础母猪	检定母猪	小计
上年度	9												
	10												
	11	15		15									
	12	25	16①	41									

续表 12-3

年度	月份	配种数			分娩数			产仔数			育成仔猪数		
		基础母猪	检定母猪	小计	基础母猪	检定母猪	小计	基础母猪	检定母猪	小计	基础母猪	检定母猪	小计
	1												
	2												
	3				15		15	150		150	135		135
	4		16②	16	25	16①	41	250	128	378	225	115	340
	5	15		15									
本年度	6	25③ (17+18)											
	7												
	8					16②	16		128	128		115	115
	9				15		15	150		150		135	135
	10		16②	16	25		25	250		250	225		225
	11	15		15									
	12	25		25									
全年合计		80	32	112	80	32	112	800	256	1 056	585	365	950

注:引自韩俊文《养猪学》第 216 页。①前一年度转入的检定母猪,第二产次后选优秀者转入基本母猪群 8 头;②由前一年度的 32 头后备母猪选留优秀者转入检定母猪群 16 头;③21 头原有基本母猪在仔猪断奶后,淘汰 8 头,剩下 17 头,另由检定母猎群转入 8 头加以补充,保持原有头数。

表 12-3 配种分娩计划说明:本年度 11,12 月份分别配种基础母猪 15 头和 25 头,12 月份配种检定母猪 16 头,将于计划年度 3,4 月份分娩。3 月份产仔数为 150(15×10)头,4 月份产仔数为 250(25×10)头和 128(16×8)头。去年结存后备母猪 32 头,配种后 1/2 转为检定猪群,于是 4 月份有 16 头后备母猪参加配种,于 8 月份产仔,产仔数为 128(16×8)头。

在编制本年度第二次分娩计划之前,首先应确定这个阶段淘汰的母猪数(按 20%～25%淘汰)。例如 3,4 月份分娩的 40(15+25)头母猪,将在 5,6 月份断奶配种,按要求应淘汰 8 头,故参加第二次配种的母猪为 32 头。在计划表的 8 头母猪集中于 6 月份淘汰,5,6 月份分别淘汰一部分也是可以的。

4 月份分娩的 16 头检定母猪,断奶后根据生产性能选出优良个体进入基本母猪群 8 头,不合育种要求的淘汰或出售。

2. *采用均衡配种产仔的猪场配种分娩计划的编制*　工厂化养猪场是按照"常年配种、均衡生产"的模式,按一定的繁殖节律(以周为单位)来安排并组织生产,每一节律循环或全年内猪场有多少头母猪配种妊娠、分娩及哺乳,有多少头仔猪断乳,育成多少幼猪,每月出售多少种猪和育肥猪等都应做到按计划进行,因而,按固定节律安排编制配种分娩计划在规模化猪场生产计划中尤为重要,是实现流水式生产工艺流程的基础和前提。

根据我国养猪生产实际水平及国内外的资料,可确定工厂化养猪场的各项技术参数,在合理安排配种车间,妊娠车间和分娩车间的基础上,合理调配每周参配公、母猪数量。现以一个年出栏万头商品肉猪场为例,一般需种母猪 600 头左右,母猪发情配种受胎率 90%,母猪分娩率 90%，每头母猪年配种受胎 2.2 胎。平均每胎产仔猪按 10 头计，哺乳仔猪 4 周龄断乳，成活率 90%，育成期 6 周龄，成活率 97%，肥育期 15 周龄，成活率为 98%。每年按 52 周进行计算，则

全年母猪配种受胎：600×2.2＝1 320（胎），每周配种受胎母猪：1 320÷52＝25.4（胎）

平均每周需配种母猪数：25.4÷90%＝28（头），全年分娩：1 320×90%＝1 188（胎）

每周分娩母猪数：1 188÷52＝23（胎），每周产仔数：23×10＝230（头）

每周断乳仔猪数：230×90%＝207（头），每周出栏肉猪数：230×90%×95%＝197（头）

年出栏肉猪：230×90%×95%×52＝10 226（头）

根据这些基本参数，可计算设计年出栏 1 万头肉猪的猪场每周母猪的配种分娩计划。如上例中：

每周有 28 头母猪发情配种，其中断乳后空怀母猪 16 头，产后并窝母猪 2 头，返情母猪 4 头（饲养 28 天返情率 12.5%），后备母猪有 6 头发情配种。

每周饲养妊娠母猪 24 头。妊娠母猪分娩率 90%，则每周有 2 头母猪中断妊娠。

每周有 23 头母猪产仔，其中哺乳母猪 21 头，有 2 头母猪产后并窝，每周断乳母猪 21 头，其中有 16 头转入空怀母猪舍，有 5 头母猪淘汰，淘汰率平均 25%左右。

在实际生产中，为保证计划的完成，可在上述参数的基础上留有余地，适当增加每周参配母猪数量，保证每周受胎母猪的数量，只有这样才能确保猪场能够按照以周为单位的繁殖生产节律进行稳定的生产运行。

（三）猪群周转计划的编制

由于种猪的配种妊娠、产仔哺乳以及购入和淘汰，仔猪从出生哺乳、生长至肥育出栏等原因，猪舍内猪群的数量会发生增减变化，这个变化过程就叫猪群周转。养猪场根据猪群结构的现状和经营计划的要求，确定在一定时期内猪场内部各猪群的头数、增减变化及年终合理的猪群结构叫猪群的周转计划。猪群周转计划比较准确反映了猪场各类群猪的变化情况和期末所能达到的畜群结构，是猪场饲料、劳动力、资金、基本建设等计划制定以及计算产品和产量的依据。

1. 猪群周转一般应遵守的原则

（1）后备猪成熟以后（8～10 月龄），经配种或妊娠转为检定猪群。检定母猪分娩产仔后，根据其生产性能，确定转入一般繁殖母猪群或基础母猪群，或作核心群母猪，或淘汰作肉猪；检定公猪生产性能优良者转入基础公猪群，不合格者淘汰去势作肥猪。

（2）一产母猪经鉴定符合基础母猪要求者，可转入基础母猪群，不符合要求者淘汰作商品肉猪。

（3）基础母猪 5 岁以上者，生产性能下降者淘汰育肥。种公猪在利用 3～4 年后也做同样处理。

2. 季节性产仔的猪场猪群周转计划的编制　在猪群周转计划的编制时，依据计划年初猪群结构和本年度内母猪的配种分娩计划和出售淘汰计划，编制逐月的周转计划，具体步骤如下：

（1）将前一生产年度末各类猪群的存栏数，分别填入周转表上年结存栏内。

（2）分别统计年度内各月末和全年末各类猪群的变动情况。

(3)将各类群猪的变动情况填入猪群周转表。

按照这种方法可将例 1 中猪场猪群的周转数据填入猪群周转计划表 12-3(表中 2 月龄断乳仔猪的育成率为 90%)。

表 12-4 猪群周转计划表

猪群类别		上年存栏	月份												合计
			1	2	3	4	5	6	7	8	9	10	11	12	
基础公猪	月初数	3	3	3	3	1	1	2	2	2	2	2	2	2	2
	淘汰数				2										
	转入数						1								
检定公猪	月初数	2	2	2	2	2	2	0	2	2	2	2	2	2	2
	淘汰数						1								
	转出数						1								
	转入数							2							
后备公猪	月初数		4	4	4	4	4	4	0	3	6	6	6	6	6
	出售或淘汰数							2							
	转出数							2							
	转入数								3	3					
基础母猪	月初数	40	40	40	40	40	40	40	40	40	40	40	40	40	40
	淘汰数							8							
	转入数							8							
检定母猪	月初数	16	16	16	16	16	32	32	16	16	16	16	16	16	16
	淘汰数							8							
	转出数							8							
	转入数														
哺乳仔猪	0～1 月龄				150	378				128	150	250			
	1～2 月龄					150	378				128	150	250		
断乳仔猪	2～3 月龄						135	340							
	3～4 月龄							135	340						
后备母猪	月初数	32	32	32	32	32	0	0	0	12	24	24	24	24	24
	出售或淘汰数					16									
	转出数					16									
	转入数								12	12					
商品肉猪	5～6 月龄		10												
	6～7 月龄			10											
	7～8 月龄				10										
	8～9 月龄														
成年猪						2	2	2	8	8	8				
月末存栏总数				107	107	257	609	593	543	423	226	368	490	1 340	90
出售种猪							16	1	10	120	235				
出售肥育用仔猪													115	125	225
出售肉猪							10		2			8			

注:摘自韩俊文《养猪学》第 217 页。

表 12-4 的说明：

(1)基本公猪 2 头，于 3 月份淘汰，为达到年末存栏数为 2 头，需由检定公猪转入 1 头。本计划在 5 月份转入基本公猪群 1 头，那么检定公猪就需转出 1 头，同时将劣者淘汰。但为保证检定公猪达到 2 头，需由后备公猪群在 6 月份转入 2 头，那么后备公猪就同时转出 2 头，伴随着淘汰 2 头，于是 7 月初后备公猪为 0，需由春产仔猪 135 头和 340 头当中分别各转入 3 头，达到 6 头的要求。

(2)5 岁以上种母猪 8 头，于计划年度第一次分娩，仔猪断奶后淘汰。按照配种分娩计划淘汰的时间是在 6 月份，故基本母猪在 6 月份淘汰 8 头，为达到计划年末结存数 40 头，就需由检定猪群转入 8 头。检定猪群转出伴随淘汰，使原来的 16 头检定母猪离开检定猪群。为达到年末结存数 16 头，需由后备猪群转入 16 头。按照配种分娩计划，转入的时间是在 4 月份。那么后备猪群在 4 月份就要转出和淘汰各为 16 头，使原来存栏的 32 头后备母猪为 0。为达后备母猪为 24 头的要求数字，需分别在 7，8 月份由春季仔猪即 135 头和 340 头中分别转入 12 头，达 24 头要求。

3. 均衡型产仔的猪场猪群周转计划的编制　采用均衡型产仔的猪场，各类群猪基本上是按照一定的生产流动环节进行周转循环，但猪场内各类群猪的猪群结构参数(或存栏量)基本稳定不变(表 12-5)。

表 12-5　年出栏万头商品肉猪场的猪群存栏周转计划表

猪群类型		存栏数	饲养时间	每周周转猪数量
母猪	后备母猪	52		12
	空怀配种猪	140	7+21=28	28
	妊娠猪	320	84	24
	哺乳母猪	140	7+28=35	23
公猪	后备公猪			
	基础公猪	24		
仔猪	哺乳仔猪	1 150	28	230
	保育猪	1 188	42	207
生长育肥猪		2 910	105	197

万头猪场的一个繁殖节律(7 日)内猪群周转情况(表 12-5)：

(1)有 28 头母猪因发情需要配种，其中有断乳后成年空怀母猪 16 头、产后并窝母猪 2 头和成年母猪因复发情而需要再配种 4 头。

(2)有 12 头达到配种适龄的幼母猪转至配种舍，其中 6 头实际配种利用，另外 6 头没有配种立即转至淘汰群出售。

(3)实际配种受胎转入妊娠猪舍有 24 头母猪(受胎率 85%)。

(4)有 23 头临产母猪分娩(妊娠母猪的分娩率 95%)。

(5)分娩后有 2 头母猪因故(产仔少或其他原因)立即转至配种舍，21 头母猪实际哺育约 230 头仔猪。

(6)仔猪断乳后,有16头母猪转至配种舍,另5头不适宜继续繁殖而淘汰(淘汰率24%)。

(7)有198头断乳仔猪转至保育群,另有32头淘汰或死亡(淘汰或死亡率10%)。

(8)约有192头断乳仔猪(70日龄)由保育舍转至肥育舍,另有6头淘汰或死亡(淘汰或死亡率3%)。

(9)每周约有194头(活重达到90～100 kg)出栏,其中淘汰的后备母猪6头,188头由生长保育猪转入育肥,有4头淘汰或死亡(淘汰或死亡率2%)。

(10)全年出栏育肥猪10 088头。

因种猪淘汰率占基础群的25%～35%,因而,猪场必须在生长发育的猪群中定期选择一定数量的后备公、母猪。后备母猪8月龄体重在120 kg左右初配妊娠后即转入检定母猪群。检定母猪在头胎产仔断乳后经鉴定合格者转入基础母猪群,不合格的淘汰,检定公猪可等到与配母猪产仔后鉴定转入基础公猪群或淘汰。

为及时了解掌握猪群周转存栏动态,可填写生猪每周调动存栏动态表,每一类猪舍填写一个分表,联系起来形成全场猪群周转存栏动态总表。

(四)饲料供应计划的编制

饲料供应计划是猪场年度计划中一项最重要的计划,饲料供应计划能确保猪场稳定生产所需饲料、猪场饲料原粮及时、足额、保质的供应。猪场饲料供应计划的编制方法为:首先根据各类猪群饲养日粮的定额和猪群周转计划中各月份不同猪群存栏数,计算并累计得出猪场月、年的饲料需要量,然后按照各种饲料的需要量制定饲料供应计划。

1.各类猪只的饲料消耗指标(估算值)

(1)成年种公猪:3～4 kg/(头·日),1 000～1 200 kg/(头·年)。

(2)待配及查情母猪:2～2.5 kg/(头·日),120～150 kg/(头·年)。

以每头日采食2 kg为例,按每头母猪全年两期计算,每期32天(断奶后7天,查情期25天),全年每头待配及查情母猪饲料消耗量为:32(天)×2(期)×2 kg=128 kg。

(3)妊娠母猪:妊娠前期320～480 kg/(头·年)(孕猪料),妊娠后期170～240 kg/(头·年)(哺乳母猪料)。

分两个饲料消耗指标计算。妊娠前期80天,2～3 kg/(头·日);妊娠后期34天,2.5～3.5 kg/(头·日)。按每头母猪每年两个妊娠期计,则每头妊娠母猪全年消耗孕猪料为:80(天)×2(期)×2 kg=320 kg;消耗哺乳母猪料为:34(天)×2(期)×2.5 kg=170 kg。

(4)哺乳母猪:4.5 kg/(头·日),315 kg/(头·年)。

哺乳期按35天,每头母猪全年两个哺乳期,则每头哺乳母猪全年饲料消耗量为:35(天)×2(期)×4.5 kg=315 kg。

(5)非生产期母猪:2 kg/(头·日),134 kg/(头·年)。

每头母猪平均年产2窝,则非生产期为:365(天)－2(期)×(114(天)＋35(天))＝67天,则在非生产期每头母猪年消耗饲料为:67(天)×2 kg=134 kg。

(6)乳猪:3 kg/(头·期)。

哺乳期每头乳猪增重6 kg,料肉比为0.5∶1,则哺乳期每头乳猪耗料量为:6 kg×0.5=3 kg。

(7)保育猪:30 kg/(头·期)。

保育到 70 日龄，每头小猪平均体重为 22 kg，保育期增重为：22－7＝15(kg)，料肉比为 2∶1，则每头保育猪保育期耗料量为：15 kg×2＝30 kg。

(8)生长育肥猪：280 kg/(头·期)。

在生长肥育期每头平均增重 80 kg，料肉比按 3.5∶1，则每头生长育肥猪耗料量为：80 kg×3.5＝280 kg(其中生长期饲料 100 kg，肥育期饲料 180 kg)。

2. 全场年度饲料供应量　将各类猪的年度计划饲养量(头数)乘以上述该类猪只的饲料消耗指标，即得出各类猪群的饲料消耗量(饲料类别不同)，累加起来即得出全场全年饲料供应计划量(表 12-6)。

需要指出的是，上述饲料消耗指标均指配合饲料，一般 1 个猪场要有 1 个月的饲料库存量才能确保饲料的及时供应。

表 12-6　猪群饲料供应计划表　kg

月份	天数	头数及饲料种类	种公猪(10 月龄以上)	种母猪(10 月龄以上)	后备猪(4～10 月龄)	断乳仔猪(2～4 月龄)	哺乳仔猪(0～2 月龄)	肉猪(各月龄平均)	合计	饲料费金额
1 月	31 天	头数								
		种猪料								
		母猪料								
		仔猪料								
		育成料								
		育肥 1 号料								
		育肥 2 号料								
		合计								
2 月	28 天	头数								
		种猪料								
		母猪料								
		仔猪料								
		育成料								
		育肥 1 号料								
		育肥 2 号料								
		合计								
全年全群总计		饲料总需要量								
		种猪需要量								
		母猪需要量								
		仔猪需要量								
		育成猪需要量								
		育肥猪需要量								
		饲料费总金额								

(五)产品生产计划的编制

产品生产计划应根据本场猪群结构(尤其是生产母猪数量)的变化、本场生产管理水平等诸多条件来编制，主要内容是全年提供产品总量(出栏总头数和总增重)以及逐月分布情况。以猪场出栏商品猪头数为例，计算公式如下：

全年计划提供商品猪头数＝

存栏母猪数×每头母猪平均年产仔窝数×平均每窝产仔数×育成率（%）

编制产品生产计划时，还应加上上年底的猪只存栏头数，扣除当年底计划存栏头数，同时考虑当年要淘汰和补充的公、母猪头数。

（六）产品成本和销售计划的编制

现代工厂化养猪场分车间（阶段）进行生产，产品生产成本也应按不同阶段定出各个车间的生产成本计划，全场汇总处理后得出产品生产成本计划。车间生产成本计划主要包括引种费、饲料费、医药费、折旧费、工具费、管理费、人员工资等内容。

养猪场的产品—猪是有生命的动物，当猪养成后应及时销售不能停留，以节约饲料和劳力，提高圈舍利用率，加快资金周转，因此，编制猪场的产品销售计划，首先一定要了解和把握市场，搞好市场调研，做出符合实际的供求预测，根据销售市场的规模、特点和本场产品的数量和质量，适时、适量地安排销售。其次要考虑好销售渠道，多渠道、多途径开拓市场，有出口配额的应尽量争取外贸出口，或与屠宰加工厂、农贸市场、活猪批发市场等建立供销关系，采取合同销售等方式。有条件的猪场，也可按产业化的思路搞猪肉产品的精深加工，延长产业链条，提高产品附加值，解除产品销售的后顾之忧。无论是种猪场还是商品猪场，产品销售计划都要制定出各月份的销售量，以便为产品生产计划的制定提供依据，也为全年销售收入的估算提供参考。

五、实验注意事项

（1）计划编制是组织养猪场经营管理工作的前提，猪场要编制科学合理、切实可行的生产经营计划，必须遵循统筹兼顾，合理安排的整体性原则；内部条件和外部环境条件的变化适应性原则；从实际出发，进行科学的预测和决策，使计划尽可能的符合客观实际的科学性原则；各个计划指标要与企业生产环节和要素相一致的平衡性原则。

（2）定额是指在一定生产技术组织条件下，企业对产品数量、质量以及人力、物力、财力利用和消耗等方面所规定的应该达到的标准或衡量尺度，养猪场根据企业所具备的条件，确定科学、合理的定额是制定切实可行的生产经营计划的依据，并根据经营计划进行初步执行及控制情况，可对定额和生产计划做有效的调整。

（3）在猪场的各项生产计划中，猪场的繁殖配种计划和猪群周转计划是核心。

（4）在编制饲料供应计划过程中，应根据本企业的生产经营情况和环境条件，确定使用饲料的数量和品种，因地制宜，利用各种饲料营养物质的互补和替代的经济特点，在保证质量的前提下，尽量充分发掘饲料资源，选用成本低、资源丰富的饲料。

六、讨论和作业

（1）制定 1 个有 100 头基础母猪的自繁自养场猪群周转计划表。

（2）计算 1 个有 100 头基础母猪的自繁自养场的饲料供应计划表。

第四篇

禽生产学实验教程

第四篇　禽生产学实验教程

主　编　臧素敏（河北农业大学）

杨桂琴（沈阳农业大学）

副主编　杨　玉（山西农业大学）

龚道清（扬州大学）

单雪松（吉林农业大学）

参　编　古飞霞（仲恺农技学院）

刘安芳（西南农业大学）

刘显军（沈阳农业大学）

何丹林（华南农业大学）

吴红翔（江西农业大学）

实验一 家禽外貌识别、鉴定及生产性能评定

一、实验目的和要求

(1)掌握保定家禽的方法。

(2)熟悉家禽外貌部位和羽毛的名称、冠的几种常见类型。

(3)掌握家禽性别、年龄和健康状况的鉴别方法。

(4)学会通过外貌评定生产性能。

二、基本原理

家禽外貌形态和各部位发育程度及外貌生理特征可以反映其品种、性别、年龄、体质及生产性能,由此通过外貌的识别,判断其性别、年龄、健康状况及生产性能。

三、材料和用具

不同性别的家禽各 1 只,病鸡 1 只,骨骼标本或用鸡、鸭、鹅和火鸡的标本或挂图,各种家禽外貌部位名称图谱、鸡冠型图、羽毛种类图或相关的视频文件。

四、实验方法、步骤及操作要求

(一)家禽的保定方法

鸡的保定方法是先把右手放在鸡的背上,同时迅速用左手大拇指和食指夹住鸡的右腿,无名指与小指夹住鸡的左腿,使鸡胸腹部置于左掌中,并使鸡的头部向着保定者,再从笼中取出,这样把鸡保定在左手上不致乱动;又可随意转动左手,有利于观察鸡体各部位。

鸭、鹌鹑的保定方法同鸡一致,鹅和火鸡体躯较大且重,应放在笼中或栏栅中进行观察。

(二)家禽外貌的识别

1.家禽羽毛的识别

(1)羽毛的名称:羽毛的名称与外貌部位名称相对应,如颈部的羽毛称颈羽,翼部的羽毛称翼羽等。翼羽又由主翼羽、副翼羽、覆主翼羽、覆副翼羽和轴羽组成。

(2)羽毛的形状:从不同的羽毛形状区别雌雄,如公鸡的鞍羽、颈羽较长,末端呈尖形,覆尾羽如镰刀状称镰羽;母鸡的鞍羽、颈羽末端呈钝圆形;又如公鸭在尾的基部有 2～4 根覆尾羽向上卷成钩状,称为卷羽或性羽,而母鸭则无。

(3)新、旧羽毛的区分:新羽羽片整洁有光泽,在秋、冬换羽期间,旧羽毛的羽片破烂干枯,新的主翼羽的羽轴较粗大柔软、充血或呈乳白色,羽根有脉管或鳞片鞘所包围;旧羽羽轴坚硬,较细,透明,鳞片鞘脱落,旧羽在羽的上脐部有一小撮副绒羽,而新羽则无。

(4)羽毛的类型及其结构:鸡的羽毛类型分为正羽、绒羽和纤羽(毛羽)3 种,见图 1-1。

正羽覆盖鸡体的外表,由羽轴、羽片和副羽构成(图 1-1)。在羽轴的两侧,由羽枝和羽小枝组成,羽小枝的尖端有羽钩互相联结使羽片结构异常结实。

绒羽的羽轴细而柔软,羽小枝末端无羽钩,因而羽片较松散。绒羽覆盖在正羽下边,以

腹部较多。绒羽保温能力强,可防止体热散发。

纤羽小而纤细,似毛发,主要分布于头颈部、体躯的背部,在宰后退去羽毛方可看出。

(5)翼羽各部位名称为主翼羽、副翼羽、覆主翼羽、覆副翼羽、轴羽。参见图 1-2。

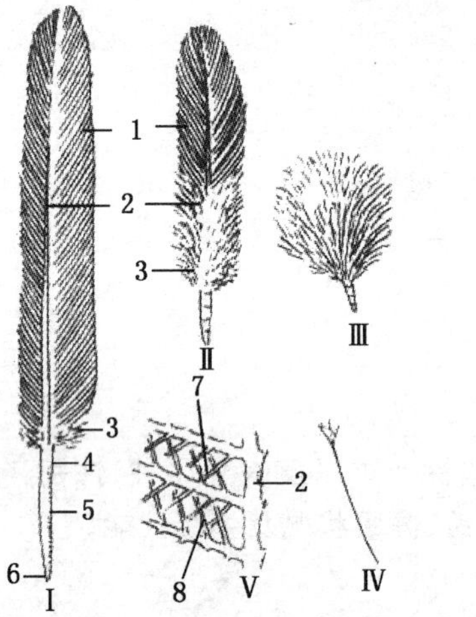

Ⅰ.正羽(翼羽) Ⅱ. 正羽(胸羽) Ⅲ.绒羽
Ⅳ.纤羽 Ⅴ.正羽(放大结构)
1.羽片 2.羽轴茎 3.副羽 4.上脐 5.羽轴根
6.下脐 7.下行性羽小枝 8.上行性羽小枝

图 1-1 鸡羽毛的种类和构造

(家禽生产学,杨宁,2002)

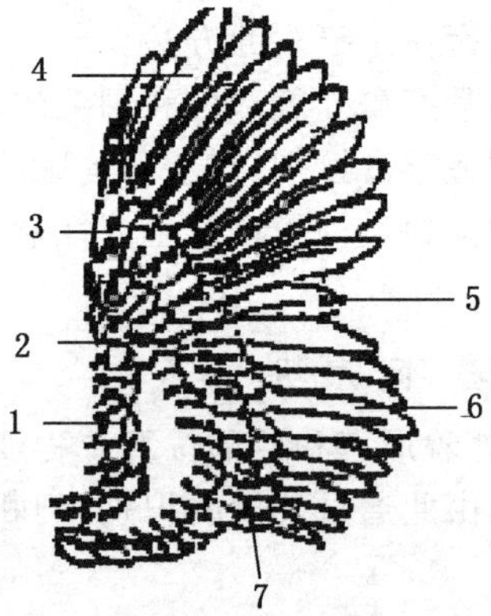

1.翼前 2.翼肩 3.覆主翼羽 4.主翼羽
5.轴羽 6.副翼羽 7.覆副翼羽

图 1-2 鸡翼羽各部位名称

(6)观察主翼羽脱换:成年母禽每年秋季换羽 1 次。一般换主翼羽时停产,换羽时间短、速度快,每次可同时换 2 或 3 根主翼羽的是高产家禽;而换羽时间长、速度慢,每次仅换 1 根主翼羽的母禽产蛋量低。1 根旧的主翼羽从脱落到长齐新羽约需要 6 周时间,而前后 2 根主翼羽从脱落到长成新羽要 2 周时间,因此可根据这一规律估测母禽停产时间。

$$母禽换羽停产的周数=6+2(n/x-1)$$

式中:x 为每次同时脱换的旧主翼羽根数,n 为已脱换并长成的新主翼羽根数。

2.家禽外貌部位的识别　先根据图谱识别家禽外貌部位名称(图 1-3 至图 1-5),再看着鸡认识各部位名称。

家禽的外貌部位主要分为头、颈、体躯和四肢,以鸡为例简单介绍这四大部位。

头部:鸡的头小,眼大,视叶与小脑发达,头部的外貌常与品种、性别、健康状况及生产性能相联系,是外貌选择中重要部位之一。

颈部:鸡的颈部要求较长,这样活动灵活。颈羽的形态可区别公母。不同品种鸡的颈部形态不同,如肉用鸡颈部较粗短,而蛋用鸡较细长。

体躯:从体躯可看出鸡的健康状况和生产性能。胸部是心肺所在,体质强健的鸡,要求胸宽、深、发达,胸骨长而直,肉用鸡的胸肌应发达,背宜长、宽而直;腹部容纳消化器官和生殖器官,应柔软、宽广,盆腔也应丰满而宽。

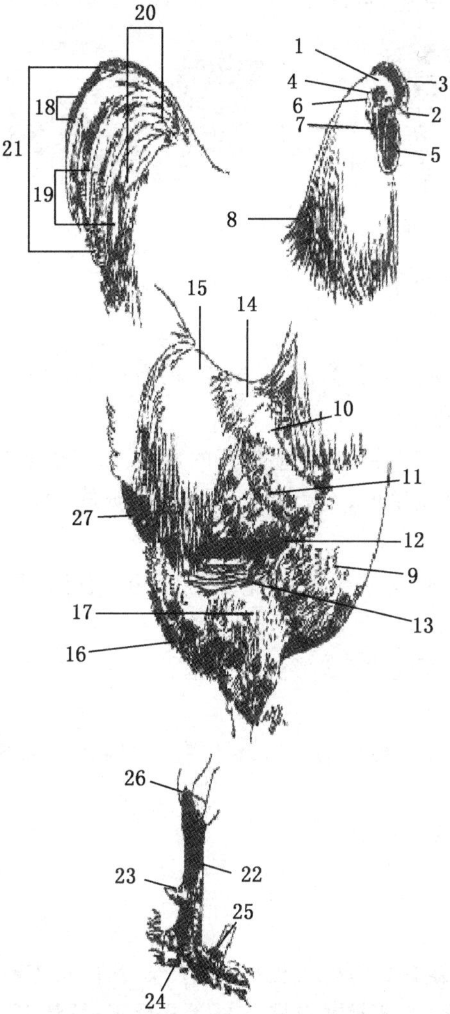

1.头 2.喙 3.冠 4.眼 5.肉垂 6.耳孔 7.耳叶 8.梳羽 9.胸 10.肩 11.翼 12.副翼羽 13.主翼羽 14.背 15.鞍(腰) 16.腹 17.小腿 18.大镰羽 19.小镰羽 20.覆尾羽 21.主尾羽 22.胫 23.距 24.脚 25.趾 26.踝关节 27.鞍羽(蓑羽)

图 1-3　鸡的外貌部位名称

(普通畜牧学,张玉,1992)

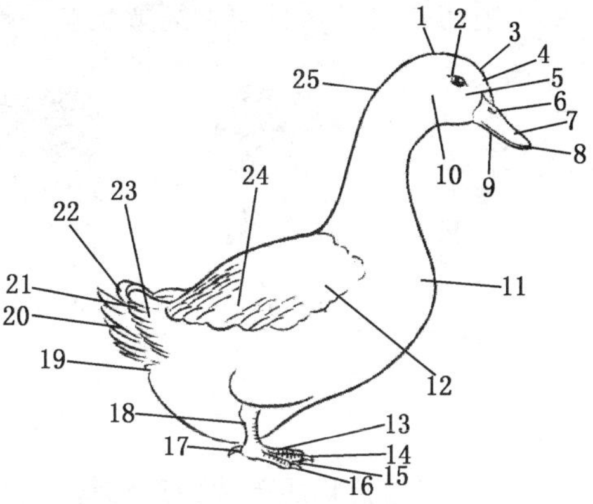

1.头 2.眼 3.前额 4.面部 5.面颊 6.鼻孔 7.喙 8.喙豆 9.下腭 10.耳 11.胸部 12.主翼羽 13.内趾 14.中趾 15.蹼 16.外趾 17.后趾 18.跖 19.下尾羽 20.尾羽 21.上尾羽 22.性羽 23.尾羽 24.副翼羽 25.颈部

图 1-4　鸭的外貌部位名称

(家禽生产学,杨宁,2002)

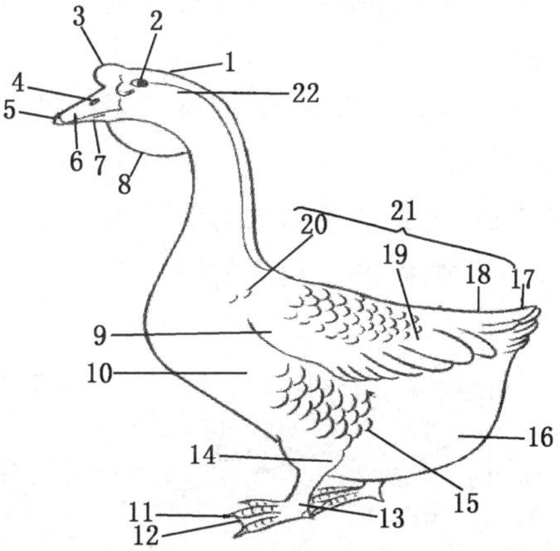

1.头 2.眼 3.肉瘤 4.鼻孔 5.喙豆 6.喙 7.下腭 8.垂皮 9.翼 10.胸部 11.趾 12.蹼 13.跖 14.跗关节 15.腿 16.腹 17.尾羽 18.覆尾羽 19.镜羽 20.肩部 21.背部 22.耳

图 1-5　鹅的外貌部位名称

(家禽生产学,杨宁,2002)

四肢:前肢对于育种、生产较重要,刚出雏小鸡可依翅膀中羽毛的生长速度判断快慢羽,产蛋鸡从主翼羽新旧可分辨换羽时间,进而判断其生产性能。腿部也依品种、性别而异,蛋用鸡腿较细长,肉用鸡较粗短,公鸡腿较粗长,母鸡腿较细短。后肢中腿部要求强健、结实。胫的颜色因品种而不同,胫的鳞片随年龄增长而逐渐角质化,公鸡胫的内侧有距,从距的长短可判断公鸡年龄。

3. 鸡冠的认识　常见的鸡冠形状有 6 种，多为单冠，见图 1-6。

1. 单冠　2. 豆冠　3. 玫瑰冠　4. 草莓冠　5. 杯状冠　6. 凤冠

图 1-6　鸡的 6 种冠形图

（现代养鸡，杨山，2002）

单冠：具有锯齿状的单片肉质结构的皮肤衍生物。可分为冠基、冠尖和冠叶。冠尖一般 5 或 6 个。单冠鸡品种有来航、洛岛红、洛克、狼山鸡等。

豆冠：由三叶小的单冠组成，中间一叶较高，故又称三叶冠，有明显低矮的冠尖，如考尼斯鸡。

玫瑰冠：冠体低矮而阔，前宽后窄形成冠尾。除冠尾外，其表面有小而圆的突起，如洛岛红、洛岛白、来航的变种。

草莓冠：形似草莓的复冠。与玫瑰冠相似，冠基附着于头的前部，但无冠尾、冠体，乳头状冠尖也小。

杯状冠：冠体为杯状，有很规则的冠齿固定在头顶上，杯状形前侧喙基上为一单冠，前部连接在杯状体上。

羽毛冠：冠体为 S 形，周围为类似圆球状羽毛束（又称凤冠），如泰和乌骨鸡、北京油鸡、黑凤鸡等。

（三）鸡的骨骼解剖结构的认识

鸡的骨骼解剖结构详见图 1-7。

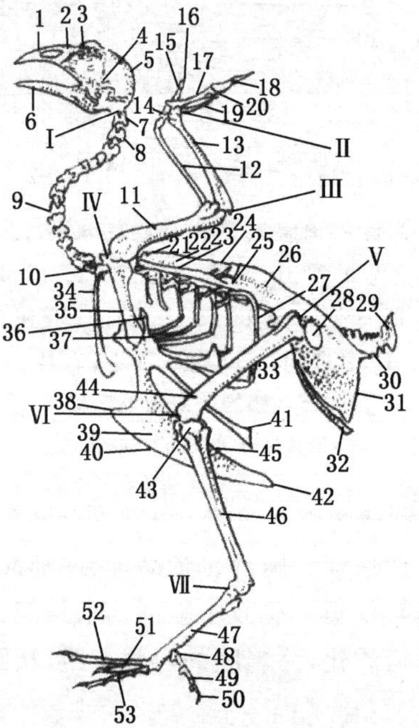

1. 前颌骨 2. 鼻骨 3. 泪骨 4. 方骨 5. 枕骨 6. 下颌骨 7. 寰椎 8. 枢椎 9. 颈椎 10. 最后颈椎 11. 臂骨 12. 桡骨 13. 尺骨 14. 腕骨 15. 第 2 索骨 16. 第 2 指骨 17. 第 3 掌骨 18. 第 3 指骨 19. 第 4 掌骨 20. 第 4 指骨 21. 第 1 胸椎 22. 第 2 至第 5 胸椎 23. 肩胛骨 24. 第 6 胸椎 25. 钩突 26. 髂骨 27. 椎骨肋 28. 髂坐孔 29. 尾综骨 30. 尾椎 31. 坐骨 32. 耻骨 33. 闭孔 34. 锁骨 35. 乌喙骨 36. 胸乌喙骨 37. 胸骨肋 38. 吻突 39. 胸骨 40. 胸骨嵴（龙骨）41. 后内侧突 42. 剑突 43. 膝盖骨 44. 股骨 45. 腓骨 46. 胫骨 47. 大跖骨 48. 第 1 跖骨 49. 第 1 趾骨 50. 爪 51. 第 2 趾骨 52. 第 3 趾骨 53. 第 4 趾骨 Ⅰ. 枕寰关节 Ⅱ. 腕关节 Ⅲ. 肘关节 Ⅳ. 肩关节 Ⅴ. 髋关节 Ⅵ. 膝关节 Ⅶ. 踝关节

图 1-7　鸡的骨骼名称

（实用养鸡大全，江苏泰州畜牧学校，1992）

(四)家禽的鉴定

1. 家禽性别的鉴别　根据家禽的性别外貌特征对不同家禽进行性别鉴别(表1-1)。

表1-1　家禽的性别外貌鉴别

项目	鸡	鸭	鹅	火鸡
头颈	公鸡头颈较粗大	公鸭颈粗短,母鸭颈细长	公鹅比母鹅头大,颈粗长	公火鸡头颈部有皮瘤,上喙两鼻间有肉锥;母火鸡皮瘤、肉锥小
冠肉垂	公鸡冠、肉垂大,颜色鲜红		公鹅比母鹅额疱高	
羽毛	公鸡的鞍羽、颈羽、镰羽较长,末端呈尖形;母鸡的鞍羽、颈羽末端呈钝圆形	公鸭覆尾羽有2～4根卷羽称"性羽"公麻鸭副翼羽上有亮绿的镜羽		公火鸡胸前有须羽一束,尾羽发达,呈扇形
鸣声	公鸡啼声洪亮,喔喔长鸣	公鸭叫声低短、嘶哑;母鸭鸣声洪亮,做呷呷声	公鹅鸣声洪亮;母鹅叫声低细、短平	
胫部	公鸡胫大有距;母鸡胫细,距小或无	公鸭比母鸭胫粗壮	公鹅脚高,母鹅脚低	公火鸡胫上有距
体躯	公鸡体躯比母鸡高大,母鸡后躯发达,腹部下垂	公鸭胸宽背深,母鸭背宽腹大,母鸭比公鸭体躯小而长	公鹅胸宽广,翻开其泄殖腔,可见螺旋状的阴茎;母鹅腹部皮肤皱褶成肉袋,称"蛋窝"	
耻骨、神态	公家禽体大,站立时轩昂挺直、好斗,体态轩昂;母禽体小清秀,温顺,体态文雅。成年母禽耻骨薄而柔软,耻骨间距大;公禽耻骨厚而硬,耻骨间距小			

2. 家禽的健康状况的鉴定　健康鸡喙短而宽,微弯,冠和肉垂鲜红湿润、丰满、温暖、无病灶,脸部红润、无病灶,眼大有神,胸宽深,胸骨硬而直,腹圆,羽毛有光泽,尾直立,体重正常,反应敏捷,采食快。

病弱鸡呆立不爱动,喙窄而直,冠和肉垂苍白、萎缩、干燥、冰凉或紫色,脸苍白、有病灶,眼小而无神,常紧闭,胸瘦弱,胸骨脆弱呈S形弯曲,大小胸,翼下垂或折断或烂翅,羽毛污秽,无光泽,体重过小或过大。

3. 家禽年龄鉴定　家禽最准确的年龄,只能根据出雏日期来断定,但家禽的大概年龄可凭它的外形来估计。以鸡为例,比较青年鸡与老年鸡的区别。

青年鸡的羽毛结实光润,羽轴较粗大柔软、充血或呈乳白色,羽根有脉管或鳞片鞘所包围;胸骨直,其末端柔软,胫部鳞片光滑细致、柔软,小公鸡的距尚未发育完全,小母鸡的耻骨薄而有弹性,而耻骨间的距离较窄,泄殖腔较紧而干燥。

老年鸡在换羽前的羽毛枯涩凋萎,羽轴坚硬,较细,透明,鳞片鞘脱落,旧羽在羽片基部有一小撮副线羽,胸骨硬,有的弯曲,胫部鳞片粗糙,坚硬,老公鸡的距相当长。老母鸡耻骨厚而硬，两耻骨间的距离较宽，泄殖腔肌肉松弛。

（五）家禽的生产性能评定

以鸡为例，通过外貌特征和生理特征对家禽的生产性能进行评定，在此仅评定产蛋性能，参见表 1-2。

表 1-2 高产鸡与低产鸡的外貌特征的区别

项目	高产鸡	低产鸡
头部	头部清秀，头顶宽、呈方形	粗大或狭窄，呈长方形
冠和肉垂	鲜红有弹性，细致润泽而温暖	色暗淡，皱缩干燥，粗糙无温暖感
胸部	宽深向前突，胸骨直长	窄浅，胸骨短或弯曲
体躯	背长宽而直	背短窄或呈弓形
触摸品质	腹部柔软，细致有弹性	弹性差，过肥或过瘦
胸骨末端到耻骨距离	4 指以上	3 指以下
耻骨间距	3 指以上	2 指以下
耻骨	簿而有弹性	厚硬、弹性差
肛门	大，呈椭圆，丰满湿润	小，呈圆形，皱缩干燥
换羽（秋季）	换羽迟，速度快，每次同时换 2 或 3 根主翼羽	换羽早，速度慢，每次只换 1 根主翼羽
色素消失（黄皮肤品种）	肛门、眼、耳叶、喙、胫色依次退色彻底	肛门、眼、耳叶等退色次序乱、不彻底

五、注意事项

（1）在保定家禽时，手抓住大腿的上部，以防被家禽抓伤、啄伤。

（2）鉴定不同家禽时，注意比较不同家禽的相应部位的区别。

（3）在鉴定家禽的年龄、健康状况、生产性能时，不但要注意观察外貌差异，还要注意其行动及触摸品质，做到全面比较。

六、作业

（1）叙述公、母鸡的颈羽、鞍羽和尾羽的区别；通过观察主翼羽脱换，估测母鸡停产时间。

（2）绘制鸡的翼羽图并标明羽毛名称 。

（3）识别家禽的性别，鉴别健康鸡与病弱鸡。

（4）按照实验中表 1-2 的项目设计一表格，评定 3～5 只鸡的产蛋性能。

实验二　家禽内部器官观察

一、实验目的与要求

学习解剖家禽的步骤和方法，了解鸡各内脏器官的结构特点及其相互关系，了解健康检查和病理解剖的初步知识。

二、实验材料和用具

各类型公母家禽若干只，解剖用具（如解剖刀、手术剪、镊子、解剖台等），盛血、盛鸡毛容器。

三、实验方法、步骤和操作要领

（一）外观

先整体上观察精神状态、翼、尾等，以分辨健康鸡和病弱鸡。健康鸡活泼好动、眼大有神、羽毛紧贴体躯、翅膀收缩有力、尾羽高翘；病鸡精神委靡、两眼紧闭、翅尾下垂，常蜷缩于角落。然后从头部到尾部再逐一进行观察。

1. 鸡冠、肉垂　健康鸡的冠与肉垂为红色。如冠苍白说明贫血或肝破裂、内出血、鸡伤寒、白血病等；黑紫色常见于霍乱、鸡新城疫、盲肠肝炎等；皮肤及冠上出现丘疹样结痂，常见于鸡痘。肉垂肿大如球状、青紫色，多为鸡霍乱。

2. 鼻孔、口腔　观察有无异物流出，有无渗出物结痂等，如有，多见于传染性鼻炎、鸡霍乱、鸡新城疫、鸡霉形体病等。

3. 眼　肿大睁不开，多见于鸡霍乱、鸡痘、传染性喉气管炎。瞳孔缩小、呈锯齿状，一般为马立克氏病。

4. 皮肤　观察有无结节及出血、水肿。如有结节多见于皮肤型马立克氏病。

5. 羽毛　肛门部位羽毛污染严重多为鸡白痢；羽毛如有被啄而掉，应考虑光照、维生素A、含硫氨基酸等的影响；羽毛大量脱落多见于葡萄球菌病。

6. 关节、脚趾　如肿胀，多见于病毒性关节炎、霉形体病、大肠杆菌病、关节型痛风、高钙低磷、缺锰缺锌、葡萄球菌感染等。

（二）宰杀

1. 颈外放血法　左手握鸡两翅，将鸡颈向背部弯曲，并以左手的拇指和食指固定其头，同时左手小指钩住鸡的一脚。右手将鸡耳下颈部宰杀部位的毛拔去少许，然后用刀切断颈动脉或颈静脉，放血致死即可。血放于盛血杯中。

2. 口腔内放血法　将鸡两腿分开倒悬于吊鸡架上，左手握鸡头于手掌中，并以拇指和食指将鸡嘴顶开，右手拿解剖刀，将刀背面与舌面平行伸入口腔，待刀进入左耳部附近，即翻转刀面使刀口向下，用力切断颈静脉和桥形静脉联合处，放血致死即可（图2-1）。火鸡、鹅等体重大的家禽可用电击法。

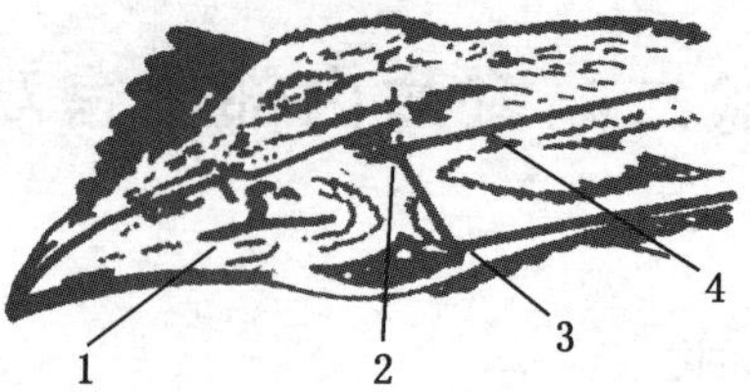

1.腭裂(在此穿刺延脑) 2.血管割断处 3.桥形静脉 4.颈静脉

图实 2-1 屠宰家禽时脉管割断处

(三)解剖

解剖健康鸡时,应注意保持鸡体清洁;对于病鸡,必须严格消毒,用消毒液将羽毛浸湿,以防散乱,剖解后尸体一定要深埋。

(1)将尸体放于解剖盘中,剪断上喙,挤压鼻道,看有无异常黏液或血液。

(2)从嘴裂处剪开,观察口腔喉头黏膜有无干酪样异物,若有多为维生素 A 缺乏症;找到气管和食管,将气管剪开看黏膜有无充血、出血、炎性分泌物等,以诊断是否为呼吸道疾病。

(3)将尸体仰卧,沿腹中线切开皮肤,撕向胸、颈部,使与皮下分离,然后用力压下两大腿骨,使两髋关节脱臼,两腿外展平放于手术台上。检查皮下情况,如肌肉出血常见于传染性囊病、磺胺类药物中毒、霉菌毒素中毒等;胸肌若为单侧灶性出血或坏死,很可能是注射疫苗或药物引起;当出现内出血、住白细胞原虫病时,常可见肌肉颜色变淡;缺硒时可见腹部皮下积绿色的水肿液,该病多见于 20～60 日龄肉鸡;皮下出现水肿、充血、出血、坏死等常为葡萄球菌病等。

(4)内脏检查。从后腹部中线横向切开腹壁,于切口的两侧沿肋骨边缘剪开,手持龙骨尖,掀起胸骨,胸、腹腔暴露。先总体观察各脏器的自然位置、颜色,体腔内有无液体,气囊有无混浊、增厚,各脏器是否粘连。如腹腔内有多量清亮或淡黄色的液体,常见于肉鸡腹水症、肝硬化等;若有大量纤维素渗出物,各脏器粘连并伴有腹膜炎时,多见于大肠杆菌病和沙门氏杆菌病。然后识别各部位的名称,再依次按各大系统仔细进行检查。

①消化系统。消化系统包括喙、口腔、咽、食道、嗉囊、腺胃、肌胃、小肠(十二指肠、空肠、回肠)、盲肠、大肠(结肠、直肠)、泄殖腔、肝脏和胰脏。应注意观察腺胃和肌胃形状,腺胃乳头,肌胃内容物、角质膜等,十二指肠、胰腺、胆囊形状,盲肠扁桃体,泄殖腔形状及组成等。

腺胃和肌胃:观察形状、有无肿大、其内壁有无出血或溃疡。腺胃纵向切开露出腺胃乳头,如肿大、乳头消失融合变成肿瘤,胃壁增厚,多见于马立克氏病;腺胃与肌胃交界处出血多见于新城疫、传染性囊病;肌胃切开露出并撕去角质膜,观察其内壁,若有斑点状出血多为新城疫或传染性囊病。观察肌胃内容物,如变为巧克力色,说明有出血,多见于肌胃糜烂或溃疡。

肠道:观察有无出血、充血和肿胀,有无寄生虫。如盲肠扁桃体出血、肿胀、溃疡多见于新城疫和传染性囊病。

泄殖腔:用剪刀沿肛门背侧纵向剪开,观察泄殖腔的构造,同时注意输尿管、输卵管在生殖道上的开口。

肝脏:观察肝脏的大小、颜色、有无病灶等。如肝肿大,颜色呈灰黄或红黄色,常为脂肪肝,若青年鸡、成年鸡肝呈土黄色、质脆,可能为脂肪肝出血综合征;如果只见肝破裂,没有其他任何肉眼病变，应考虑饲料问题等。

胆囊：观察其大小，胆汁颜色、浓度等，若胆囊肿大说明肠道有炎症。

②呼吸系统。呼吸系统由鼻腔、喉头、气管、鸣管或鼓室、支气管、肺和气囊组成。观察气囊，着重检查肺脏的颜色、质地、有无淤血、水肿、坏死等。

③循环系统。包括心脏和血管、红骨髓、脾脏和法氏囊。注意着重观察心脏的形状、大小、颜色、心包膜有无增厚，与心外膜有无粘连，有无积水；脾脏的形状、颜色、大小，正常时为扁三角形，肿大多为大肠杆菌等病原菌病；法氏囊的形状、大小、颜色等。

④泌尿系统。泌尿系统包括肾脏和输尿管。摘除消化器官和生殖系统，露出紧贴于鸡腰部内侧的泌尿系统，然后着重观察肾脏的大小、颜色、形状，有无尿酸盐沉积等。

⑤生殖系统。雄性生殖系统由睾丸、附睾、输精管和交接器（鸭、鹅称阴茎）所组成。雌性生殖系统由卵巢和输卵管组成。先观察公母鸡生殖器官的不同，然后分别进行观察。

公鸡生殖器官：着重观察公鸡的睾丸、输精管形态和位置，同时注意观察输精管和输尿管的区别。

母鸡生殖器官：重点观察母鸡的卵巢和输卵管的形态和结构，注意右侧卵巢退化，只有左侧发育正常。观察卵巢的形状，识别卵泡并摘除，仔细观察卵泡破裂缝（肉眼看不到血管的淡色缝痕）。仔细将输卵管移出，识别后用剪刀逐一纵向剪开，观察输卵管的内部构造、特点及分界处。漏斗部：形状似喇叭，薄而透明；蛋白分泌部：为输卵管最长部分，内有黏膜形成纵褶，后端有明显窄环峡部区分；峡部：为输卵管较窄较短的一段，内部纵褶不明显，后端为纵褶尽头；子宫部：呈袋形，内有纵横的深褶，后端止于紧缩部分的阴道部；阴道部：为输卵管最后部分，开口于泄殖腔。为了仔细观察阴道部在生殖道上的开口，可在剪开泄殖腔观察其构造时进行观察。如母鸡卵巢为一实体或球形多是患马立克氏病；输卵管变短变形时多为传染性支气管炎等。

四、实验注意事项

(1)保定家禽时防止使禽受惊过度。

(2)注意宰杀和剖解家禽时的方法及注意事项。

(3)为便于观察输卵管的内部构造，最好不要用休产鸡。

(4)观察法氏囊最好用幼禽。

五、作业

(1)绘制鸡内脏器官自然位置图。

(2)绘制鸡生殖器官和消化器官图。

(3)根据观察结果说明鸡内脏器官的结构特点。

实验三　家禽品种识别与鉴定

一、实验目的和要求

通过实验，能识别家禽主要品种及其特征。

二、实验材料和器具

不同类、型、品种、品变种家禽若干只，鸡笼、品种图片、挂图、标本或幻灯片、鉴定记录表等。

三、实验方法、步骤和操作要领

(一)熟悉鸡的类、型、品种、品变种的分类方法

标准品种的分类方法是把家禽按类、型、品种、品变种 4 级分类。

类(Class)：按家禽的原产地划分。主要有亚洲类、英国类、美洲类、地中海类等。

型(Type)：按家禽的用途划分，鸡分蛋用型、肉用型、兼用型、观赏型、药用型和其他 6 型；鸭分蛋用型、兼用型和肉用型；鹅属肉用型。

品种(Breed)：家禽种内经过选育而形成的来源相同，性状一致，经济性能相似，遗传性稳定，有一定适应性和足够数量的纯种类群。

品变种(Variety)：品种内根据羽色和冠型等特征不同划分的。

表 3-1　家禽主要标准品种分类简表

禽种	类	型	品种	品变种
鸡	地中海	蛋用	来航	单冠白、玫瑰冠褐
	美洲	兼用	洛岛红	单冠、玫瑰冠
	美洲	兼用	洛克	白洛克、芦花洛克
	亚洲	肉用	狼山	黑狼山、白狼山
	英国	肉用	科尼什	白科尼什、红科尼什
鸭	中国	肉用	北京鸭	
	英国	蛋用	康贝尔	咔叽-康贝尔
鹅	中国	肉用	中国鹅	中国白鹅、中国灰鹅
火鸡	美洲	肉用	青铜色火鸡	

(二)熟悉鸡的主要标准品种、地方鸡种和现代鸡种，了解鸭和鹅的特征。

(1)白来航鸡(White Leghorns，图 3-1)。白来航鸡原产于意大利。体型小而清秀，白羽，单冠，喙、胫、皮肤均为黄色，耳叶白色。雏鸡出壳 140 天左右开产，72 周龄产蛋 220 枚以上，高产的可超过 300 枚。平均蛋重 56 g 以上，蛋壳白色。成年公鸡体重 2.5 kg，成年母鸡体重 1.75 kg 左右，活泼好动，易受惊吓，无就巢性，适应能力强。

(2)洛岛红鸡(Rhode Island Reds,图 3-2)。洛岛红鸡育成于美国洛德岛州,我国引进的为单冠品变种。体羽深红色,尾羽黑色。体躯略近长方形。喙褐黄色,胫、皮肤黄色。性成熟期约 180 天,年产蛋量约 180 枚。蛋重 60 g,蛋壳褐色。成年公鸡体重 3.70 kg,母鸡 2.75 kg。

图 3-1　白来航鸡(左公右母)

图 3-2　洛岛红鸡

(3)新汉夏鸡(New Hampshires,图 3-3)。新汉夏鸡属兼用型鸡种,育成于美国的新汉夏州。体型外貌与洛岛红鸡相似,但背部较短,羽毛颜色较浅。各项生产性能亦与洛岛红鸡相似,只有单冠。标准体重公鸡为 3.6 kg,母鸡为 2.7 kg。

(4)横斑洛克(Barred Plymouth Rocks,图 3-4)。横斑洛克也称芦花(洛克)鸡,属兼用型。全身羽毛是黑白相间的横斑纹,单冠,耳叶红色,喙、胫、皮肤均为黄色。标准体重公鸡 4.0 kg,母鸡 3.6 kg。年产蛋量为 180 枚,蛋重 60～62 g,蛋壳褐色。

图 3-3　新汉夏鸡

图 3-4　横斑洛克

(5)白洛克(White Plymouth Rocks,图 3-5)。白洛克外形与横斑洛克品变种相仿。单冠,肉垂和耳叶均为红色。喙、胫和皮肤均黄色。全身羽毛白色。成年体重公鸡 4.0～4.5 kg,母鸡 3.0～3.5 kg。年产蛋量 150～160 枚,蛋多品系达 200 枚以上,蛋重 60 g 左右,蛋壳浅褐色。它与白科尼什优秀品系的公鸡配套杂交,成为白羽肉鸡的优秀母系。

(6)白科尼什鸡(White Cornish,图 3-6)。白科尼什鸡产于英格兰的康瓦尔,属科尼什的一个品变种。豆冠、喙、胫和皮肤黄色,体躯坚实,肩、胸很宽,胸、腿肌肉发达,胫粗壮。成年公鸡 4.5～5.0 kg,母鸡 3.5～4.0 kg,年产蛋量 120 枚左右,蛋重 56 g,蛋壳浅褐色。目前已被育成为肉鸡显性白羽父系。

图 3-5 白洛克

图 3-6 白科尼什鸡

(7)狼山鸡 (Langshan,图 3-7)。狼山鸡产于我国江苏省南通地区,有黑色和白色两个品变种。体型外貌最大特点是颈部挺立,尾羽高耸,背呈 U 字形。胸部发达,体高腿长,外貌威武雄壮,头大小适中,眼为黑褐色。单冠直立,冠、肉垂、耳叶和脸均为红色。皮肤白色,喙和胫为黑色,羽毛多为黑色,胫外侧有羽毛。性成熟期为 7～8 个月,年产蛋量 170 枚,蛋重 59 g,蛋壳为褐色。成年公鸡体重 4.15 kg,母鸡 3.25 kg。

(8)丝毛乌骨鸡(Silkies,图 3-8)。丝毛乌骨鸡原产于我国江西、广东、福建等省,分布遍及全国,为玩赏型鸡。其外貌特征有"十全",即紫冠(冠体如桑葚状)、缨头(羽毛冠)、绿耳、胡子、五爪、毛腿、丝毛、乌皮、乌骨、乌肉。此外,眼、喙、趾、心脏及脂肪也是乌黑色。成年公鸡体重 1.35 kg,母鸡 1.20 kg,年产蛋量 80 枚,蛋重 40～42 g,就巢性强。

图 3-7 狼山鸡

图 3-8 丝毛乌骨鸡

(9)大骨鸡(Dagu (big bone) chickens,图 3-9)。大骨鸡,又名庄河鸡,属蛋肉兼用型。原产于辽宁省庄河县,单冠直立,体格硕大,腿高粗壮,结实有力。身高颈粗,胸深背宽,腹部

图 3-9 大骨鸡(左公右母)

丰满，敦实有力。公鸡颈羽、鞍羽为浅红色或深红色，胸羽黄色，肩羽红色，主尾羽和镰羽黑色有翠绿色光泽，喙、跖、趾多数为黄色。母鸡羽毛丰厚，胸腹部发达，年产蛋量 146 枚，平均蛋重 63 g。

(10)白耳黄鸡(Buff Baier(white ear) chickens，图 3-10)。白耳黄鸡主产于江西上饶地区，蛋用型。体型矮小，体重较轻，羽毛紧密，后躯宽大。黄羽、黄喙、黄脚，白耳，故称“三黄一白”。公鸡体呈船形，单冠直立，冠和肉垂均呈鲜红色，虹彩金黄色。喙略弯，呈黄色或次黄色，有时上喙端部呈褐色。头部羽毛短，呈橘红色，梳羽深红色，大镰羽不发达，黑色呈绿色光泽，小镰羽橘红色，其他羽毛呈淡黄色。母鸡呈三角形，结构紧凑，单冠直立。少数母鸡成熟后，冠倒伏。肉垂较短，耳叶白色。眼大有神，虹彩橘红色。全身羽毛呈黄色。公、母鸡的皮肤和胫部呈黄色，无胫羽。

图 3-10 白耳黄鸡 (左公右母)

(11)北京油鸡(Beijing Fatty chickens，图 3-11)。北京油鸡主产于北京郊区，肉用型。体躯中等大小，羽色分赤褐色和黄色两类。前者体型较小，后者体型较大。成年鸡羽毛厚密蓬松，公鸡羽毛鲜艳光亮，头部高昂，尾羽多黑色。母鸡头尾多翘，颈部略短，体态敦实。尾羽与主副翼羽常夹有黑色或半黄半黑羽色。北京油鸡具有冠羽、胫羽，有些个体有趾羽。不少个体颌下或颊部有胡须。因此人们常将这三羽(风头、毛腿、胡子嘴)称为北京油鸡的外貌特征。母鸡 7 月龄开产，年产蛋 110 枚。成年公鸡 2.0～2.5 kg，母鸡 1.5～2.0 kg。

图 3-11 北京油鸡(左公右母)

(12)惠阳鸡(Huiyang Bearded chickens，图 3-12)。惠阳鸡原产于广东惠州市，属肉用品种。头大颈粗，胸深背宽，胸肌发达，胸角一般在 60°以上。后躯丰满，体躯呈葫芦瓜形。

颌下有发达而张开的胡须状髯羽，无肉垂或仅有一些痕迹。公鸡单冠直立，喙粗短而黄，虹彩橙黄色，耳叶红色。梳羽、蓑羽和镰羽金黄色而富有光泽。背部羽毛枣红色，分有主尾羽和无主尾羽两种。主尾羽多呈黄色，但也有些内侧是黑色，腹部羽色比背部稍淡。母鸡单冠直立，喙黄，虹彩橙黄色，耳叶红色，全身羽毛黄色，有些主翼羽和尾羽黑色。尾羽不发达。脚黄色。成年公鸡体重为 2.2 kg，母鸡 1.6 kg。开产日龄 115～200 天，年产蛋 98～112 枚，蛋重为 46 g，蛋壳浅褐色。

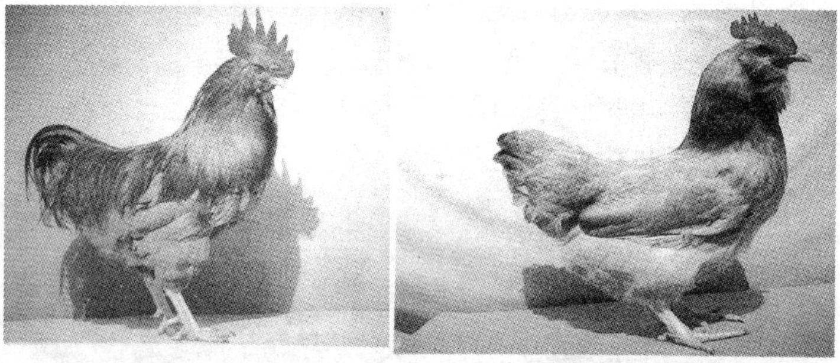

图 3-12　惠阳鸡(左公右母)

(13)清远麻鸡(Qingyuan partridge chickens，图 3-13)。清远麻鸡产于广东清远市，肉用鸡种。体型特征："一楔"，"二细"，"三麻身"。"一楔"指母鸡体态象楔形，前躯紧凑，后躯圆大；"二细"指头细，脚细；"三麻身"指母鸡背羽面主要有麻黄、麻棕、麻褐 3 种颜色。公鸡头大小适中。冠直立，颜色鲜红，肉垂、耳叶鲜红。虹彩橙黄色，喙黄。颈部长短适中，头颈羽、背羽金黄色，胸羽、腹羽、尾羽及主翼羽黑色，肩羽、蓑羽枣红色。脚短而黄。母鸡头细小。单冠直立，颜色鲜红，冠、耳叶呈鲜红。喙黄而短，虹彩橙黄色。颈长短适中，头部和颈前 1/3 的羽毛呈深黄色。背部羽毛分黄、棕、褐三色，有黑色斑点，形成麻黄、麻棕、麻褐 3 种。主、副翼羽的内侧呈黑色，外侧呈麻斑，由前至后变淡而麻点逐渐消失。胫趾短细，呈黄色。成年体重公鸡为 2.2 kg，母鸡为 1.75 kg。年产蛋 70～80 枚，平均蛋重 46.6 g，壳色浅褐色。

图 3-13　清远麻鸡(左公右母)

(14)仙居鸡(Xingju chickens，图 3-14)。仙居鸡产于浙江省仙居县，蛋用鸡。单冠，耳叶椭圆形。肉垂薄，中等大小，均鲜红色。眼睑薄，虹彩多呈橘红色，也有金黄、褐、灰黑等色。羽片贴体躯，皮肤白色或淡黄色，胫趾有黄、青二色，但以黄色为选育对象，仅少数胫部有小羽。公鸡冠直立，高 3～4 cm。羽毛主要呈黄红色，梳羽、蓑羽色较浅，有光泽，主翼羽红夹黑毛，镰毛和尾毛均为黑色。母鸡冠矮，高约 2 cm，羽色较杂，但以黄色为主，颈羽颜色较深，主翼羽片半黄半黑，尾羽黑色。尚有少数白羽、黑羽。成年公鸡体重 1.25～1.50 kg，母鸡 0.75～1.25 kg，开产日龄为 180 天，早的 140 天，年产蛋为 160～180 枚，蛋重为 42 g 左右，壳色以浅褐色为主。

图 3-14　仙居鸡(左公右母)

(15)现代白壳蛋鸡和褐壳蛋鸡(图 3-15 和图 3-16)。现代鸡种根据其经济用途分为蛋鸡系和肉鸡系两大类，已无兼用型品种。蛋鸡系根据蛋壳颜色分白壳蛋系、褐壳蛋系和粉壳蛋系。肉鸡系根据生长速度和肉品质分白羽快大型肉鸡和黄羽优质型肉鸡。

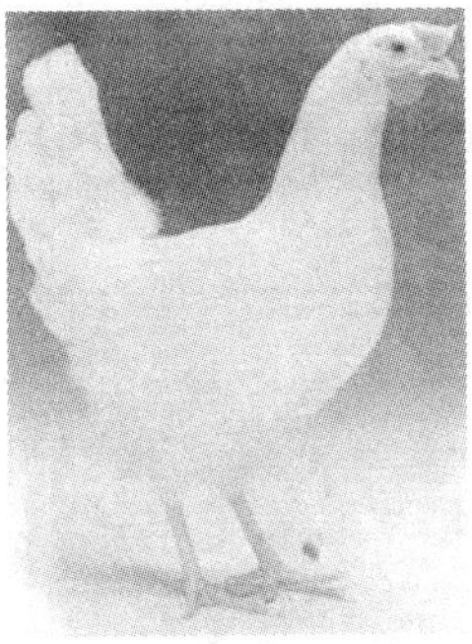

图 3-15　白壳蛋鸡

图 3-16　褐壳蛋鸡

(16)北京鸭(Peking ducks，图 3-17)。北京鸭原产于北京近郊，是世界著名的肉用鸭。北京鸭头颈粗，体长背宽，胸部丰满，前胸昂起，腹部几乎接地。双翅紧贴，腿短粗有力，尾短

图 3-17　北京鸭(左公右母)

而上翘。全身羽毛洁白,雏鸭呈乳黄色,俗称“鸭黄”。成年体重公鸭 3～3.5 kg,母鸭 2.6～3.0 kg。开产日龄 150～180 天。年产蛋量 180 枚。蛋重 90 g 左右,蛋壳白色。

(17)金定鸭(Jinding ducks,图 3-18)。金定鸭是我国优良蛋鸭品种之一。公鸭体躯较长,头部和颈部羽毛墨绿,有光泽;前胸赤褐色,背部灰褐色,腹部羽毛灰白色;翼羽深褐色,有镜羽。母鸭体躯细长而紧凑,全身赤褐色麻雀羽,羽片中布满大小不等的黑色斑点。翼羽深褐色,有镜羽。成年体重公鸭 1.6～1.7 kg,母鸭 1.75 kg 左右。母鸭 100～120 天开产,年产蛋量 260～300 枚,平均蛋重 72 g。

图 3-18 金定鸭(左公右母)

(18)狮头鹅(Lion head geese,图 3-19)。狮头鹅原产于广东省,是我国最大的鹅种。狮头鹅体躯硕大轩昂,头大而深,头顶上有肉瘤向前倾,颌下咽袋发达,脸部皮肤松软,从正面看像雄狮头状,故称狮头鹅。毛色棕褐色、灰褐色和灰白色 3 种。狮头鹅最大的特点是体重大,成年公鹅体重 10～12 kg,最大 15～17 kg,母鹅 9～10 kg,最大 12～13 kg。母鹅 150～180 天开产,年产蛋 25～35 枚,蛋重 105～255 g ,蛋壳白色。

图 3-19 狮头鹅(左公右母)

(19)豁眼鹅(Huoyan geese,图 3-20)。豁眼鹅,原产于山东莱阳地区,分布于辽宁昌图、吉林通化及黑龙江延寿县等地,为中国鹅中的小型白鹅品变种。该鹅种外貌上的独特特征是上眼睑有一个疤状缺口,故称“豁眼鹅”。少数个体颌下有咽袋和腹褶。全身羽毛白色。成年公鹅体重 3.4～4.7 kg,母鹅 2.7～4.3 kg。产蛋多是本品种的特点。在饲料充足、细致的饲养管理条件下,有年产蛋 180～200 枚的实例,平均蛋重 120～130 g ,蛋壳白色。

图 3-20　豁眼鹅(左公右母)

(三)家禽品种特征的鉴定

(1)放映鸡、鸭、鹅品种幻灯片,或观察鸡、鸭、鹅品种图片、挂图或标本,由教师讲解,使学生熟悉不同类型的主要家禽品种、品变种的主要特征。

(2)实际观察鉴定各主要品种的外貌形态和主要特征。观察时注意冠形,羽毛色泽,羽毛斑形,皮肤、耳叶、喙和胫的色泽等。

(3)鉴定品种的缺点和失格。在研究品种时,由于每一品种都按一定的标准选育而来,具有一定的品种特征,故对各品种的主要特征有必要了解。如果一个品种的某一个体有不符合品种要求的特征,叫做有缺点。如果这个缺点是遗传的,或者缺点是比较严重的,叫失格,就需要淘汰。家禽品种的一般缺点和失格见表 3-2。

表 3-2　家禽品种的一般缺点和失格(邱祥聘,1993)

项目		缺点或失格
外貌和羽毛	喙	畸形喙,如鸡的上下喙交错,鸭的凹形喙
	冠	畸形冠,如单冠和豆冠倒向一侧(地中海类。新汉夏、道金鸡除外),玫瑰冠倾斜一侧,单冠上有侧枝等,其他不符合品种要求的冠形
	羽毛冠、胡、须	有羽毛冠、胡、须的品种没有羽毛冠、胡、须。无羽毛冠、胡、须的品种有羽毛冠、胡、须,都是失格
	背	驼背或其他畸形
	翼	翼羽畸形,如主翼羽或副主翼羽分开,主翼羽下垂,主副翼羽扭曲
	尾	畸形尾,如缺覆尾羽、直立尾、歪尾、松鼠尾、分裂尾或扭曲尾等
	胸	胸骨弯曲
	胫与脚	两脚不直立,呈“O”形或“X”形,无胫羽、脚羽、趾羽的品种在胫、脚、趾上有胫羽、脚羽、趾羽;公鸡无距,四趾品种多于四趾,五趾品种少于五趾,趾间有蹼,鸭形脚等
	性羽	公鸡的颈羽(梳羽)、鞍羽(蓑羽)、镰羽末端呈钝圆形,母鸡的鞍羽、颈羽、覆尾羽末端呈尖形
体重		体重低于本品种标准以下
色泽		皮肤、喙、耳叶、胫的色泽必须符合品种要求。黑色羽毛品种出现红色、黄色羽毛,白色羽毛品种出现其他色泽都是失格;横斑洛克、洛岛红、新汉夏主翼羽上容许出现一根黑羽,但也叫有缺点,如果出现两根以上,叫失格

四、实验注意事项

所观察的品种应有代表性，既要有符合品种特征的个体，又要有缺点或失格的个体；认真观察家禽的每一个部位；注意保定鸡的方法。

五、作业

(1)根据鸡的主要品种特征和品种缺点、失格表鉴定你所观察的品种，填入下列品种鉴定表。

家禽品种鉴定表

家禽序号	品种名称	部位	特征	合格、缺点或失格

(2)比较蛋用型鸡和肉用型鸡在外貌特征上的不同。

实验四　家禽的屠宰和肌肉品质测定

一、实验目的和要求

(1)学习鸡的屠宰方法和步骤，掌握屠宰率测定及计算方法。

(2)掌握肌肉品质测定的方法及计算方法。

二、实验材料和器具

1. 材料　不同品种公、母鸡若干只。

2. 用具　11号手术刀柄、11号手术刀片、手术剪、台秤、电子秤、温度计、瓷盘、盛血盆、胸角器、游标卡尺、离心管、水浴锅、定量滤纸、医用纱布、标准缓冲液 pH 7.0 和 pH 4.0。

3. 仪器　pH测定仪、肌肉嫩度测定仪、系水力测定仪、肉色测定仪、离心机、电子分析天平、分光光度计、电动绞肉机、电热耦测温器。

三、实验方法、步骤和操作要领

(一)家禽的屠宰测定

1. 宰前的准备

(1)家禽屠宰前必须先禁食 12～24 h,只供饮水,其目的既可节省饲料还可使放血完全,保证肉的品质优良和屠体美观。

(2)称活体重。

2. 放血

(1)颈外放血法:左手握鸡两翅,将其颈向背部弯曲,并以左手拇指和食指固定其头,同时左手小指钩住鸡的一脚。右手将鸡耳下颈部宰杀部位的羽毛拔净后用刀(或剪)切断颈动脉或颈静脉血管,放血致死。血放于盛血盆中。待鸡垂死挣扎后方可放手。

(2)口腔内放血法:将鸡两腿分开倒悬于吊鸡架上,左手握鸡头于手掌中,并用拇指及食指将鸡嘴顶开,右手握解剖刀使刀背与舌面平行伸入口腔,待刀伸入至左耳部时将刀翻转使刀口朝下,用力切断颈静脉和桥形静脉联合处(图 4-1(Ⅰ)),然后再斜刀抽出转向硬腭处中央裂缝中部(两眼间)斜刺延脑,破坏脑神经中枢(图 4-1(Ⅱ))。此法使屠体没有伤口,外表完整美观,放血完全,死亡快。

待血流尽后立即称体重,计算血重。此外,还有电击法适用于火鸡、鹅等体重大的家禽。

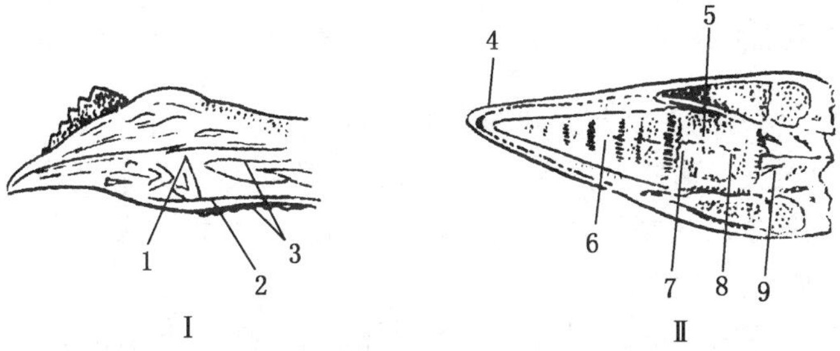

Ⅰ. 放血位置　　Ⅱ. 口腔顶壁

1. 血管割断处 2. 桥形静脉 3. 颈静脉 4. 上喙 5. 刺穿延脑处 6. 腭裂 7. 鼻后孔裂 8. 耳咽管孔 9. 食管

图 4-1　家禽口腔放血法屠宰位置

3. 拔毛

(1)干拔法:采用口腔内放血宰杀的家禽可用干拔法,在血放尽后,将羽毛拔去。注意勿损伤皮肤。

(2)湿拔法:在血放净后,用 60～80℃的热水浸烫,让热水渗进毛根,使毛囊周围肌肉放松而便于拔毛。注意水温和浸烫时间要根据鸡体重的大小、季节差异和鸡的日龄而异,温度不宜太高和浸烫太久。一般以能拔下主翼羽而不伤皮肤为准。拔毛顺序为:头—颈—背—臀—尾—翅—胸—两腿粗毛—绒羽、纤羽。拔完羽毛后沥干水称屠体重,并计算毛重。

4. 屠体外观检查　检查屠体表面是否有病灶、损伤、淤血,如鸡痘、肿瘤、胸囊肿、胸骨弯曲、大小胸、脚趾瘤、外伤、断翅或淤血块等。

5. 屠体测量　用手术刀按图 4-3 做第一切线、第二切线和尾根部切线。测量以下指标。

(1)胸角宽：测量胸角宽常以胸角度表示。方法用胸角器在胸骨前 1/2 的吻突向下垂直，不要过紧夹住胸肌，自然夹角形成的角度数即为胸角宽度。

(2)肌间脂肪宽：将胸部的皮掀开，在胸骨侧突的部位用游标卡尺测量脂肪带的宽度(图 4-2)。适宜的脂肪带宽度为 0.50～1.00 cm，大于 1.00 cm 为过肥，小于 0.50 cm 为肥度不良。

(3)皮下脂肪厚：从尾根部切线向上沿第一切线剥离两侧皮肤，用游标卡尺测量此处的皮脂厚。应用游标卡尺应轻轻卡住，不要用力挤压(图 4-3)。一般皮脂的适宜厚度为 0.30～0.50 cm，在该范围以上为脂肪沉积过多，以下为脂肪过少。

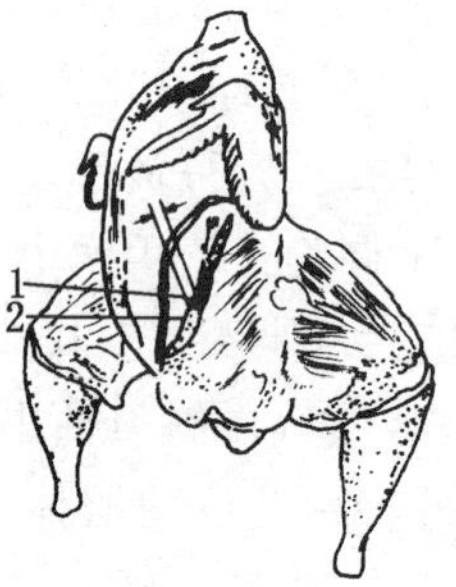

1. 胸骨剑突末端测量部位

2. 肌间脂肪

图 4-2　鸡肌间脂肪带的测量示意图

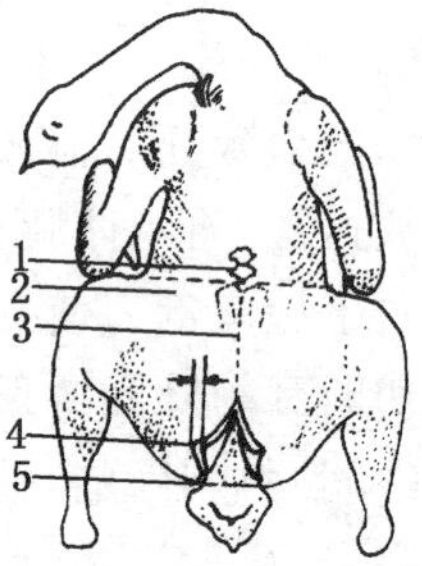

1. 最后胸椎 2. 第二切线 3. 第一切线

4. 皮脂测量部位 5. 尾根切线部位

图 4-3　鸡大腿部各切线定位示意图

6. 开腹去内脏　切开胸侧壁与大腿间的皮肤，用力掰开髋关节，让其脱臼。在胸剑突下方横切一刀，切口伸向腹部两侧。再从切口下缘沿腹部中线纵向切开腹腔，露出腹腔脏器。为防止屠体被污染，开腹前先挤压肛门，使粪便排出。在胸骨剑突处和泄殖腔之间横切一刀，掏出内脏，仅留肺脏和肾脏。

7. 分割头、颈、脚　头从枕寰关节处割下；颈部从颈椎基部与肩的联合处平直切下颈部；脚从踝关节分割并剥去脚皮、趾壳。分别将头、颈、脚称重填入作业的表中。

8. 胸肌分离　胸肌剥离，可分侧进行。切开颈皮，用刀切开乌喙骨和肱骨的筋膜，用刀尖顺肩胛骨内侧划开，再用刀后部从乌喙骨和肱骨处切开肉至锁骨，手抓住翅，拇指插入刀口内部，向下用刀将翅和胸肉一起扯下。

9. 腿肌分离　用左手拿着全腿，内侧向上。由胫部内侧起，从腿部肌肉最下端向上经大腿部用刀划开。抓住胫骨内侧将全腿稍抬起，使关节部略向前弯曲，刀划置大腿部时，进刀应稍深。用刀尖轻轻切开大腿骨与胫骨连接的关节部，将全腿提起，用刀刃压住大腿股骨头，向皮外弯折，折断大腿关节部周围的 3 条筋，这时再将腓骨侧面的 2 条筋切断，并切掉周围残留的筋。

10. 屠宰测定项目

(1)活重：指在屠宰前停饲 12 h，不停水的重量。

(2)放血重：禽体放血后的重量。

(3)屠体重：禽体放血、拔毛后的重量。

(4)胸肌重：以屠体剥离下的胸肌重量。

(5)腿肌重：将禽体腿部去皮、去骨的肌肉重量。

(6)半净膛重：屠体重去气管、食管、嗉囊、肠、脾脏、胰腺和生殖器官，留下心脏、肝脏（去胆）、肺脏、肾脏、腺胃、肌胃（去除内容物及角质膜）和腹脂的重量。

(7)全净膛重：半净膛重去心脏、肝脏、腺胃、肌胃、腹脂及头、颈、脚，留肺脏、肾脏的重量（鸭、鹅保留头、颈、脚）。

(8)腹脂重：包括腹脂（板油）及肌胃脂肪。

(9)翅膀重：从肩关节切下翅膀称重。分割翅分为 3 节：翅尖（腕关节至翅前端）、翅中（腕关节与肘关节之间）和翅根（肘关节与肩关节之间）。

(10)根据实验要求有时要称脚重、肝脏重、心脏重、肌胃重、头重等。

11. 家禽的屠宰测定计算项目

(1)屠宰率＝屠体重/活重×100％

(2)半净膛率＝半净膛重/活重×100％

(3)全净膛率＝全净膛重/活重×100％

(4)胸肌率＝胸肌重/全净膛重×100％

(5)腿肌率＝腿肌重/全净膛重×100％

(6)腹脂率＝（腹脂重＋肌胃外脂肪重）/全净膛重×100％

(7)瘦肉率＝（胸肌重＋腿肌重）/全净膛重或胴体重（鸭）×100％

(二)肌肉品质测定

1. 系水力　是指肌肉蛋白质保持所含水分的能力。肌肉含水率一般为 60.59％～83.87％。系水力与肌肉的嫩度、pH 值、肌纤维等有关，不同品种、性别、部位存在差异。系水力测定方法有加压重量法、熟肉率测定法、滴水损失法等。加压重量法、熟肉率测定法是通过对肌肉施加特定的外部影响来进行测定；滴水损失法是通过测定肌肉本身的特性和成分来衡量肌肉的系水力。

(1)加压重量法：屠宰后 1 h 内，在胸大肌中段取厚 1.0 cm 约 1.0 g 的肉样，用电子分析天平称重（W_1，精确到 0.000 1 g），置于两层医用纱布之间，上下各垫 18 层滤纸，滤纸外层各放一块硬质塑料垫板，然后放置于钢环允许膨胀压缩仪平台上，加压 68.66 kPa，保持 5 min，撤去压力后立即称肉样重（W_2）。按公式计算：

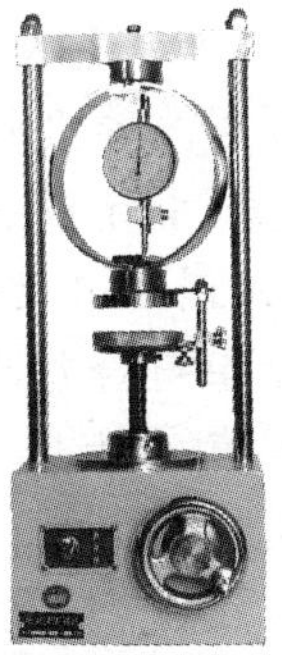

MM-3 应变式无测限压缩仪

系水力（保水率）＝（肌肉含水量－肉样被压出水量）/肌肉含水量×100％＝$[W_1A-(W_1-W_2)]/W_1A\times100\%$

式中：W_1 为加压前重量，单位为 g；W_2 为加压后重量，单位为 g；A 为原肌肉含水率。

(2)滴水损失法：屠宰后 1 h 内取胸大肌（长 5 cm、宽 3 cm、厚 2 cm）称重（W_1），用铁丝钩住肉样一端，使肌纤维垂直向下，装入塑料袋中，肉样不与袋壁接触，封口后在 4℃冰箱中吊挂 24 h 后称重（W_2）。按公式计算：

$$滴水损失=(W_1-W_2)/W_1\times100\%$$

式中：W_1 为滴水前重量，单位为 g；W_2 为加压后重量，单位为 g。

(3)熟肉率测定法：屠宰后 1 h 内取胸肌约 100 g 称重(W_1)，置于铝锅蒸笼用沸水蒸 30 min，蒸后取出吊挂于阴凉处，15 min 后称重(W_2)。按公式计算：

$$熟肉率=W_2/W_1\times100\%$$

式中：W_1 为蒸前重量，单位为 g；W_2 为蒸后重量，单位为 g。

2. 嫩度　指肌肉的鲜嫩程度，它是评定肉质的决定因素和最重要的感官特征。嫩度的大小主要取决于肌肉组织各组分及肌肉内部的生物化学变化对各组分特性的改变。测定方法有剪切测定法和破碎指数测定法。

(1)剪切测定法：屠宰后取 0～4℃熟化 24 h 的胸大肌或大腿肌，经蒸煮袋密封包装后在 80℃恒温水浴锅中加热 30～40 min，使肌肉块中心温度达到 70℃(中心温度用电热耦测温器检测)。取出肉样，冷却 30 min，用手术刀切取与肌纤维平行方向的胸大肌前端，宽 1.0 cm、长度 2.0 cm 的肌肉 3 条，置于嫩度计上测量剪切肉样所需的力值，以千克或牛顿为单位表示，测定后取 3 个点的平均值。

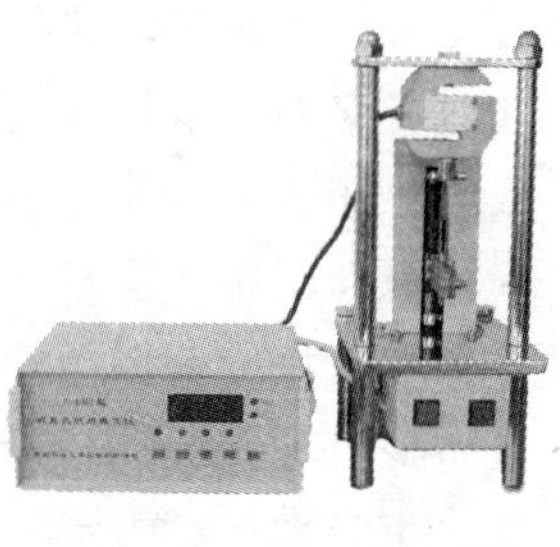

C-LM3 型肌肉嫩度测定仪

优质鸡的肌肉剪切力为 0.5～0.7 kg，快大鸡的肌肉剪切力多为 1.0 kg 以上。

(2)破碎指数测定法：屠宰后 1 h 内称取 10 g 胸大肌或大腿肌肉样，放入 100 mL 不锈钢匀浆杯中，同时加入等量冷的蔗糖(0.24 mol/L)和氯化钾(0.20 mol/L)混合液 50 mL，静置 5 min，用匀浆机全速绞切 40 s。用一已知重量的孔径为 250 μm 的滤网过滤，滤网及残渣用吸水纸吸干称重。然后计算不能通过滤网的破碎肉样重量，折算成每 100 g 肉样中所含有的残渣重量即为肌肉的破碎指数。

破碎指数越小，肉越细嫩；破碎指数越大，则肉越粗老。

3. pH 值　是反映屠宰后肌肉糖原酵解速率的重要指标，它是一个中性性状，在一定范围内降低对改善肌肉的嫩度有利。测定方法有用 pH 测定仪直接测定和间接测定两种。

(1)pH 测定仪直接测定：取屠宰后 45 min 的胸大肌或大腿肌样本，将已校正的电极插入样本中，在同一点重复测定，并读取数值。当分析结果符合允许差的要求时，则取同一点上得到 2 个测定值的算术平均值作为结果。报告每一个点上的平均 pH 值，精确到 0.1。

优质鸡的肌肉 pH 值一般在 6.0～6.5 之间，快大鸡的肌肉 pH 值一般在 5.8～6.5 之间。

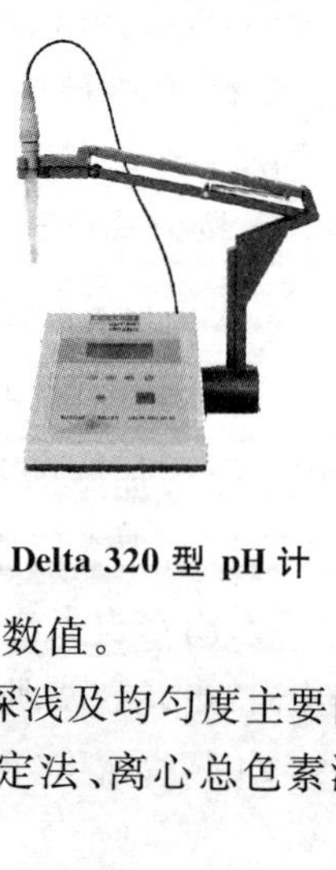

Delta 320 型 pH 计

(2)间接测定：取屠宰后 45 min 的胸大肌或大腿肌(无筋键和脂肪)样本 5 g，立即加蒸馏水 10 mL，在组织捣碎机内捣碎打匀 10 min，全量放入离心管中离心 10 min，(转速为 3 000 r/min)，取出离心管，用滤纸将液面的脂肪除去，将已校正的电极插入样本中，并读取数值。

4. 肉色　肌肉的颜色主要是由肌红蛋白和血红蛋白构成。肉色的深浅及均匀度主要由肌肉色素含量分布及化学状态决定。肉色的测定方法有肉色测定仪测定法、离心总色素测定法和提取总色素测定法。

(1)肉色测定仪测定法：取屠宰后 45 min 的胸大肌或大腿肌样本，将已校正的肉色测定仪插入样本中，在同一点重复测定，并读取数值。当分析结果符合允许差的要求时，则取同一点上得到 2 个测定值的算术平均值作为结果。报告每一个点上的平均肉色数值。

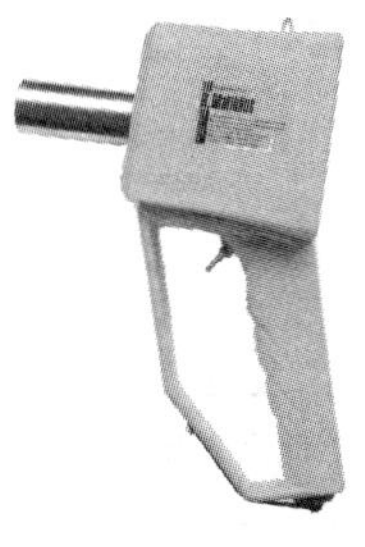

OPTO-STAR 肉色测定仪

(2)离心总色素测定法：称取胸大肌或大腿肌(无筋腱和脂肪)新鲜样品 25 g 左右，立刻加蒸馏水 50 mL，在组织捣碎机内捣碎打匀，全量放入 50 mL 大离心管中进行第一次离心沉淀，取出离心管，将上清液分别装入 2 或 3 个小离心管中进行第二次离心沉淀(转速度均为 3 000 r/min，时间为 10 min)，取出离心管用滤纸将液面的脂肪除去，将上清液放入比色杯中，以 80%的丙酮为对照，用 722 分光光度计在 540 nm 波长测定光密度值。

(3)提取总色素测定法：称取胸大肌或大腿肌(无筋腱和脂肪)匀浆样品 5 g 左右，加 20 mL 丙酮和 1 mL 蒸馏水，搅拌 30 s，再加 0.5 mL 浓盐酸，置暗处 24 h 后过滤，将上清液放入比色杯中，以 80%的丙酮为对照，用 722 分光光度计在 540 nm 波长测定光密度值。

家禽正常的肌肉颜色，胸肌呈灰白色，腿肌呈灰红色。

5. 肌纤维直径　屠宰后 1 h 内的新鲜屠体，在胸大肌顺纤维方向取宽约 1 cm、长约 2 cm、厚约 1 cm 的肌肉束，于固定液中浸泡，置于 4℃冰箱中保存。采用石蜡冰冻切片制作方法作成肌肉组织切片。用图像分析仪或光学显微镜观察测定肌纤维直径，单位为μm。

四、实验注意事项

(1)为避免药物残留，屠宰前应按规定程序停止在饲料中添加药物。

(2)湿拔法去毛需沥干水后，方可称重。

(3)胸肌、腿肌分离后，肌肉边缘附带的脂肪要剔除，腿肌中的软骨、筋腱也要剔除。

(4)测定肌肉 pH 值之前，pH 计一定要分别经过标准缓冲溶液 pH 值 7.0、pH 值 4.0 进行校正，方可进行样品测定。

五、作业

每小组屠宰 1 或 2 只不同品种鸡，要求屠体放血完全、无伤痕，并按屠宰测定顺序将结果填入测定表。要求数据准确、完整，对不同品种鸡的实验测定数据进行比较分析。

肉鸡屠宰测定记录汇总表

测定周龄：　　　测定人：　　　测定时间：　　　年　　月　　日

品种	编号	性别	活重(g)	血重(g)	毛重(g)	屠体		胸角宽	半净膛		全净膛	
						g	%		g	%	g	%

头颈重(g)	脚重(g)	翅重(g)	腿肌		胸肌		腹脂		心、肝、肌胃重(g)	皮下脂肪重(g)	肠重(g)
			g	%	g	%	g	%			

注:此表紧接上表右侧。

肌间脂肪宽(cm)	皮下脂肪厚(cm)	系水力(%)		嫩度(N)		pH值		肉色		备注
		胸肌	腿肌	胸肌	腿肌	胸肌	腿肌	胸肌	腿肌	

注:此表紧接上表右侧。

实验五 禽蛋构造及品质鉴定

一、实验目的和要求

了解禽蛋的构造并掌握禽蛋品质鉴定的方法。

二、实验材料和器材

1.实验材料

(1)新鲜禽蛋(包括鸡蛋、鸭蛋、鹅蛋)若干。

(2)保存4周以上的陈旧禽蛋若干。

(3)煮熟的新鲜禽蛋若干。

2.实验器材 照蛋器、蛋称或天平、游标卡尺、培养皿、玻璃缸、放大镜、小镊子、小剪刀、手术刀、液体比重计、吸管、游标卡尺、滤纸或纱布、软尺、酒精棉、美蓝或高锰酸钾、蛋白高度测定仪(或工业用卡尺)、蛋壳强度测定仪、蛋壳厚度测定仪或千分尺、蛋型指数测定仪、蛋白蛋黄分离器、罗氏(Roche)比色扇、光电反射式色度仪。

三、实验方法及操作步骤

蛋的品质鉴定推荐顺序：蛋重→蛋形指数→相对体积质量→照检→蛋壳强度→壳重→壳厚→气孔数

照检↓蛋白高度→蛋黄色泽→蛋黄重

该方法可以较多地得到蛋的品质资料。

(一)蛋的构造

1.壳上膜(胶护膜)　在蛋壳外面的一层透明的保护膜。

2.蛋壳　蛋壳上有无数个气孔，用照蛋器可以清楚地看到气孔的分布。

3.蛋壳膜　蛋壳膜分为两层，紧贴蛋壳的叫做外壳膜，包围蛋内容物的叫蛋白膜，也叫做内壳膜，外壳膜和内壳膜在蛋的钝端分离开而形成气室。

4.蛋白　由外稀蛋白(约占23%)、浓蛋白(约占57%)、内稀蛋白(约占17.3%)、系带浓蛋白(约占2.7%)组成。

5.系带　在蛋黄的纵向两侧有两条相互反向扭转的白带叫做系带。

6.蛋黄　蛋黄膜—胚盘(或胚珠)—浅蛋黄—深蛋黄—蛋黄心。胚盘(或胚珠)位于蛋黄的表层。胚盘在蛋黄中央有一直径3～4 mm的里亮外暗圆点，而胚珠此圆点不透明且无明暗之分。

(二)蛋的品质测定方法、步骤

蛋品质的测定方法有很多种，常用外观法、透视法、剖解法、仪器测定法等，下面以仪器测定法为主，同时结合透视法、剖解法介绍蛋的品质测定的主要方法、步骤。一般可按下列顺序进行禽蛋的品质测定，同时进一步观察禽蛋的构造。

1.清洁度及完整性　优质鸡蛋表面清洁，无粪便、蛋液、血渍等，且蛋壳表面光滑无裂缝。

2.编号并称蛋重　称蛋重前先将蛋进行编号，然后用蛋秤或天平称测各种家禽的蛋重。鸡蛋的重量在40～70 g之间，鹅蛋重量在120～200 g之间，鸭蛋重量在70～100 g之间。

3.测量蛋形指数　蛋形由蛋的长径(纵径)和短径(横径)的比例即蛋形指数来表示，蛋形指数通常是长径/短径的比值，但也有用短径/长径的比值来表示的，长径和短径用游标卡尺测定。蛋形指数是衡量禽蛋质量的重要指标，它与种蛋的受精率、孵化率及运输有直接的关系。正常形鸡蛋的蛋形指数为1.32～1.39，标准形为1.35(如用短径/长径则分别为0.76～0.72和0.74)。包括非正常形在内的鸡蛋的蛋形指数范围为1.13～1.67(或0.66～0.88)。鸭蛋形指数在1.20～1.58(或0.63～0.83)之间，标准形为1.30(或0.77)。

4.蛋壳颜色　一般外观用白、浅褐、褐、深褐和青色表示。蛋壳颜色可用光电反射式色度仪进行测定，颜色越深，反射测定值越小，反之则越大。测定时用该仪器在蛋的大头、中间和小头分别测定，求其平均值。一般情况下，白壳蛋蛋壳颜色测定值为75以上，褐壳蛋为20～40，浅褐壳蛋为40～70，绿壳蛋为50～60。

5.蛋的相对体积质量测定　蛋的相对体积质量不仅能反映蛋的新鲜程度，也与蛋壳的厚度或致密度有关。测定之前先在每3 L水中加入不同重量的食盐，配制成不同相对体积质量的溶液，分别盛于搪瓷筒或玻璃缸内，用液体比重计校正后使每种溶液的相对体积质量依次相差0.005，详见表5-1。

表 5-1 不同相对体积质量盐水的配制

溶液相对体积质量	加入食盐量(g)	溶液相对体积质量	加入食盐量(g)
1.060	276	1.085	390
1.065	298	1.090	414
1.070	320	1.095	438
1.075	342	1.100	463
1.080	365		

测定时先将蛋浸入清水中，然后依次从低相对体积质量到高相对体积质量食盐溶液中通过，当蛋悬浮在溶液中即表明其相对体积质量与该溶液的相对体积质量相等，见图5-1。蛋壳质量良好的鸡蛋相对体积质量在 1.080 以上，鸭蛋为 1.090 以上，鹅蛋为 1.110 以上。

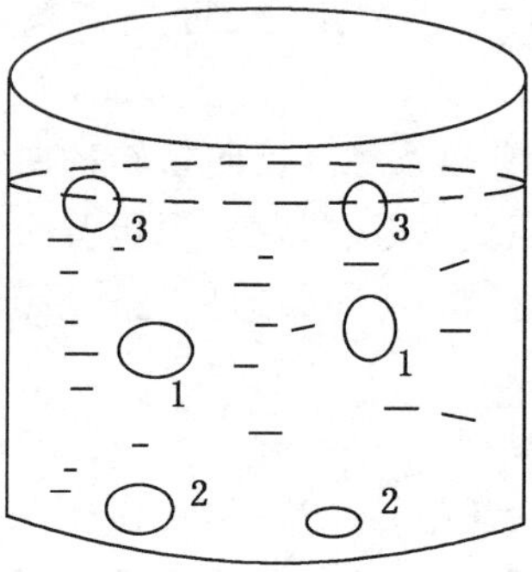

1.与该溶液相对体积质量相等 2.比该溶液相对体积质量大 3.比该溶液相对体积质量小

图 5-1 蛋相对体积质量测定示意图

6.蛋的照检　用照蛋器检视蛋的构造和内部品质。可检视气室大小、蛋壳质地、系带的完整与否、有无血斑和肉斑以及有无散黄等。

用照蛋器观察气室变化，蛋的内容物由于水分蒸发(通过蛋壳上的气孔)而逐渐减少，故气室随保存时间而逐渐变大，新鲜蛋气室相对小，一般直径为 0.9 cm，高度为 2 mm。同时观察气孔的分布。照检时要注意观察蛋壳组织及其致密程度，也要判断系带的完整性，如系带完整，蛋黄的阴影由于旋转鸡蛋而改变位置，但又能很快回到原来位置；如系带断裂，则蛋黄的阴影在蛋壳下面晃动不停。

7.测量蛋壳强度　蛋壳强度是指蛋对碰撞和挤压的承受能力，为蛋壳致密坚固性的重要指标。方法是用蛋壳强度测定仪测定，单位为 kg/cm^2。

8.测定蛋壳厚度　测蛋壳的致密度，用蛋壳厚度测定仪或千分尺分别测定蛋的锐端、钝端和中部 3 个部位的蛋壳厚度，求其平均值(单位为 μm)。注意在测量时去掉蛋壳上的内、外壳膜，为蛋壳的实际厚度，蛋壳质量好的平均厚度一般在 330 μm 以上。如果没有去掉蛋壳内外膜，则是表观厚度，一般在 370 μm。

9.测定蛋白高度和计算哈氏单位　用蛋白高度测定仪测定新鲜蛋(产出当天或第二天中午前)和陈蛋各 1 或 2 枚，先称蛋重，然后将蛋打在蛋白高度测定仪的水平玻板上，测定浓蛋白的高度。测量时取蛋黄边缘与浓蛋白边缘之中点，测量 2 个或 3 个点的蛋白高度，求平均值，单位以 mm 计。

根据蛋白高度和蛋重两项数据，用下列公式算出哈氏单位值，也可用“蛋白品质查询器”查出哈氏单位及蛋的等级。新鲜蛋哈氏单位在 75～85，蛋的等级为 AA 级。

计算公式：

$$HU=100\times\lg(H-1.7\times W^{0.37}+7.6)$$

式中：H 为浓蛋白高度(mm)，W 为蛋重(g)，HU 为哈氏单位。

10. 蛋黄色泽　主要比较蛋黄色泽的深浅度。用罗氏(Roche)比色扇的 15 个蛋黄色泽等级比色，取相应值，一般在 7～9 之间。

11. 血斑和肉斑　是卵子排出时由于卵巢小血管破裂的血滴或输卵管上皮细胞脱落形成。血斑和肉斑与品种有关。

(三)蛋的剖检观察

目的在于直接观察蛋的构造和进一步研究蛋各部分重量的比例以及蛋黄和蛋白的品质等。

(1)为便于观察位于蛋黄上的胚盘或胚珠，应在剖检前将蛋横放于水平位置 10 min。用刀或手术剪在蛋壳中央开一个小洞，然后小心地剪出一个直径为 1.5 cm 的洞口，胚盘或胚珠就位于这个洞口下面。受精蛋胚盘的直径为 3～5 mm，并有稍透明的同心边缘结构，形如小盘。未受精蛋的胚珠较小，为一不透明的灰白色小点。直径 1 mm 左右。

(2)为进一步研究蛋的构造，将洞口的直径扩大到 2～2.5 cm(蛋壳的碎片不要扔掉，还要称蛋壳重)。将内容物小心倒在培养皿中，注意不要弄破蛋黄膜。在蛋壳的里面有两层蛋白质的膜，可用镊子将它们与蛋壳分开。这两层壳膜在蛋壳的钝端、气室所在处最容易看清楚。紧贴蛋壳的叫蛋壳膜，也叫外蛋壳膜；包围蛋内容物的叫蛋白膜，也叫内蛋壳膜。

(3)仔细观察完蛋的构造及内容物以后，用剪刀将浓蛋白剪开可发现内稀蛋白流出，并仔细观察两条系带。

(4)用蛋白蛋黄分离器或吸管(或铁纱窗)将蛋白与蛋黄分离开，将蛋壳(包括碎片)、蛋黄分别称重后，由蛋的总重减去这两部分的重量即可获得蛋白的重量(减重法)。因蛋白易黏附在别的容器上，故由减重法获得蛋白重较为准确。并计算各部分占蛋重的比例。

(5)观察蛋的层次。为观察蛋黄的层次和蛋黄心，可用快刀将熟蛋黄沿长轴切开。蛋黄由于鸡体日夜新陈代谢的差异，形成深浅两层，深色层为黄蛋黄，浅色层为白蛋黄。胚盘位于蛋黄的上侧。

(6)观察蛋壳上的气孔和数量。为观察和统计蛋壳上的气孔和数量，应将蛋壳膜剥下，用滤纸吸干蛋壳，并用乙醚或酒精棉去除油脂。在蛋壳内面滴上一小滴美蓝或高锰酸钾溶液。经 15～20 min，蛋壳表面即显出许多小的蓝点或紫红点，即是气孔所在处。可借助放大镜来统计蛋壳上的气孔数(锐端和钝端要分别统计)。统计面积为 1 cm^2 或 1/4 cm^2。

四、实验注意事项

(1)在配制不同相对体积质量的盐溶液时，由于食盐是非化学纯而成分不精确，再加上环境温度不同，按比例加入食盐后，相对体积质量可能偏高或偏低，应用比重计通过适当加水或加温来校正。测相对体积质量时先放入低相对体积质量溶液中，每次取出后先用清水冲洗后再放入高相对体积质量溶液中。

(2)测定浓蛋白的高度时应注意避开系带。测量时在蛋黄边缘与浓蛋白边缘之中点取2个或3个点测定蛋白高度，求平均值。

(3)将蛋打在蛋白高度测定仪的水平玻板时注意观察蛋中是否有血斑或肉斑，在用蛋白蛋黄分离器或吸管(或铁纱窗)将蛋白与蛋黄分离开时，动作要轻，注意不要将蛋黄和蛋白弄破了。

(4)在对蛋壳进行染色时注意染料不宜多，否则，蛋壳表面全部染上色，不便于气孔计数。

五、数据处理和实验结果分析

(1)将实验测得的所有数据做好记录并进行整理。

(2)通过所测的数据的计算，对新鲜蛋，陈蛋的蛋重，蛋壳重量，蛋壳强度，蛋壳厚度，蛋壳上的气孔数，蛋形指数，蛋白高度，哈氏单位，蛋的相对体积质量等进行比较分析。

(3)分组对实验结果进行讨论。

六、作业

(1)每组分别鉴定几枚蛋的各项品质填入下表，并对新、陈蛋的各项品质进行分析比较。

编号	
保存期(天)	
气室直径(mm)	
系带完整性	
蛋重(g)	
蛋形指数(长径/短径)	
壳色	
蛋的相对体积质量	
蛋壳强度(kg/cm^2)	
蛋壳厚度(μm)	
蛋壳重(g)	
蛋白高度(mm)	
蛋黄比色	
蛋黄重(g)	
蛋白重(g)	
蛋壳重(%)	
蛋黄重(%)	
蛋白重(%)	
哈氏单位	
气孔数(个/cm^2)	钝端
	锐端

(2)绘出蛋的纵剖面图并注明各部名称。

附:哈氏单位速查表

蛋白高度(mm)	蛋重(g)																				
	50	51	52	53	54	55	56	57	58	59	60	61	62	63	64	65	66	67	68	69	70
3.0	52	51	51	50	49	43	48	47	46	45	44										
3.1	53	53	52	51	50	50	49	48	48	47	46										
3.2	54	54	53	52	52	51	50	50	49	48	48										
3.3	56	55	54	54	53	52	52	52	50	50	49										
3.4	57	56	56	55	54	54	53	53	52	52	51										
3.5	58	58	57	56	56	55	54	54	53	53	52										
3.6	59	59	58	58	57	56	56	56	54	54	53										
3.7	60	60	59	59	58	58	57	57	56	55	54										
3.8	62	61	60	60	59	59	58	58	57	56	56										
3.9	63	62	61	61	60	60	59	59	58	57	57										
4.0	64	63	63	62	61	61	60	60	59	59	58										
4.1	65	64	64	63	62	62	61	61	60	60	59										
4.2	66	65	65	64	64	63	62	62	61	61	60										
4.3	67	66	66	65	65	64	64	64	63	62	60										
4.4	68	67	67	66	66	65	65	65	64	63	63										
4.5	69	68	68	67	67	66	66	65	65	64	64										
4.6	69	69	68	68	68	67	67	66	66	65	65										
4.7	70	70	69	69	68	68	68	67	67	66	66										
4.8	71	71	70	70	69	69	69	68	68	67	67										
4.9	72	72	71	71	70	70	70	69	69	68	68										
5.0	73	72	72	72	71	71	70	70	69	69	69	68	68	67	67	67	66	66	65	65	64
5.1	74	73	73	72	72	71	71	71	70	70	69	69	69	68	68	67	67	67	66	66	65
5.2	74	74	74	73	73	72	72	71	71	71	70	70	70	69	69	68	68	68	67	67	66
5.3	75	75	74	74	73	73	73	72	72	71	71	71	70	70	70	69	69	68	68	68	67
5.4	76	76	75	75	74	74	73	73	73	72	72	71	71	71	70	70	70	69	69	69	68
5.5	77	76	76	76	75	75	74	74	74	73	73	72	72	72	71	71	71	70	70	69	69
5.6	77	77	77	76	76	75	75	75	74	74	74	73	73	72	72	72	71	71	71	70	70
5.7	78	78	77	77	76	76	76	75	75	75	74	74	74	73	73	73	72	72	71	71	71
5.8	78	78	78	78	77	77	77	76	76	75	75	75	74	74	74	73	73	73	72	72	72
5.9	79	79	79	78	78	78	77	77	77	76	76	75	75	75	75	74	74	74	73	73	72
6.0	80	80	80	79	79	78	78	78	77	77	77	76	76	76	75	75	75	74	74	74	73
6.1	81	81	80	80	79	79	79	79	78	78	77	77	77	76	76	76	75	75	75	74	74
6.2	81	81	81	80	80	80	79	79	78	78	78	78	77	77	77	76	76	76	75	75	75
6.3	83	82	81	81	81	80	80	80	79	79	79	78	78	78	77	77	77	76	76	76	76
6.4	83	83	82	82	81	81	81	80	80	80	79	79	79	78	78	78	78	77	77	76	76
6.5	83	83	82	82	82	82	81	81	81	80	80	80	80	79	79	79	78	78	78	77	77
6.6	84	84	83	83	83	82	82	82	81	81	81	81	80	80	80	79	79	79	78	78	78
6.7	85	84	84	84	83	83	83	82	82	82	81	81	81	80	80	80	80	79	79	79	78
6.8	85	85	85	84	84	84	83	83	83	82	82	82	82	81	81	81	80	80	80	79	79
6.9	86	86	85	85	85	84	84	84	84	83	83	82	82	82	82	81	81	81	80	80	80

续前表

蛋白高度 (mm)	蛋重(g)																				
	50	51	52	53	54	55	56	57	58	59	60	61	62	63	64	65	66	67	68	69	70
7.0	86	86	86	86	85	85	85	84	84	84	83	83	83	83	82	82	82	81	81	81	80
7.1	87	86	86	86	86	86	85	85	85	84	84	84	84	83	83	83	82	82	82	81	81
7.2	88	87	87	87	86	86	86	85	85	85	85	84	84	84	84	83	83	83	82	82	82
7.3	88	88	88	87	87	87	86	86	86	86	85	85	85	84	84	84	84	83	83	83	83
7.4	89	89	88	88	88	87	87	87	86	86	86	86	85	85	85	85	84	84	84	83	83
7.5	89	89	89	89	88	88	88	87	87	87	87	86	86	86	85	85	85	85	84	84	84
7.6	90	90	89	89	89	89	88	88	88	87	87	87	87	86	86	86	86	85	85	85	84
7.7	91	90	90	90	89	89	89	89	88	88	88	88	87	87	87	86	86	86	86	85	85
7.8	91	91	91	90	90	90	90	89	89	89	88	88	88	88	88	87	87	86	86	86	86
7.9	92	91	91	91	90	90	90	89	89	89	89	89	88	88	88	88	87	87	87	87	86
8.0	92	92	92	91	91	91	90	90	90	90	89	89	89	89	88	88	88	88	87	87	87
8.1	93	92	92	92	92	91	91	91	90	90	90	90	89	89	89	89	88	88	88	88	87
8.2	93	93	93	92	92	92	92	91	91	91	91	90	90	90	89	89	89	89	88	88	88
8.3	94	93	93	93	93	92	92	92	92	91	91	91	91	90	90	90	90	89	89	89	89
8.4	94	94	94	93	93	93	93	92	92	92	92	91	91	91	91	90	90	90	90	89	89
8.5	95	95	94	94	94	94	93	93	93	92	92	92	92	91	91	91	91	90	90	90	90
8.6	96	96	95	95	94	94	94	93	93	93	93	93	92	92	92	92	91	91	91	91	90
8.7	96	96	95	95	95	94	94	94	94	93	93	93	93	93	92	92	92	92	92	91	91
8.8	96	96	96	95	95	95	95	94	94	94	94	93	93	93	93	93	92	92	92	92	91
8.9	97	96	96	96	96	95	95	95	95	94	94	94	94	94	93	93	93	93	92	92	92
9.0	97	97	97	96	96	96	96	95	95	95	95	94	94	94	94	93	93	93	93	92	92

实验六　家禽人工授精

一、实验目的

(1)基本掌握家禽人工授精操作技术。

(2)了解精液品质鉴定方法。

(3)了解人工授精的目的及意义。

①提高优良种公鸡的利用率,减少种公鸡饲养量。自然交配时,鸡的公母比例为1∶(10～12);采用人工授精后,可扩大到1∶(30～50)。

②提高种蛋受精率。大型火鸡、肉鸡由于公、母体重悬殊,自然交配时,种公鸡易将母鸡

背部扒伤，而使母鸡拒绝交配，影响受精率，人工授精可显著提高种蛋受精率。

③扩大"基因库"。种鸡的利用不受时间、国界的限制。

④解决了笼养家禽种蛋受精的问题。

二、实验器具和药品

采精杯、集精管、输精管、显微镜、保温杯、温度计、干燥箱、脱脂棉和纱布、药品等(图6-1)。

1. 采精杯　为实心棕色小漏斗，容量为5.8～6.5 mL。

2. 集精管　为棕色玻璃试管，容量5.0～10.0 mL，管壁厚不低于1 mm。

3. 输精管　容量1.0～5.0 mL的滴管，刻度为0.05～0.50 mL，管壁厚不低于1 mm。也可用1 mL注射器，注射器头用塑料管接一细玻璃管。滴管及玻璃管口均应光滑。

4. 显微镜　40倍以上的显微镜。

5. 保温杯　容量为250 mL的保温杯，杯口用软木塞或泡沫塞紧，塞上留有2或3个与集精管外径相同、1个与温度计直径相同的圆孔。杯内放25～35℃的温水。集精管通过杯塞孔插入杯内，管口卡在塞上，温度计通过塞孔插入水中。

6. 温度计　0～100℃的酒精温度计。

7. 干燥箱　普通干燥箱。

8. 脱脂棉与纱布　医药用的脱脂棉和纱布。

9. 药品　生理盐水、3%氯化钠溶液、蒸馏水、5.0%葡萄糖溶液。

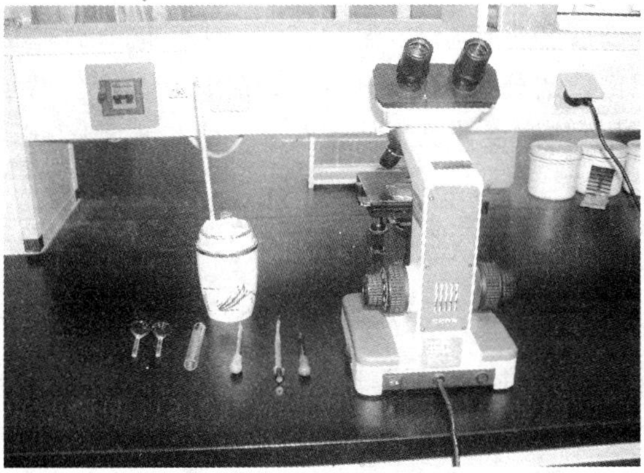

图6-1　人工授精器械

三、实验内容及方法

(一)人工授精前的准备

1. 种鸡的选择　种鸡在使用前，进行鸡白痢和支原体净化。同时还要求外貌符合品种特征，体质健壮，发育匀称。公鸡肛门大而湿润，按摸其背部，尾巴向上翘，泄殖腔外翻，按1∶20的公母比例留种。母鸡无输卵管炎症。培育品种产蛋率在70%以上，蛋重50～65 g；地方品种产蛋率在40%以上，蛋重40～70 g。

2. 种公鸡的训练　正式采精前3～5天开始训练，方法同正式采精。选留性反射好、精液品质优良的公鸡留种，并将其泄殖腔周围羽毛剪去，防止污染精液。训练后仍没有性反射或不射精者，应淘汰。

3. 器械准备　将采精和输精所用器具洗刷、消毒、烘干备用。

(二)采精

采用腹背按摸法，1人保定，1人采精。保定者两手分握公鸡两腿，使其自然分开，拇指扣其翅，头向后，尾朝术者。术者右手中指和无名指夹住采精杯，拇指与其余4指分开，置于肛门下腹部，使杯口向外。左手紧贴公鸡背部，从翼根轻轻推至尾根，如此按摸3～6次，待鸡翘尾时，迅速翻到肛门两侧，用拇指和食指轻轻挤压肛门，同时，右手在腹部揉弄几下，并将采精杯口置于肛门下接收精液。单人操作时，操作者坐于凳上，将公鸡两腿夹于两腿间，用上述方法采精。火鸡体重较大，需有专门的采精台，按摸时用力稍大，其他操作同鸡。

每次采集的精液用移液管由采精杯移到集精管，到一定量后(保证30 min内输完)，输精。每周采精3～5次。公鸡采精前2～3 h禁食，避免采精时排粪污染精液。

(三)精液品质检查

1. 采精量　用刻度滴管测定。公鸡每次射精量为0.2～1.2 mL。

2. 颜色　用肉眼观察。正常精液为乳白色，不透明，其他颜色均为不合格精液。

3. 密度　用估算法。取1滴精液，涂在玻片上，加盖玻片，显微镜下观察，若整个视野被精子占满，密度在40亿个/mL以上，为高密度；若精子之间距离明显，密度在20亿～40亿个/mL之间，为中等密度；若视野中有大量空间，密度在20亿个/mL以下，为低密度。密度低于20亿个/mL时不得输精。

4. 活力　各取1滴精液和生理盐水，混匀，200～400倍显微镜下观察。按照呈直线前进运动的精子所占的比例依次分为1，0.9，0.8，0.7，0.6，0.5…。精子活力应不低于0.6。

5. pH值　用精密试纸或酸度计测定。正常pH值在6.8～7.6之间。

(四)精液保存

将采出的原精液或稀释后精液，保存在25～35℃的温水中，20～30 min内输入母鸡输卵管内。

(五)精液稀释

将采出的新鲜精液立刻与消毒后的等温生理盐水或5.0%的葡萄糖溶液按照1∶1的比例稀释。稀释时，将稀释液沿装有精液的试管壁缓慢加入，轻轻转动，混匀。

(六)输精

1. 输精方法　1人翻肛，1人输精。翻肛者一手握住鸡的2腿，将其提至笼口处，使鸡的背部朝上，腹部朝下；另一手拇指与其余4指分开，在腹部稍稍挤压，使输卵管口翻出(图6-2，左侧开口)。输精者将吸好精液的输精管插入输卵管1.5～2.0 cm，将精液缓慢挤出。每只鸡1个输精管。

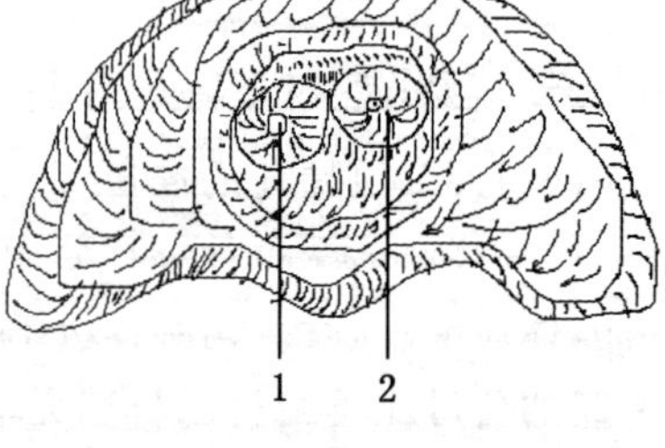

1. 输卵管开口 2. 直肠开口

图6-2　母鸡泄殖腔

2. 输精量和输精时间　新鲜精液输精量不低于0.025 mL；稀释精液输精量不低于0.05 mL，使每次的输入的精子数不低于1亿个。种母鸡每4～5天输精1次。

于 14:00 后输精。

(七)种蛋采集

第一次输精后 48 h 可收集种蛋,以后可连续收集。

(八)器械的整理与消毒

人工授精结束后,将所有器械用清水洗净,蒸馏水冲洗,蒸煮消毒,烘干,用纱布包好。使用前用生理盐水冲洗 2 或 3 次。

四、实验注意事项

(1)采出的精液务必在 20～30 min 内输完,否则,受精率显著降低。

(2)母鸡产完当天的蛋后再输精。

(3)输精管头部一定要光滑,避免毛刺损伤母鸡输卵管。

五、作业

(1)表述实验体会。

(2)综合评定精液的品质。

实验七　孵化器的构造及操作管理

一、实验目的和要求

通过实习认识孵化器各部构造,掌握机器孵化的基本程序及日常管理方法。

二、实验材料和器具

孵化器、出雏器(或孵化出雏两用器)、温度计、湿度计、种蛋、照蛋器、高锰酸钾、甲醛溶液、解剖器、培养皿等。

三、实验方法、步骤和操作要领

(一)孵化器的构造和使用

按实物依次识别孵化器和出雏器的各部构造并熟悉其使用方法。着重熟悉以下几个系统:加热及控温系统(包括高、低温报警)、加湿系统、通风系统(包括风扇)、翻蛋系统(包括定时器)。

(二)孵化的操作技术

根据孵化操作规程,在教师指导和工人的帮助下,进行各项实际操作。

1.种蛋选择

(1)首先将过大、过小、形状不合格、蛋壳过薄或表面粗糙、有裂纹等畸形种蛋筛选剔除。

(2)选出破壳蛋,每手握蛋 3 枚,活动手指使其轻度冲撞,撞击时如有破裂声,则将其剔除。

(3)照检,将经过初选后的种蛋再经照蛋器检视,将遗漏的破壳蛋和壳面结构不良的种蛋剔除。

2.装盘和消毒

(1)装盘:选择种蛋的同时进行装盘,将合格的种蛋按钝端向上的方向码入蛋盘,之后将蛋盘装入蛋车,清点蛋数,并在孵化记录表格中登记。

(2)消毒:将装有种蛋的蛋车,在单独的消毒间内进行消毒。消毒药品用量按每立方米容积放置甲醛 30 mL,高锰酸钾 15 g 的比例,熏蒸 20~30 min。熏蒸时注意关严门窗,室内温度保持在 25~27℃,相对湿度 75%~80%,熏蒸后排出气体。为节省药品用量,可用塑料薄膜将蛋架封闭,以减小熏蒸容积。

3.预热(或暖蛋) 入孵前 12 h 将种蛋转移至孵化厅内,使种蛋缓慢升温。

4.入孵

(1)预热后按计划于下午上架孵化,这样出雏时可赶在白天,便于出雏工作。

(2)天冷时,上蛋后打开孵化器的辅助加热开关,加快升温速度,以免影响早孵胚蛋的发育,待温度接近要求时,即可关闭补助电热器。

5.孵化条件 实习时,按下列孵化条件进行操作。

(1)孵化室条件:温度 20~22℃,相对湿度 55%~60%,通风换气良好。出雏室湿度适当提高些。

(2)孵化器条件:见表 7-1。

表 7-1 孵化条件控制

条件	孵化器(1~18 天)	出雏器(19~21 天)
温度(℃)	37.8	37.2~37.5
相对湿度(%)	55 左右	65~70
通气孔	全开	全开
翻蛋	每 2 h 1 次	停止

6.翻蛋 每 2 h 自动翻蛋或手动翻蛋 1 次,翻蛋时应动作轻稳,防止滑盘。出雏期停止翻蛋。每次翻蛋时,蛋架应转动 90°。

7.温、湿度的检查和调节 实习期间应经常检查孵化器和孵化室的温度、湿度情况,观察机器的灵敏程度,遇有超湿或降温时,则及时查明原因检修和调节。机内水盘每天应加温水 1 次。湿度计的纱布每出雏 1 次应更换 1 次。

8.孵化器的管理 孵化实习过程中应注意机体的运转,特别是电机和风扇的运转情形,注意有无发热和撞击声的机件,并定期检修加油。

9. 移盘和出雏

(1)孵化 19 天照检后，将蛋转移至出雏器中，同时增加水盘，改变孵化条件。作系谱记录的种蛋，按母鸡号放入谱系孵化出雏盘或罩内，以便出雏后进行编号。

(2)孵化满 20 天后，将出雏器玻璃门用黑布或黑纸遮掩，以免引起已出壳雏鸡的骚动。

(3)孵化满 20 天后，每天隔 4～8 h 拣出绒毛已干的雏鸡和空蛋壳 1 次。

(4)出雏完毕，清理雏盘，清洗、消毒。

10. 熟悉孵化规程与记录表格　仔细阅读孵化室内的操作规程，孵化日程表，工作时间表，温度记录表和孵化记录等。

(三)照蛋

参考表 7-2，用照蛋器检视孵化 5～6 天，10～11 天，18～19 天鸡胚胎的发育情形，并用铅笔在蛋壳上记录检视的结果(无精蛋、中死蛋、弱胚、健胚)。

表 7-2　孵化鸡胚的照检情况

	第一次(6 天)	第二次(11 天)	第三次(19 天)
无精蛋	蛋内透明，有时蛋中央呈现一个黑影(蛋黄阴影)		
中死蛋	蛋内有血圈，断片的血丝，或有死亡的胚胎粘在蛋壳上	蛋内呈红褐色，内部常有血条	气室边界颜色较淡，看不见血管
发育蛋	健胚：胚胎下沉或在气室近处看到黑点(胚胎眼睛)并有向外扩散的血管网。弱胚：胚胎浮于表面，血管网纤细而淡白	健胚：尿囊在蛋的尖端合拢，血管网扩散至蛋的尖端。弱胚：尿囊尚未合拢，蛋的尖端无血管分布，因而淡白	健胚：蛋内全为黑色，气室边界弯曲，其周围有粗大的血管，仔细可看出胎动。弱胚：气室边界平齐

(四)蛋重变化的测定

孵化过程中，气体交换，水分蒸发，蛋重要减轻。测量蛋重减轻比例，可以判断胚胎发育是否正常。其法在入孵前称测一个盘的蛋重，平均每个蛋的重量。孵化过程中，清除无精蛋和中死蛋，称量所剩活胚蛋的重量，平均每个活胚蛋重，然后算出各阶段的减重百分率并与正常减重率比较，以了解减重情况是否正常。鸡蛋孵化正常减重率见表 7-3。

表 7-3　鸡蛋孵化过程中的减重率　%

孵化天数	6	12	19
减重	2.5～4	7～9	12～14

(五)啄壳、出壳和初生雏的观察

孵化满 19 天后，结合移蛋观察破壳情况，满 20 天以后，每 6 h 观察一次出壳情况，判断啄壳出壳时间是否正常，并注意啄壳部位，有无粘连雏体或雏鸡绒毛湿脏的现象。

雏鸡孵出后，观察雏鸡的活动和结实程度，体重的大小，蛋黄吸收情况，绒毛色素分布，雏体整洁程度和毛的长短。此外，尚应注意有无交叉喙、眼病、蛋黄未吸收、脐带开口流血、骨骼短而弯曲，脚和头麻痹瘫痪等。

四、作业

(1)按下列格式写出不同时期照检胚胎发育的结果。

检照日期	无精蛋	中死蛋	发育蛋	
			健胚	弱胚
第一次(6天)				
第二次(11天)				
第三次(19天)				

(2)按下列格式写出不同孵化期蛋的减重率并与正常减重率比较,评述孵化是否正常。

蛋号	胚龄	孵前蛋重(g)	胚蛋重(g)	蛋的减重率(%)

(3)按下列格式登记雏鸡啄壳出雏时间,指出开始啄壳时间,大批啄壳出雏时间,结束出雏时间,并判断是否正常。

	19天	20天	20天6小时	20天12小时	20天18小时	21天
啄壳数						
出雏数						

实验八　胚胎观察与孵化效果检查

一、实验目的和要求

通过本实验的具体操作,使学生能够掌握胚胎发育阶段的划分,识别不同胚龄胚胎发育的主要特征,并能够对孵化效果进行检查,分析孵化效果好坏的原因。

二、实验材料和器具

不同胚龄发育正常的胚蛋和无精蛋、死胚蛋、弱胚蛋、死胎蛋的实物和幻灯片;照蛋器、镊子、培养皿、手术剪刀、放大镜、生物显微镜。

三、实验方法、步骤和操作要领

(一)胚胎发育的观察

通过观看幻灯片、图谱和观察活胚，依照表 8-1 及图 8-1，了解正常胚胎发育的变化。按下列顺序观察胚胎发育：胚蛋外部观察、照蛋透视和胚蛋剖检(剖开后也要进行外部观察，再剖检内部脏器)。

1. 胚蛋外部观察　不同胚龄发育正常的活胚蛋中，仅有 19 胚龄(含 19 胚龄)以后的蛋壳上有啄壳。

2. 照蛋透视　采用照蛋器，通过照蛋透视的方法，依照表 8-1 及图 8-1 观察胚胎的发育情况。

3. 胚蛋剖检

(1)胚胎外部观察：用镊子轻轻敲破胚蛋钝端并剥去蛋壳，小心撕开内壳膜，直接观察卵黄囊或尿囊绒毛膜。再剥去剩余部分蛋壳后将胚胎及其内容物轻轻倒入平皿中，观察卵黄囊和尿囊(或尿囊绒毛膜)发育状况；胚胎形态，皮肤表面是否有羽毛乳头突起或绒毛发育部位；喙、冠、肉垂、口、鼻和四肢发育形态；胸腔或腹腔愈合情况等(图 8-1)。

(2)胚胎剖检：取出胚胎用生理盐水洗净，用手术刀剪开胸腹腔，观察内脏器官的发育情况。

表 8-1　不同胚龄胚胎发育的主要特征

胚龄(天)			胚胎发育的主要特征
鸡	鸭、火鸡	鹅	
1	1～1.5	1～2	形成左右对称呈正方形薄片的体节 4 或 5 对；胚胎边缘出现红点，称“血岛”，俗称“白光珠”
2	1.5～3	3～3.5	开始形成卵黄囊、羊膜和绒毛膜；孵化 30～42 h 后，心脏开始跳动，可见 20～27 对体节，照蛋呈“樱桃珠”
3	4	4.5～5	尿囊开始长出，开始形成前后肢芽，眼色素开始沉着；照蛋呈“蚊虫珠”
4	5	5.5～6	卵黄囊血管包围蛋黄达 1/3，肉眼可明显看到尿囊；形成羊膜腔和舌，照蛋呈“小蜘蛛”
5	6	7	胚极度弯曲，呈“C”形，可见趾(指)原基；眼黑色素大量沉着；性腺已性分化，组织学上可分公母；照蛋呈“黑眼”
6	7～7.5	8～8.5	尿囊达蛋壳内表面，卵黄囊达蛋黄 1/2 以上；羊膜平滑肌收缩，胚运动；喙原基出现，翅脚可区分；照蛋呈“双珠”
7	8～8.5	9～9.5	形成“卵齿”、口腔、鼻孔和肌胃；胚胎显示鸟类特征；照蛋胚沉入羊水中不易看清，俗称“沉”
8	9～9.5	10～10.5	可明显分辨肋骨、肝脏、肺脏和胃；颈、背和四肢出现羽毛乳状突起；照蛋时，可见胚在羊水中浮游，俗称“浮”；背面两边蛋黄不易晃动，称“边口发硬”

续表 8-1

胚龄(天)			胚胎发育的主要特征
鸡	鸭、火鸡	鹅	
9	10.5	11.5～12.5	喙开始角质化，软骨开始骨化；眼睑达虹膜，胸腔已愈合，尿囊绒毛膜越过卵黄囊；照蛋称“窜筋”
10	13	15	颈、背和大腿覆盖羽毛乳状突起；形成胸骨突；照蛋时尿囊绒毛膜在蛋小头“合拢”
11	14	16	背部出现绒毛，冠呈锯齿状，腺胃明显可辨；腹腔即将完全闭合，仅保留脐部的开口；浆羊膜道已形成，但未打通
12	15	17	身躯覆盖绒毛；胃、肠可见蛋白
13	16～17	18～19	头和身体大部分覆盖绒毛；跖、趾出现鳞片原基；眼睑达瞳孔
14	18	20	胚胎全身覆盖绒毛，头向气室；胚胎逐渐与蛋长轴平行
15	19	21	翅完全成形；跖、趾开始形成鳞片，眼睑闭合
16	20	22～23	冠和肉垂明显可辨；蛋小头仅有少量蛋白，照蛋时，小头仅有少量发亮
17	20～21	23～24	两脚紧抱头部，喙向气室，蛋的小头已没有蛋白；羊膜中仍有少量蛋白羊水；照蛋时，蛋小头看不到发亮，俗称“封门”
18	22～23	25～26	头弯曲在右翼下，喙向气室；眼开始睁开；照蛋时气室倾斜，俗称“斜口”
19	24.5～25	27.5～28	尿囊绒毛膜血管开始枯萎，绝大部蛋黄与卵黄囊缩入腹腔；雏开始啄壳，可闻雏鸣叫；照蛋时，可见气室有翅、喙和颈的黑影闪动，俗称“闪毛”
20	25.5～27	28.5～30	尿囊绒毛膜血管完全枯萎，血循环停止，20.5 天大量啄壳出雏
21	27.5～28	30.5～32	雏孵出

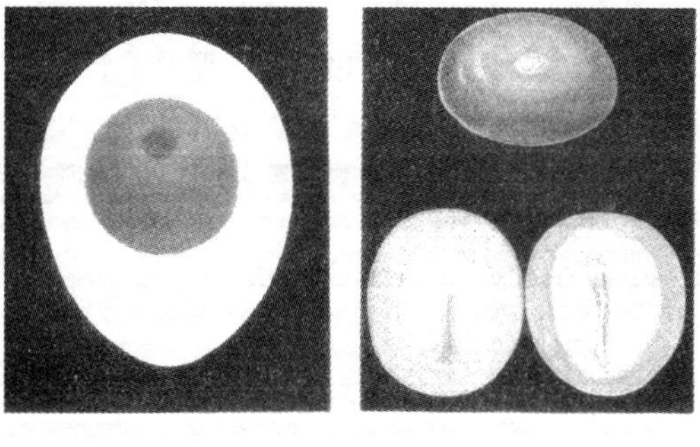

孵化第 1 天照蛋(正面)及剖检图

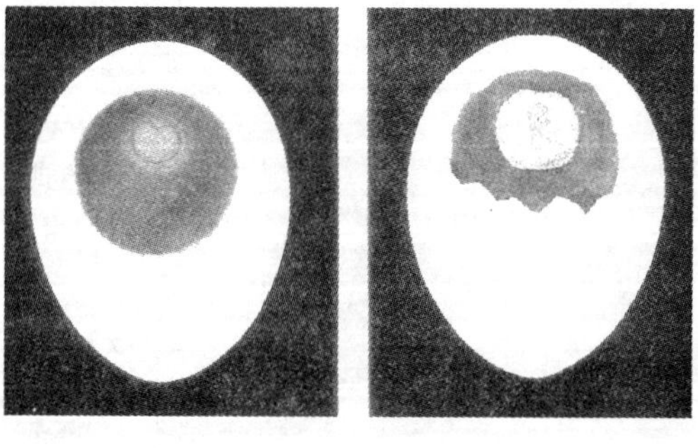

孵化第 2 天照蛋(正面)及剖检图

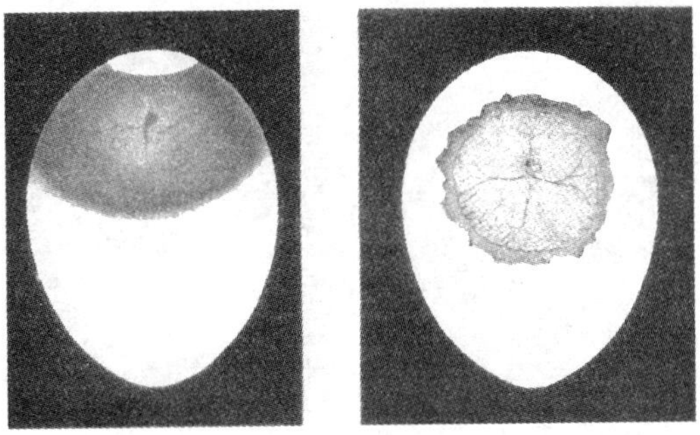

孵化第 3 天照蛋(正面)及剖检图

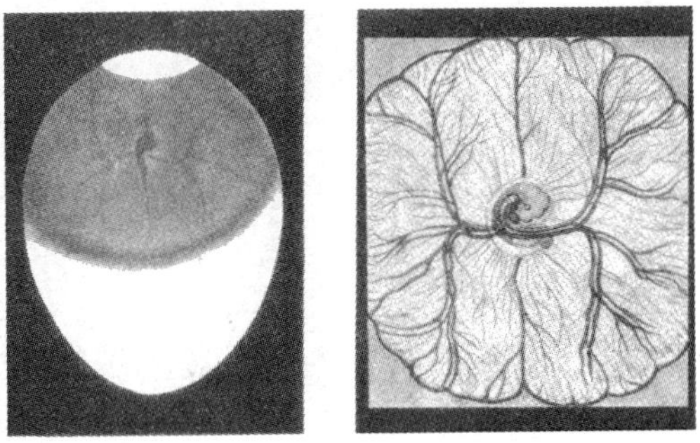

孵化第 4 天照蛋(正面)及剖检图

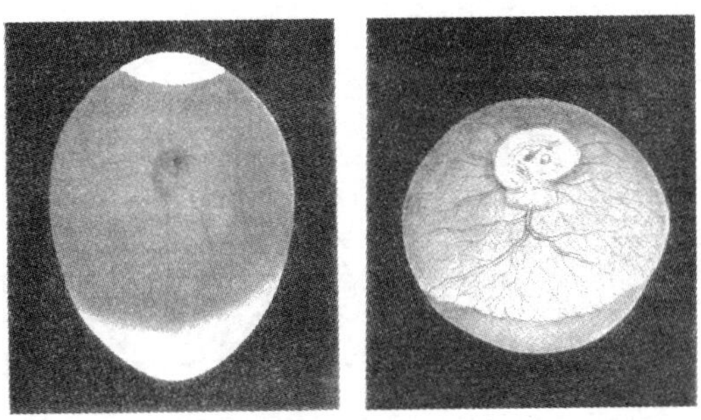

孵化第 5 天照蛋(正面)及剖检图

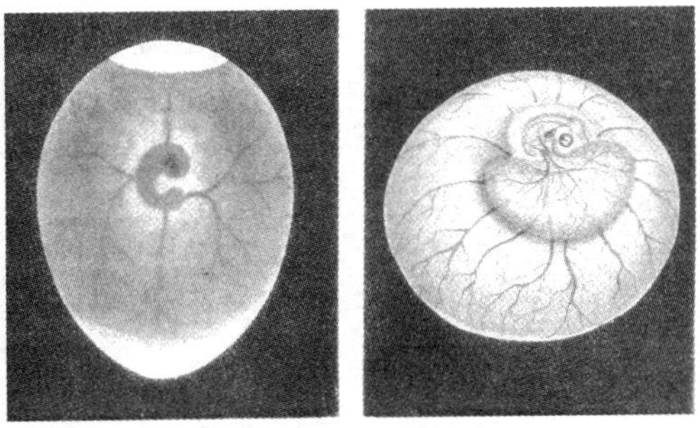

孵化第 6 天照蛋(正面)及剖检图

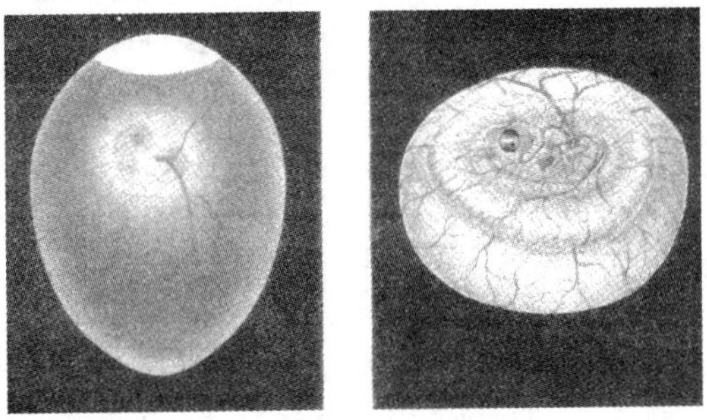

孵化第 7 天照蛋(正面)及剖检图

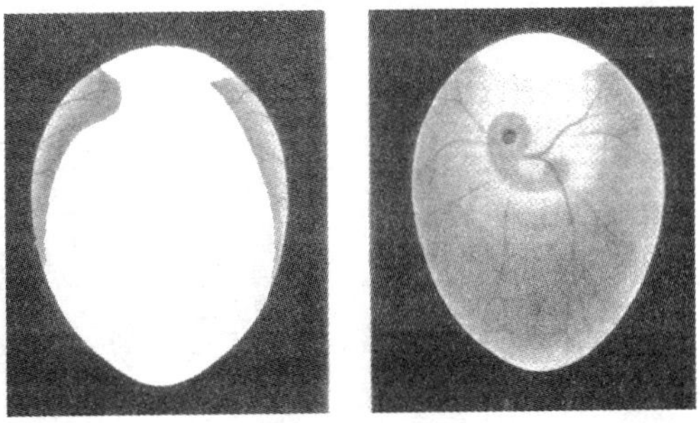

孵化第 8 天照蛋(背面)及剖检图

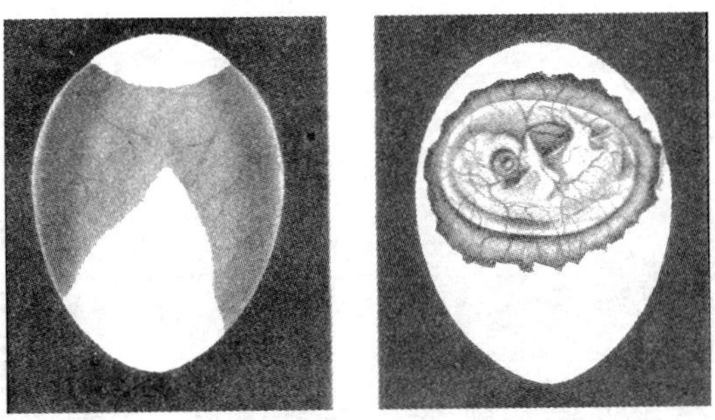

孵化第 9 天照蛋(背面)及剖检图

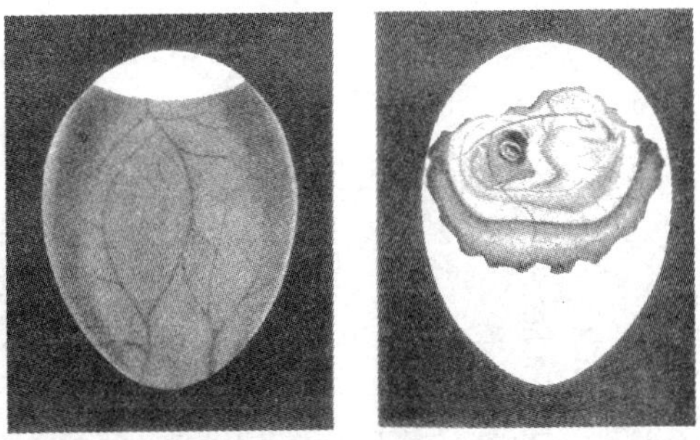

孵化第 10 天照蛋(背面)及剖检图

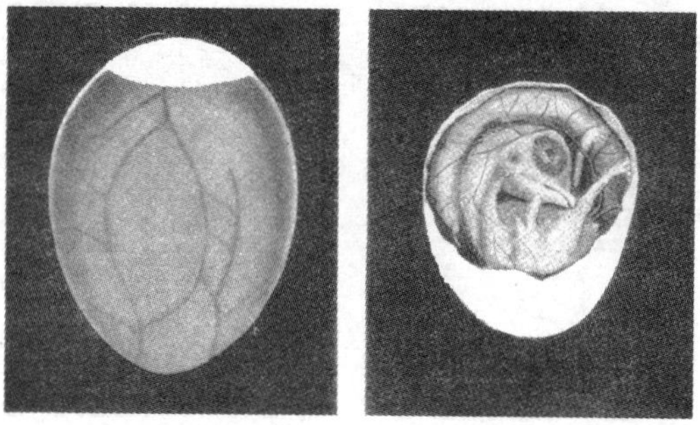

孵化第 11 天照蛋(背面)及剖检图

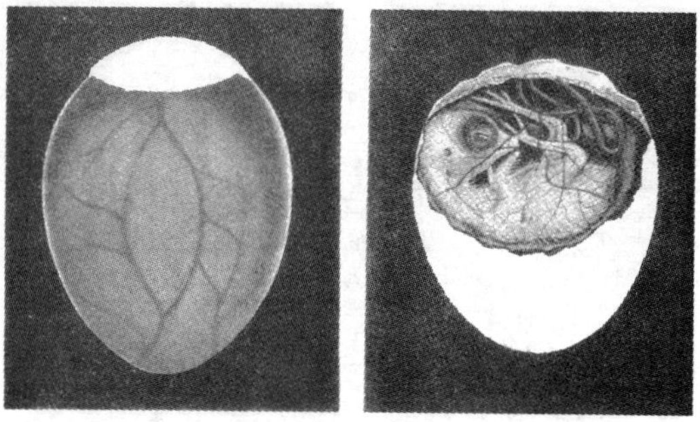

孵化第 12 天照蛋(背面)及剖检图

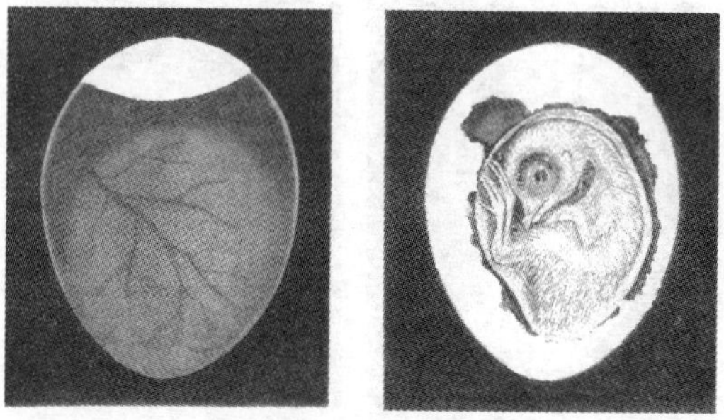

孵化第 13 天照蛋(背面)及剖检图

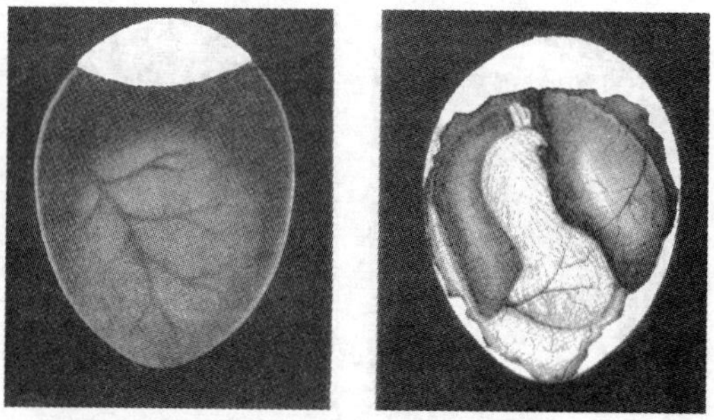

孵化第 14 天照蛋(背面)及剖检图

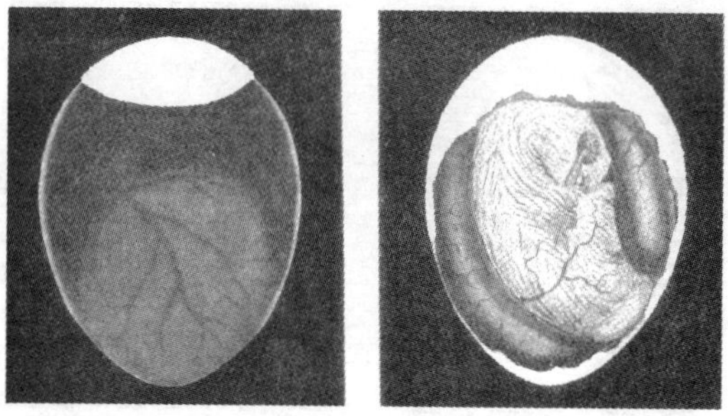

孵化第 15 天照蛋(背面)及剖检图

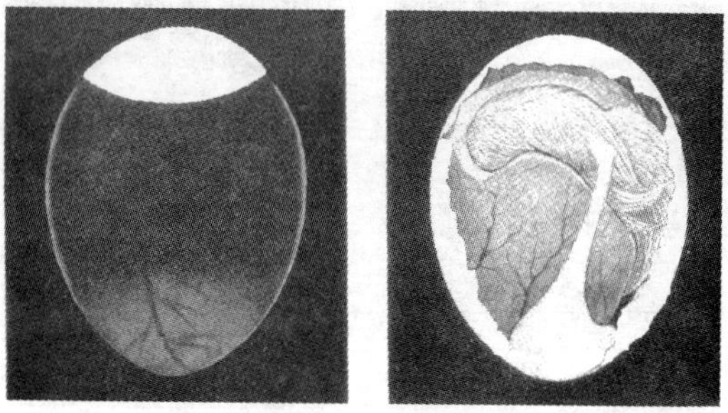

孵化第 16 天照蛋(背面)及剖检图

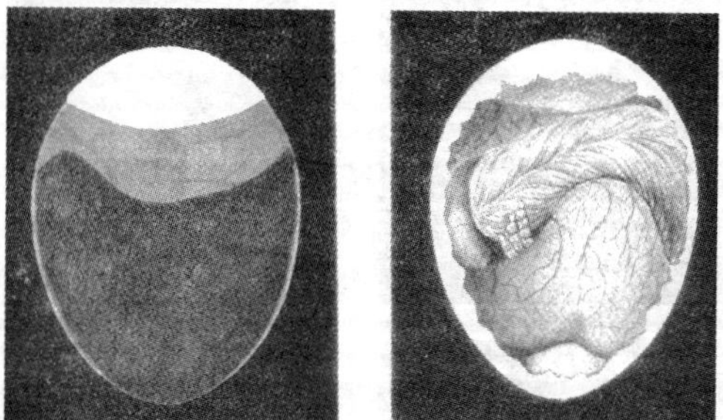

孵化第 17 天照蛋(背面)及剖检图

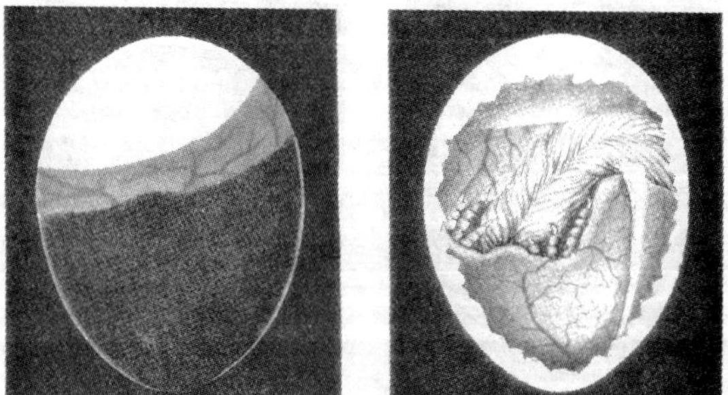

孵化第 18 天照蛋(背面)及剖检图

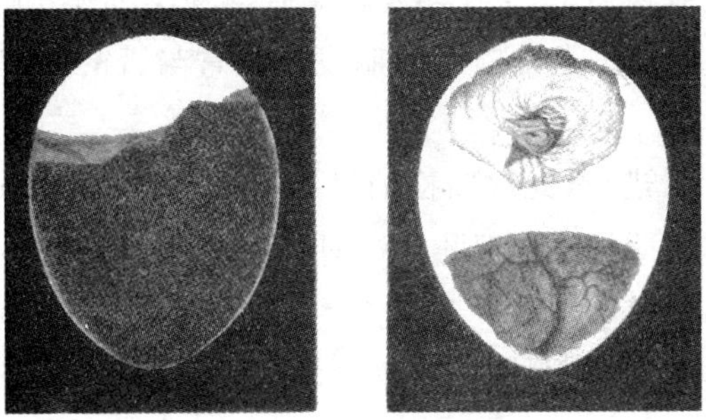

孵化第19天照蛋(背面)及剖检图

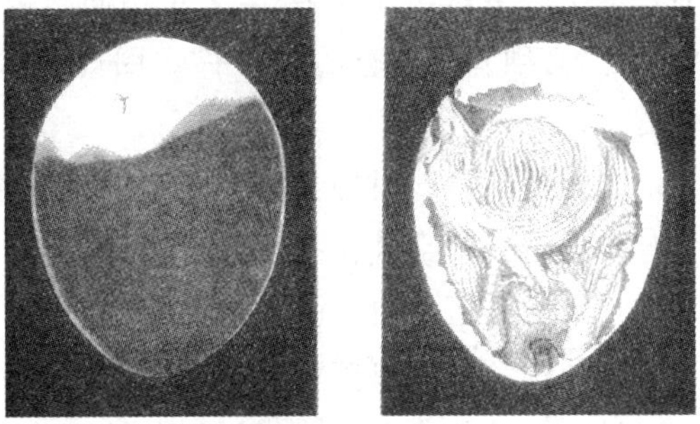

孵化第20天照蛋(背面)及剖检图

图8-1　鸡胚发育照蛋及剖检图

(二)孵化效果的检查与分析

1.孵化效果的检查　孵化效果的检查包括孵化过程中的孵化条件及最终的孵化结果,目的是及时发现在孵化过程中出现的不正常现象,及时采取技术措施,给予纠正,总结经验,进一步提高孵化成绩。通常在孵化过程中要经常抽检,特别在更换新机型、新的种蛋来源和其他孵化条件有变动的情况下,更应加强在孵化过程中的抽检工作。

(1)灯光照检:灯光照检是利用照蛋灯的灯光,透过蛋壳,观看种蛋的内部情况。

第一次照检(全检):主要是看受精及发育情况。白壳鸡蛋在孵化的第4天,有色鸡蛋在孵化的第5～6天照检。若是无精蛋,可在蛋的中央看到一个淡黄色透明度差的蛋黄,蛋黄的周围即为透明的蛋白、没有发育的胚体与血管;若是受精蛋,可见到发育的胚体和胚体周围的网状血管,并可明显见到胚胎的黑色眼睛;发育正常的胚胎血管粗壮,扩散范围宽,发育差的弱胚,胚体小,血管纤细,扩散面小。此时用手转动胚蛋,若其内容物也随其缓慢转动,且慢于手动的转速,即说明种蛋蛋白浓稠,种蛋新鲜,母鸡的饲料营养水平好,若转动时蛋的内容物转动快,甚至与手动的转速同步,即说明蛋白浓度低,母鸡的饲料营养差,或种蛋存放时间长,或系带松弛、不健全,这样的种蛋死胎率高。第一次照检还应该注意种蛋气室的位置,正常情况下,气室都固定在种蛋的大头顶端,如果是偏气室或流动气室(壳膜破裂造成),胚胎多不能发育成熟而中途死亡。此时的死胚蛋看不到血管,可看到不规则的血圈或血线,有些可见到黑灰色的死胚体。

第二次照检(抽检):在第10～11天进行,此次主要看尿囊的发育情况,入孵后的第10天,尿囊必须在种蛋的背面合拢,尿囊血管应布满全蛋,这是判断胚胎发育是否正常的关键胎龄和特征。孵化温度偏低,种蛋保存时间长,种蛋质量差,尿囊在第10天不能在胚蛋的背面合拢,而且血管显得纤细,从整体看,红色较浅。

第三次照检(抽检):在第17天进行,此次抽检主要看胚胎对蛋白的利用情况。随着胚胎的发育,体积增大占据了胚蛋的大端,把一时利用不完的蛋白挤向蛋的小端,因此16天以前用照蛋灯照检,大端为胚体所在,呈不透明的黑色,而小端则可见到透明的蛋白,但到了第17天,所有的蛋白全被胚胎吞食消化利用,除了气室,蛋内已全被胚体占据,因此,小端再看不到透明的蛋白。如果第 17 天蛋白尚未被胚胎利用完毕，则说明发育滞后，推迟出壳，出雏率降低，必须及时调整孵化条件。因此第 17 天抽检也是判断鸡胚胎发育正常与否的关键胎龄。

第四次照检（全检）：在第 18 天末尾或第 19 天进行，此次照检的目的是取出死胚蛋，增大容积提高新鲜空气含量，减少有害气体的产源。照检后即把胚蛋移到出雏机。此次照检，发育正常的胚蛋，可在气室交界处见到粗大的血管，第 18 天可见到气室已经出现斜面（雏鸡的后脑及颈弯已突出气室边沿使气室倾斜）。第 19 天雏鸡喙部已啄破壳膜伸向气室，照检时可见到闪动的喙影，俗称“打闪”或“闪毛”。

（2）称测蛋重：种蛋在保存与孵化的过程中，蛋内水分会不断往外蒸发耗失，其蒸发速度与环境温度和湿度有极大关系，在孵化过程中要进行抽测，以检查是否符合减重标准，见表 8-2。

表 8-2　鸡蛋在孵化期中的减重参数　　%

孵化天数	6	9	12	15	19
减 重	2.5～3	5～7	7.5～9	10～11	12～14

具体方法是在入孵蛋中抽取 100 枚进行称重，入孵时第 1 次称重作为起点蛋重，以后在各个规定时间里逐次进行称重，求出减少的百分数，与上面表中的参数比较。

（3）观察初生雏出壳时的情况。

①观察初生雏。主要观察其绒毛、脐部、精神状态、体型等方面的情况。孵化条件合适，孵出的雏鸡健壮。壮雏绒毛洁净有光泽，脐部愈合良好，干净，被绒毛覆盖，体型匀称，站立稳健有活力，眼圆大，声音洪亮，对声音反应灵敏，握在手中，感觉到有弹性，挣扎力大。如果孵化条件不合适，孵出的弱雏多。弱雏体瘦，毛干、无光泽，或者水肿、腹大、脚粗，脐部愈合不良，周围绒毛稀少，有血污或多余的蛋白、卵黄污染，眼睛闭合，精神不振，叫声无力，对光和声音反应迟钝，个体大小不整齐，握在手中棉软无弹性，无挣扎力。

②观察出壳速度及出壳高峰的“暴发”性。孵化条件正常，雏鸡出壳速度快，高峰明显。雏鸡的出壳速度（即从啄破蛋壳至挣壳而出所需的时间）平均为 8～10 h，而且多集中在一个时间段里出雏，出雏高峰非常明显，即具有暴发性。雏鸡一般在第 21 天的中午即全部出齐。孵化条件不正常时，出壳时间拖得长，出壳不集中，不整齐，无明显的出壳高峰。

（4）观察死、残雏及死胎蛋。主要看死、残雏的致死致残原因，是出壳后拖脐、拖黄致死、致残，还是破壳未出，啄洞死亡，还是蛋白或蛋黄粘连不能转动从而不能继续啄破一圈蛋壳，啄破口是否过于干燥，还是有多余液体流出。解剖的死胎蛋主要看头、颈、皮肤、内脏是否水肿、充血或出血，胎位是否正常，死亡胎龄（是 18 天、19 天还是 20 天死亡）等。

（5）种蛋、鸡胚和初生雏生物学检查主要特征见表 8-3。

表 8-3　种蛋、鸡胚和初生雏生物学检查基本特征诊断一览表

原因		新鲜蛋	照蛋			死胎	初生雏
			5～6 胚龄	10～11 胚龄	19 胚龄		
种蛋质量及其管理	维生素 A 缺乏	蛋黄淡白	无精蛋多，死亡率高（2～3 天），色素沉着少	胚胎发育略为迟缓	发育迟缓，肾脏有磷酸钙、尿酸结晶沉淀物	眼肿胀，肾脏有磷酸钙等结晶沉淀物，有的活胎无力破壳	出雏时间延长，有很多瞎眼、眼病的弱雏
	维生素 B_2 缺乏	蛋白稀薄，蛋壳表面粗糙	死亡率稍高，第一死亡高峰出现在 1～3 胚龄	胚胎发育略为迟缓；第 9～14胚龄出现死亡高峰	死亡率增高，死胚有营养不良特征，软骨、绒毛蜷缩呈结节状（“珍珠毛”）	胚胎有营养不良特征，身体小，关节明显变形，颈弯曲，绒毛蜷缩呈结节状（“珍珠毛”），脑膜浮肿	侏儒体型，雏水肿，绒毛蜷曲呈结节状（“珍珠毛”），雏颈和脚麻痹，趾弯曲为“鹰爪”
	维生素 D_3 缺乏	壳薄而脆，蛋白稀薄	死亡率稍增加	尿囊发育迟缓，第 10～16 胚龄出现死亡高峰	死亡率显著增高	胚胎有营养不良的特征；皮肤水肿，肝脏脂肪浸润，肾脏肥大	出雏时间拖延，初生雏软弱
	蛋白中毒	蛋白稀薄，蛋黄流动	—	—	死亡率增高，脚短而弯曲，“鹦鹉喙”，蛋重减少得多	胚胎营养不良，脚短而弯曲，腿关节变粗，“鹦鹉喙”，绒毛基本正常	弱雏多，脚和颈麻痹
	种蛋保存时间长	气室大，系带和蛋黄膜松弛	很多胚死于头两天，剖检时胚盘表面有时有泡沫	胚发育迟缓；脏蛋、裂纹蛋被细菌污染，出现腐败蛋	鸡胚发育迟缓	—	出雏时间延长；绒毛粘有蛋白；出雏不集中，雏品质不一致
	胚蛋受冻	很多蛋的外壳冻裂	头几天胚大量死亡，尤其是第一天；卵黄膜破裂	—	—	—	—
	运输不当	蛋壳破裂，气室流动，系带断裂	—	—	—	—	—

续表 8-3

原因		新鲜蛋	照蛋			死胎	初生雏
			5～6 胚龄	10～11 胚龄	19 胚龄		
孵化管理技术	头两天过热	—	部分胚发育不良，畸形多，粘贴壳上	—	头、眼和腭多见畸形	头、眼和腭多见畸形	出雏提前，多畸形，如无颅、无眼
	3～5 天过热	—	多数发育良好，亦有充血、溢血、异位现象	尿囊“合拢”提前	异位，心脏、肝脏和胃变态、畸形	异位、心脏和胃变态，畸形	出雏提前，但出雏拖延
	短期的强烈过热	—	胚干燥而粘着壳上	尿囊的血液呈暗黑色，且凝滞	皮肤、肝脏、脑和肾脏有点状出血	异位，头弯于左翅下或两腿间；皮肤、心脏等有点状出血	—
	孵化后半期长时间过热	—	—	—	啄壳较早，内脏充血	破壳时死亡多，蛋黄吸收不良，卵黄囊、肠、心脏充血	出雏较早但拖延，雏弱小，粘壳，脐带愈合不良且出血，蛋壳内有血污
	温度偏低	—	胚发育很迟缓；气室过大	胚发育很迟缓，尿囊充血，未“合拢”	胚发育很迟缓，气室边缘平齐	很多活胎但未啄壳，尿囊充血，心脏肥大，蛋黄吸入呈绿色，残留胶状蛋白	出雏晚且拖延，雏弱，脐带愈合不良，腹大，有时下痢，蛋壳表面污秽
	湿度过高	—	气室小	尿囊“合拢”迟缓，气室小	气室边缘平齐且小，蛋重减轻少	啄壳时洞口多黏液，喙粘在壳上，嗉囊、胃和肠充满黏性的液体	出雏晚而拖延，绒毛长且与蛋壳粘着，腹大，软弱无力，脐部愈合不良
	湿度偏低	—	胚死亡率大，充血并黏附壳上，气室大	蛋重损失大，气室大	蛋重损失大，气室大	外壳膜干黄并与胚胎粘着，破壳困难，绒毛干短	出雏早，雏弱小、干瘪，绒毛干燥，污乱发黄；雏鸡脱水
	通风换气不良	—	死亡率增高	羊水中有血液	羊水中有血液，内脏充血，胎位不正	胚胎在蛋小头啄壳，多闷死壳内	雏鸡出雏不集中，且品质不一致，雏不能站立，蛋白粘绒毛

续表 8-3

原因		新鲜蛋	照蛋			死胎	初生雏
			5～6 胚龄	10～11 胚龄	19 胚龄		
孵化管理技术	转蛋不正常	—	卵黄囊黏附壳膜	尿囊"合拢"不良	尿囊外有粘着性的剩余蛋白。胚胎异位	—	—
	卫生条件差	—	死亡率增加	腐败蛋增加	死亡率增加	死胎率明显增加	雏软弱无力，脐部愈合不良、潮湿、有异臭味，脐炎

注：胚胎营养不良症状的主要特征是：骨骼早期发生变形、软骨，因而产生胚胎肢体短缩，骨骼发育明显受阻，与此同时，其他组织器官营养不良，蛋白、蛋黄利用不完全，皮肤水肿，结节状绒毛（"珍珠毛"），脑膜水肿，肝脏呈灰黄色且质脆，肾脏尿酸盐、磷酸盐沉淀。形态学上表现为：胚体小，两肢短缩，关节肿大、畸形，骨干弯曲，"鹦鹉喙"，颅骨开裂，颈弯曲等。

2. 孵化效果分析

(1)胚胎死亡原因的分析。

①整个孵化期间胚胎死亡的分布规律。在孵化期内，胚胎死亡分布不是均衡的，而是存在着两个死亡高峰，第一个死亡高峰出现在孵化前期，即孵化的第 3～5 天；第二个死亡高峰出现在孵化后期，即孵化的第 18 天以后。通常情况下，第一个高峰的死亡率约占全部死胚数的 15%，第二个高峰约占 50%。在高孵化率的鸡群，鸡胚多死于第二个死亡高峰，而低孵化率的鸡群，两个死亡高峰期的死亡率大致相等。

②出现死亡高峰的一般原因。出现第一个死亡高峰的原因是因为此时正是胚胎各器官的分化、形成的关键时期，如心脏开始搏动，血液循环的建立及各胎膜的形成均处初级阶段，不够健全，胚胎的生命力非常脆弱，对外界环境的变化很敏感，稍有不适，例如温度过高过低，胚胎和胎膜的发育受阻，以至夭折。此时如果进行喷洒或熏蒸消毒，会造成胚胎死亡。第二个死亡高峰正是尿囊萎退，尿囊血管的呼吸机能消失，鸡胚胎由尿囊呼吸转变为肺呼吸，胚胎生理变化剧烈，需氧量剧增，加上胚胎的自温猛增，如果通风换气及散热不好，就会造成一部分体质较弱的胚胎不能顺利破壳出雏。

胚胎死亡是由外部因素与内部因素共同影响的结果，内部因素对第一死亡高峰影响大，外部因素对第二死亡高峰影响大。影响胚胎发育的内部因素主要是种蛋的品质，它们由饲养管理水平与遗传因素所决定。影响胚胎发育的外部因素，包括入孵前的环境（种蛋保存环境）和孵化中的环境（孵化条件）。

(2)种鸡营养与孵化效果的关系。种鸡缺乏某种营养，所产的种蛋也缺乏营养，这些种蛋用于孵化则会影响孵化效果。

缺维生素 A，孵化初期（2～3 天）死胚率高，后期发育迟缓，肾有尿酸盐沉淀物，眼肿，无力破壳，出壳时间延长；

缺维生素 D_3，尿囊发育迟缓，死亡高峰出现在 10～16 日龄，皮肤水肿，肾肥大，出壳拖延，初生雏软弱；

缺维生素 B_2，胚胎死亡多在 1～3 天及 9～14 天，孵化后期（19 天）死亡率增高，蛋重损失少，鸡胚绒毛卷缩，颈、脚麻痹的雏鸡增多；

缺维生素 B_{12}，胚胎死亡高峰出现在第 8～14 天，大量胚胎头部位于两腿间，水肿、喙短、趾弯、肌肉发育不良；

缺维生素 K，胚胎出血，胚外血管中有凝块；

缺维生素 E，胚胎死亡在 1～3 天，水肿，单眼或双眼突出；

缺生物素，鸡胚死亡高峰在 1～7 天和 13～21 天，长骨短缩，腿、翅骨扭曲，"鹦鹉喙"；

缺泛酸，死胚皮下出血；

缺叶酸，鸡胚死亡高峰在 18～21 天，其他症状与缺生物素相似；

缺钙，蛋壳薄而脆，蛋白稀薄，腿短粗，翼与腿弯曲，额部突出，颈部水肿；

缺磷，鸡胚 14～18 天死亡率较高，喙和脚软弱；

缺锌，可能出现无翅和无腿鸡，绒毛呈簇状；

缺锰，鸡胚死亡高峰在 18～21 天，翅与腿变短，水肿，"鹦鹉喙"；

缺硒，鸡胚水肿；

硒过量，弯趾，水肿，死亡率高。

(3)孵化中异常现象及产生原因。

臭蛋：产生的原因是脏蛋或蛋被细菌污染，蛋未消毒或消毒不当，破壳或裂纹蛋，种蛋保存时间太长，孵化机内污染等。

胚胎死于 2 周内：种鸡营养不良，患病，孵化机内温度过高或过低，停电，翻蛋不正常，通风不良。

气室过小：孵化过程中相对湿度过高或温度过低。

气室过大：孵化过程中相对湿度过低或温度过高。

雏鸡提前出壳：蛋重小，全程温度偏高，温度计不准确。

雏鸡延迟出壳：蛋重大，全程温度偏低，室温多变，种蛋保存时间太长，温度计不准确。

死胚充分发育，但喙未进入气室：种鸡营养不平衡，1～10 天温度过高，第 19 天相对湿度过高。

死胚充分发育，且喙在气室内：种鸡营养不平衡，出雏机通风不良，20～21 天温度太高或湿度太高。

雏鸡啄壳后死亡：种鸡营养不良，并存在致死基因，种鸡患病，胎位不正，20～21 天通风不良，温度过高，湿度过高或过低。

(4)影响孵化效果的其他因素。除了孵化条件和上述原因直接影响孵化效果外，尚有许多因素与孵化效果有关，在生产中应逐个检查分析。

种鸡年龄：母鸡刚开产时所产种蛋的孵化率低，孵出的雏鸡也弱小，母鸡在 8～13 月龄时所产种蛋的孵化率最高，而后随日龄的增长逐渐下降。

母鸡产蛋率：产蛋率与孵化率呈正相关，鸡群产蛋率高时，种蛋孵化率也高，影响产蛋率的原因也影响种蛋孵化率。

种鸡健康状况：种鸡感染蛔虫、鸡白痢、支原体病等均影响种蛋孵化率，其中鸡白痢、支原体病还可由种蛋传染给后代，即常说的“蛋传疾病”。

种鸡饲料：维生素 A、维生素 D、维生素 E、维生素 B_2、泛酸、生物素、维生素 B_{12}、亚油酸以及钙、磷、锌、锰等营养物质不足，则影响种蛋孵化率。

种鸡的管理：种鸡舍的温度、通风、垫料的清洁程度都与种蛋孵化率有关。通风是减少禽舍内微生物的有效措施。垫料污脏，窝外蛋被污染，也可影响种蛋孵化率。

外界气温：夏季高温时种鸡活力低，种蛋保存条件差，种鸡采食量下降，蛋白稀薄，孵化率低。

海拔高度：海拔愈高，气压愈低，空气含氧量也愈少，因而孵化需时长，孵化率也低。

蛋的形态构造：蛋重、蛋形、蛋壳结构等均与孵化率有关。种蛋过大，孵化前期的感温和孵化后期的胚胎散热不良，孵化率降低。蛋壳薄时不仅易碎，蛋内水分蒸发也过快，破坏正常的物质代谢，孵化率也低。

胎位不正：在孵化后期，胚胎在蛋内的正常位置是头部朝向蛋的大端，头在右翅下，两脚曲屈，紧贴腹部。胎位不正的表现有：头向蛋的大端，但头在左翅下，或在两脚之间，或脚超过头部；头在蛋的小端，头在左翅下或头不在翅下。胎位不正的胚胎有的可以孵出，有的则死于壳内。正常情况下，胎位不正的数量占 18 日龄胚胎的 1%～4%，在进行孵化效果检查分析时，应注意剖检死胎蛋，确定胎位不正的比率及发生的原因。

胚胎畸形：歪嘴、曲颈、跛脚等的畸形胚胎易死亡或出壳困难，均影响孵化效果。应剖检统计，从母鸡的营养、孵化条件、种蛋消毒等环节进行检查分析。

四、作业

将死雏或胚蛋的剖检结果填入表 8-4 中，再结合出雏观察、死雏或胚蛋外观和照蛋透视等结果，综合判断做出结论。

表 8-4　死雏或死胎剖检记录

观察部位		死雏或死胎编号									
		1	2	3	4	5	6	7	8	9	10
外表观察	蛋黄与卵黄囊										
	蛋白状态										
	尿囊或尿囊绒毛膜										
	羊膜										
	羽毛乳头突起或绒毛										
	头（喙、眼、颅）										
	颈部										
	跖与趾										
	皮肤										
	胸腔或腹腔愈合状态										
	脐带部愈合状态										
	胎位										

续表 8-4

观察部位		死雏或死胎编号									
		1	2	3	4	5	6	7	8	9	10
体腔内部观察	心脏										
	肝脏										
	肺脏										
	肾脏										
	胃										
	肠										
	卵黄囊状态										
	胚龄										

诊断结论：　　鉴定人：　　测定时间：　年　月　日

实验九　孵化计划的编制和孵化效果的计算

一、实验目的与要求

(1)了解孵化计划在孵化工作中的意义。

(2)初步掌握孵化计划的编制方法。

(3)掌握孵化效果各项指标的计算方法。

二、实验材料和用具

计算器和孵化记录表。

三、孵化计划的编制方法和步骤

(一)编制孵化计划的意义

孵化的工作程序是多方面的，有码蛋、入孵、照蛋、移盘、出雏、出雏后鉴别、注射、清理卫生等，而且费时费工。为避免这些工作之间发生冲突，使孵化工作有条不紊地进行，必须编制孵化计划。

(二)编制孵化计划的依据

根据种禽的饲养数量、孵化与出雏能力、种蛋数量以及雏鸡的销售情况，确定孵化的批次、入孵的种蛋数量、每批间隔的天数，尽量把费时费工的工作(如入孵、照蛋、移盘、出雏等)错开。一般年孵蛋量＝容蛋量(枚/台)×台数×年孵批次。为了充分有效地利用孵化设备，一般入孵器和出雏器数量和容量比例最好为 4∶1。

(三)编制孵化计划

(1)根据种鸡场所提供的种蛋数，本厂每台孵化器的容蛋量及所拥有的孵化器数量，计算出年孵批次。

(2)按入孵蛋 75%出雏率，公母各半计算出可孵出的母雏数。

(3)根据胚胎发育，确定入孵、照蛋、移盘、出雏的时间，并尽量使其错开。在生产实践中一般每 4 天入孵一批，5～6 天第一次照蛋，18～19 天第二次照蛋，移盘转到出雏器，20～21 天出雏。具体孵化进程见表 9-1(仅供参考)。

(四)做好孵化记录

为及时检查和分析孵化效果，总结经验教训，在孵化过程中，必须认真做好孵化记录，如入孵的日期、入孵的蛋数、历次照蛋情况、孵化器内温湿度变化等。具体见表 9-2 至表 9-4(仅供参考)。

表 9-1　孵化进程表

日期	28/2	1/3	2	3	4	5	6	7	8	9	10	11	12	13	14	15	16	17	18	19	20	21	22	23	24	25	26	27	28
第1批	上蛋					一照												二照移蛋			出雏	出雏							
第2批					上蛋					一照												二照移蛋			出雏	出雏			
第3批									上蛋					一照												二照移蛋			出雏

表 9-2　孵化工作日程计划表

批次	入孵	照蛋	出雏器消毒	移盘	雏鸡消毒	出雏	出雏结束时间	雌雄鉴别	接种疫苗	接雏

注：除“批次”外，表中各项填日/月。

表 9-3 孵化管理记录表

时间	1 号孵化器				2 号孵化器				室内		出雏器		值班人员
	温度	湿度	转蛋	注水	温度	湿度	转蛋	注水	温度	湿度	温度	湿度	

表 9-4 孵化情况一览表

批次	品种	入孵日期	入孵时间(h)	入孵蛋数	照蛋			出雏					受精率(%)	受精蛋孵化率(%)	入孵蛋孵化率(%)	健雏率%	出雏结束时间	备注
					无精	死精	破蛋	移盘数	正常雏	弱雏	残死	死胎						

(五)计算孵化成绩

根据所记录的完整资料，在每批出雏后，应立即进行资料的统计分析。孵化效果各项指标的计算方法如下：

受精率＝受精蛋数/入孵蛋数×100％

受精蛋数包括死精蛋和活胚蛋，一般鸡的种蛋受精率在 90％以上。

死精率＝死精蛋数/受精蛋数×100％

通常统计头照和中间抽验的死精蛋数，正常水平应低于 2.5％。

受精蛋孵化率＝出雏数/ 受精蛋数×100％

出雏数包括健雏、弱、残、死雏数。一般受精蛋孵化率可达 90％以上。

入孵蛋孵化率＝出雏数/入孵蛋数×100％

高水平可达 85％以上。该项指标反映种鸡繁殖场及孵化厂的综合水平。

健雏率＝健雏数/出雏数×100％

健康雏指适时出壳，绒毛正常，脐部愈合良好，活泼，无畸形者。孵化厂多以售出雏禽数为准。健雏率高水平应为 96％～98％。

死胎率＝死胎蛋数/受精蛋数×100％

死胎蛋数指出雏结束后扫盘时未出壳的胚蛋，也称毛蛋。死胎率一般为 4％～5％。

四、实验注意事项

(1)应按种鸡厂鸡群的周转计划，本厂需要的雏鸡和外销的雏鸡数量及供雏日期调整孵化计划。

(2)入孵、照蛋、落盘、出雏等工作时间一定要错开。

(3)照蛋、入孵、落盘、出雏等各项记录要完整准确。

五、作业与思考

(1)某种鸡厂全年平均饲养蛋鸡 8 000 只，共有各容 19 200 枚蛋的孵化器 4 台，出雏器 1 台，如每只鸡一年可提供种蛋数 200 枚，试计算共可孵化多少批？按入孵蛋 75%出雏率，公母各半计算，此种鸡厂一年可提供多少只母雏数？

(2)根据作业 1 编制 3～4 月份的孵化工作日程计划表。

(3)编制孵化计划时应主要考虑哪些因素？

实验十　初生雏鸡的雌雄鉴别

一、实验目的

(1)了解性别鉴定的目的意义。

①极早淘汰公雏，节省人力、物力、财力。自然界中，动物的性别比基本保持着 1∶1，对于商品蛋鸡，有饲养价值的是雌雏，尽早淘汰雄雏可节省一半的人力、物力、财力。

②提高鸡群的整齐度，增加经济效益。商品肉仔鸡，由于公、母鸡的生长速度，营养需要，环境要求，出栏时间等明显不同，公母分别饲养，可提高整齐度，增加经济效益。

(2)基本掌握性别鉴定的方法。

二、实验材料及用具

台灯(60～100 W)、排粪缸、鉴别台、鉴别雌雄的雏鸡。

三、实验内容及方法

初生雏鸡的雌雄鉴别方法主要有：伴性性状鉴别法(羽色鉴别、羽速鉴别、羽毛斑纹鉴别)和肛门鉴别法，其中生产上常用的有羽色鉴别、羽速鉴别和肛门鉴别法。伴性性状鉴别法，需要通过育种手段培育专门的配套品系；肛门鉴别法需要经过专门训练。

(一)羽色鉴别

原理：控制银色羽和金色羽的基因位于性染色体上，其中银色羽 S 对金色羽 s 为显性，如果具有银色羽的母鸡(Z^SW♀)与金色羽的公鸡(Z^sZ^s♂)交配后，其子一代公雏为银色羽

(Z^SZ^s♂),母雏为金色羽(Z^sW♀)。

亲本　　　　Z^SW♀(银色母系)×Z^sZ^s♂(金色父系)
↓
F_1　　　　(银色公鸡)Z^SZ^s♂+Z^sW♀(金色母鸡)

目前饲养的多数褐壳蛋鸡,如海兰褐壳蛋鸡、依沙褐壳蛋鸡、罗曼褐壳蛋鸡等,商品代中红色(金色)为雌雏,白色(银色)为雄雏。

(二)羽速鉴别(又称快慢羽鉴别)

1.原理　控制羽毛生长速度的基因位于性染色体上,其中慢羽基因 K 对于快羽基因 k 为显性,如果用慢羽的母鸡(Z^KW♀)与快羽的公鸡(Z^kZ^k♂)交配后,其子一代公雏为慢羽(Z^KZ^k♂),母雏为快羽(Z^kW♀)。

亲代　　　　Z^KW♀(慢羽母系)×Z^kZ^k♂(快羽父系)
↓
F_1　　　　(慢羽公鸡)Z^KZ^k♂+Z^kW♀(快羽母鸡)

目前,主要用于鉴别白壳蛋鸡、粉壳蛋鸡,如海蓝灰,尼克粉壳蛋鸡、京白 938,939,988 等。

2.方法　右手握雏,用右手或左手的拇指和食指捻开雏鸡翼羽,观察主翼羽与覆主翼羽的相对生长速度。主翼羽长于覆主翼羽为快羽,是母雏。公雏是慢羽,有 4 种类型:主翼羽短于覆主翼羽;主翼羽与覆主翼羽等长;主翼羽未长出,仅有覆主翼羽;除翼尖处有 1 或 2 根主翼羽稍长于覆主翼羽外,其他的主翼羽与覆主翼羽等长。

(三)羽毛斑纹鉴别法

芦花母鸡与非芦花公鸡(除具有显性白羽的来航、考尼什外)交配,F_1 公雏为芦花,母雏为非芦花羽色。

(四)肛门鉴别

1.初生雏鸡的肛门鉴别法

(1)原理:翻开初生雏鸡的肛门,根据有无生殖突起及生殖突起的组织学形态的细微差异,肉眼分辨公、母。若无生殖突起即为母雏,如有生殖突起(图 10-1),则根据生殖突起的组织形态上的差异分辨公、母(表 10-1)。

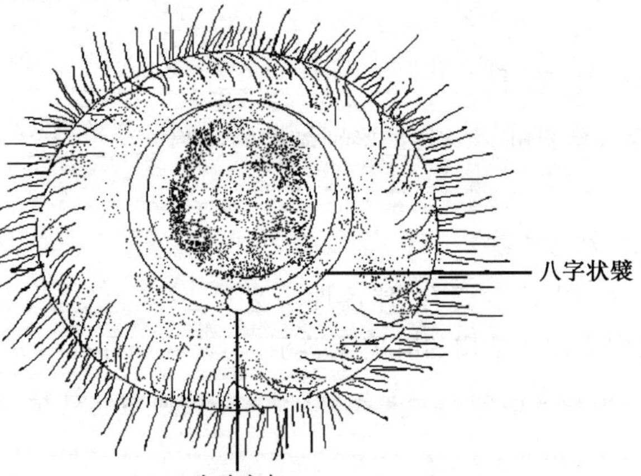

图 10-1　鸡的泄殖腔及生殖突起

表 10-1　初生雏鸡生殖突起组织形态上的差异

组织学性状	公	母
外观	突起轮廓明显，充实，周围组织陪衬有力，基础牢固	突起轮廓不明显，萎缩，周围组织陪衬无力，有孤立感
光泽	表面紧张有光泽	柔软无光泽
弹性	有弹性，不易变形	缺乏弹性，易变形
充血	易充血	不易充血

(2)手法：肛门鉴别法主要分为抓雏、排粪、翻肛、鉴别、放雏等几个环节。

抓雏：有夹握和团握两种方法。夹握时，右手沿雏鸡前进的方向抓住雏鸡，迅速倒入左手，使雏鸡头向下，颈部置于无名指和中指之间(不能用力)，背部置于左手掌心，腹部朝向鉴别者，泄殖腔向上(图 10-2)。团握时，直接用左手将雏鸡握住，使雏鸡头向下，背部置于左手掌心，腹部朝向鉴别者，泄殖腔向上。

排粪：握雏的左手大拇指轻压雏鸡腹部左侧髋骨下缘，借助呼吸将粪便排入粪缸中(图 10-2)。

图 10-2　翻肛鉴别——握雏及排粪

翻肛：左手拇指置于泄殖腔左侧，食指弯曲紧贴泄殖腔背侧；右手食指置于泄殖腔右侧，拇指置于脐带上缘。右手拇指沿直线向上挑，食指向下拉，并与拇指靠拢；左手拇指向里靠拢，三指在泄殖腔周围形成三角区，三指靠拢挤压，泄殖腔翻开，生殖突起暴露(图 10-3)。

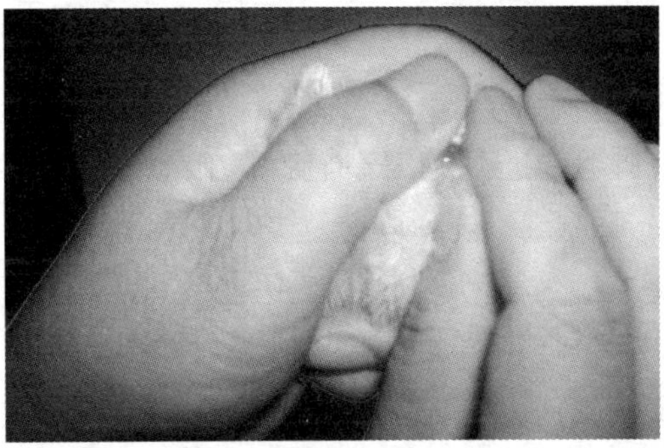

图 10-3　肛门鉴别法——翻肛及鉴别

鉴别、放雏：根据生殖突起的有无和组织学形态进行鉴别，之后放雏。

2.初生雏鸭、雏鹅的肛门鉴别法　有翻肛和触摸两种方法。

(1)翻肛法：由抓雏、握雏、翻肛、鉴别几个环节组成。

抓雏、握雏：左手抓雏，使其头部朝外，腹部朝上，背向下，肛门朝向鉴别者。左手中指和无名指夹住雏的两腿，食指置于雏的背部，拇指置于泄殖腔右侧。

翻肛、鉴别：右手拇指和食指置于泄殖腔左侧，左手拇指、右手拇指和食指轻轻翻开泄殖腔，若见泄殖腔下方有一螺旋状的阴茎，则为雄雏；若为八字状襞则为雌雏。

(2)触摸法：从雏的肛门上方开始，用拇指和食指轻轻夹住直肠往肛门方向触摸，如在肛门下方稍微感到有突起物则为雏的阴茎，是公雏；若手感平滑，无突起物则为雌雏。

四、实验注意事项

最适宜的鉴别时间是出雏后 2～12 h，最迟不超 24 h。

五、作业

根据剖检，判断鉴别的准确性。

实验十一　雏鸡的分级、剪冠、断喙、去趾及其他管理技术

一、实验目的

(1)掌握雏鸡的分级、剪冠、断喙、去趾及其他管理技术的操作方法。

(2)了解雏鸡的分级、剪冠、断喙、去趾及其他管理技术的操作的目的意义。

二、实验材料及用具

孵出 24 h 内的雏鸡、脚号、翅号、肩号、断喙器、眼科剪刀、碘酒、滴管、注射器、刺痘器等。

三、实验内容和方法

(一)初生雏鸡的分级

1.分级的目的　将初生雏鸡按照健雏、弱雏、残雏分级，把弱、残雏淘汰，只培育健康雏鸡，如此可节省育雏面积和人、财、物力，防止疾病传播，提高雏鸡的整齐度和成活率。

2.分级方法

健雏:羽毛光泽,大小适中,叫声洪亮,眼睛明亮有神,反应灵敏,活泼好动。腹部大小适中且柔软有弹性,脐带愈合良好,干燥,无血痂。两脚站立稳健,腿、喙饱满、色浓。

弱雏:羽毛暗淡,污秽,体重过小,两眼紧闭,反应迟钝,腹部过大或有硬块,脐带湿润或带血。卧地不起,腿、喙色淡,干瘪。

残雏:有明显缺陷的雏鸡,如瞎眼、剪子嘴、脑壳愈合不全、卵黄未全部吸收、腿脚不能站立,多脚多腿等。

(二)剪冠

1.剪冠的目的　祖代鸡防止父本父系和母本父系混淆;父母代防止父系公鸡与母系公鸡混淆;笼养鸡便于采食;寒冷地区防止鸡冠冻伤。

2.方法　雏鸡出壳后 24 h 内,用眼科剪刀紧贴鸡冠基部从前往后将鸡冠剪去。注意,眼科剪刀在使用前用酒精浸泡。

(三)断喙

1.目的　防止啄癖,节约饲料,促进雏鸡的生长发育。

2.方法　一般断喙 2 次。第一次在 6～10 日龄。若为切割形断喙器,将上喙断去 1/2(自鼻孔至上喙端),下喙断去 1/3。断时待断喙器的刀片烧至褐红色,一手握住雏鸡,另一手食指压住咽部,上下喙同时断,断烙的时间为 1～2 s。若为圆孔形断喙器,待刀片烧至褐红色,将雏鸡喙伸进刀片上 ϕ4.4 mm 或 ϕ4.8 mm 的圆孔内,四周滚动切烫 2 s。切烙时头稍向上提,使上喙多切。第二次在 120 日龄左右,断去第一次的再生部分。断时将食指放在上下喙间,上、下喙分别断。

3.注意事项　免疫期不断喙,阴雨或过热天不断。断前除每千克饲料中加入 2 mg 维生素 K 以防大量出血外,其他维生素的含量也要增加 2～3 倍。断喙后水料要充足,避免碰到坚硬的料、水槽。若发现有的个别鸡断后出血,应再行烧烙。

(四)切趾

1.目的　肉种鸡自然交配时,由于公、母鸡体重相差悬殊,公鸡容易扒伤母鸡背部,由此使母鸡拒绝交配而引起受精率降低。因此,切趾可减少母鸡伤残,提高种蛋受精率。

2.方法　雏鸡出壳后或断喙时,用切割式断喙器或电烙铁在爪和趾的交界处将第一爪或第一、二爪切去,若有出血现象应再烧烙止血。

(五)疫苗接种

疫苗的接种方法主要有注射、滴鼻点眼、刺种、饮水、气雾等。

1.注射　分皮下注射和肌肉注射两种。皮下注射时,一手拇指和食指将鸡颈部皮肤捏起,另一手持注射器,将针头刺入捏起的两层皮肤之间,缓慢注入疫苗,此时手感有液体进入。肌肉注射时,选择肌肉发达的胸肌或腿肌,沿肌纤维方向斜形刺入针头。避免穿入腹腔。

2.滴鼻点眼　用滴管将稀释好的疫苗滴入鼻或眼中。

3.刺种　打开鸡翅膀,在翅内侧寻找尺骨和桡骨间的无血管区,用蘸有疫苗的刺痘器刺破翼膜,旋转即可。1 周后检查有无痘痂出现,如果有则表明接种成功,否则,重新接种。

4.饮水　将疫苗按照要求的用量溶于水,置于饮水器中,既要保证每只鸡都能饮到,又能保证在 1 h 左右饮完。注意饮苗期间最好不消毒，饮苗前断水 0.5～1.5 h，夏季断水时间短，冬季长。

另外还有气雾和擦肛等法。

四、作业

(1)给雏鸡进行断喙，并对断喙效果进行评定。

(2)进行疫苗接种方法的练习。

实验十二 家禽饲养设备的构造及其使用

一、实验目的和要求

了解家禽常用饲养设备的基本构造、规格大小、基本原理，掌握常用设备的使用方法。

二、实验材料和器具

饲养设备、集蛋设备、供料设备、饮水设备、环境控制设备、清粪设备、防疫设备等。

三、实验方法、步骤和操作要领

(一)笼养设备

1. 育雏设备

(1)电热育雏伞：电热育雏伞的伞面由隔热材料组成，表层为涂塑尼龙丝伞面，伞顶装有电子控温器，控温范围为 0～50℃，伞内装有埋入式远红外陶瓷管加热器，同时设有照明灯和开关。电热育雏伞外形尺寸有直径 1.5 m、2 m 和 2.5 m 3 种规格，可分别育雏 300 只、400 只和 500 只。

(2)电热育雏笼：由加热笼、保温笼、运动笼 3 部分组成。加热笼内有加热装置、承粪盘、照明灯、加湿槽，三面封闭防止热量散失，温度由控温器控制。保温笼内无热源，侧面与活动笼有帆布帘相接，既保温又允许雏鸡出入保温笼。运动笼内有食槽、水盘、承粪盘，无加温装置，四面不密封，为雏鸡提供饮食及自由活动的场所。电热育雏笼一般为 4 层，每层高度 33 cm，每组笼面积为 140 cm×70 cm，层与层之间是 70 cm×70 cm 的承粪盘，全笼总高度 172 cm。通常每组笼采用 1 个加热笼、1 个保温笼、4 个运动笼的组合方式，外形总尺寸为高度 172 cm，长度 434 cm，宽度 145 cm。每组笼可育雏 800～1 000 只。

2. 育成笼　一般育成笼为 3 或 4 层，6～8 个单笼。每个单排笼尺寸为 187.5 cm×

44 cm×33 cm,可饲养 8～18 周龄的育成鸡 20 只。

3. 蛋鸡笼　轻型蛋鸡笼一般由 4 格组成一个单排笼,每格养鸡 4 只,单排笼长 187.5 cm,笼深 32.5 cm,养鸡 16 只,平均每只鸡占笼底面积 381 cm^2。中型蛋鸡笼由 5 格组成一个单笼,每格养鸡 3 只,单排笼长 195 cm,笼深 37 cm,养鸡 15 只,平均每只鸡占笼底面积 481 cm^2。蛋鸡笼也可以饲养种鸡,但必须实行人工授精。

(二)平养设备

1. 栅条　用木条或竹条制成,以栅条间距能漏鸡粪但不漏鸡爪为宜,一般栅条宽 2 cm,每根栅条间距在 1～1.5 cm,栅条上表面不要有毛刺。

2. 地网　在地面上支架,距地面高 60～70 cm 处铺上框架坚固的成块铁丝网片,一般长 2 m,宽 1 m,蛋用雏鸡用网眼孔经为 1.25 cm×1.25 cm,育成期改为 2.5 cm×2.5 cm 网片。而肉仔鸡饲养中,需采用特制塑料底网来防止鸡只胸囊肿、软腿病及断翅的发生。

(三)集蛋设备

1. 产蛋箱　产蛋箱通常由板金结构焊合而成,通常分为上、下两层,可供 18～20 只鸡同时产蛋。一种产蛋箱底面由钢丝网构成倾角 8°～10°,底网后有蛋槽,下蛋后,鸡蛋便从底网向后滚落到蛋槽中,由人工拣出。蛋箱前上、下层设有踏板,平养蛋鸡或种鸡若产蛋,先跳上踏板再进产蛋箱。另一种产蛋箱的底部没有坡度,鸡产完的蛋留在箱内,因此需增加拣蛋次数,减少蛋的破损和污染。

2. 拣蛋车　拣蛋车主要由车把、车架、车轮等组成。此类车一般有双把,便于工人在两头推车,车架是焊合的整体,坚固耐用,4 个车轮均采用滚动轴承。人工拣蛋时,先把鸡蛋拣到蛋盘中,蛋盘放入拣蛋车上蛋箱中,再推运到蛋库。

3. 输蛋带　在产蛋箱底网相连的蛋槽中,配置有输蛋带,电机驱动输蛋带把鸡蛋送到鸡舍一端,刮板刮入集蛋平台,然后人工拣入蛋盘。双层产蛋箱的另一层在端部还配置垂直输蛋器,把该层输蛋带搜集来的鸡蛋垂直输送到同一集蛋平台。

4. 笼养集蛋设备　国内笼养集蛋大部分仍是手工拣蛋车拣蛋,国外机械化集蛋已较普遍。

(1)两层全阶梯笼养集蛋设备:采用机械集蛋,每层鸡笼各自配有独立集蛋带和集蛋平台,工人分别在上、下两个集蛋台上装盘装箱。

(2)单层平置式笼养集蛋设备:因平置式或高床平置式笼养较难手工集蛋,因而采用鸡笼纵向集蛋带和横向总集蛋带以及集蛋台组成的集蛋系统来集蛋。鸡笼集蛋带每列一条,总集蛋带每舍一条,集蛋台视情况可设一个或若干个,工人在总集蛋台边装盘或装箱。

(3)三层笼养集蛋设备:由纵向水平输蛋装置、垂直输蛋机、横向水平总集蛋带和总集蛋台组成。纵向水平输蛋装置的鸡笼集蛋带把各层鸡蛋纵向水平输送到鸡舍端部的垂直输蛋机,由它向上(或下)输送鸡蛋,再卸于横向水平总集蛋带上,被送往总集蛋台,最后人工装盘或输入鸡蛋处理间。

(四)供料设备

1. 料塔　它建在鸡舍的一端或侧面,用来贮存该鸡舍 2 天左右的饲料量,以防供料中断,不能均衡喂料。塔顶有装料口,贮料塔下部圆锥面与水平面夹角应大于 60°,利于排料并防止结拱。上部塔盖侧面开一些通气孔,排除产生的各种气体和热量,避免塔内饲料发霉变质。

2.输料机　常见有螺旋弹簧式、普通螺旋式、塞盘式等数种运饲器。常用的运饲器为螺旋弹簧式。螺旋弹簧一端固接于运饲器电机上，另一端连于贮料塔出料口螺旋轴上，螺旋弹簧旋转时，可把贮料塔中的饲料输送到鸡舍各下料口，经下料口落入喂料机料箱中。

3.喂料设备

(1)链式喂料机：平养链式喂料机工作过程中驱动器通过链轮带动链片在长饲槽中循环回转，链片一边有斜面可以推运饲料，当链片经过料箱时，把饲料源源不断地送往四周食槽，供鸡采食，清洁器把饲料与杂物分离，被清理后的饲料送回料箱，杂物掉落地面。笼养链式喂食机结构及原理与平养链式喂食机基本相同，但每层笼安装一条喂食链，并配一较小料箱，饲槽直接安装于鸡笼前网上，取消了饲料清洁器。常见的9WL型链式喂食机喂料线长300 m，链速6～7 m/s，送料量200 kg/h，驱动功率0.75 kW。

(2)塞盘式喂食机：由料箱、长饲槽、索盘、转角轮、传动装置、升降器等组成。索盘是把若干塑料塞盘用低温注塑等距固定于钢丝绳索上形成塞盘链，塞盘链在管中移动，就将料箱中的饲料运送到饲槽各处(或各个饲盘里)供鸡自由采食。在笼养鸡舍内，饲槽内装有塞盘链，链的顶部有一冲孔盖板，前侧有一条狭长的开口，塞盘链运来的饲料通过此口流到饲槽中，但饲槽中陈旧饲料不能回收。这种喂食机平养、笼养均可使用。

(3)螺旋弹簧式喂食机：工作时，电机驱动螺旋弹簧旋转，由螺旋弹簧侧面将饲料沿输料管向前推送，依次向每个盘筒式饲槽加料，当最末那个带有料位器的饲槽被加满后，料位器使电机停转，从而停止送料；当料位因鸡采食降低后，料位器又启动电机继续补料，如此周而复始地工作，有的机型为了限量喂食，采用手动控制喂食。输料管上方细钢丝是防栖线，防止鸡只站在输料管上污染饲料，吊链是用来提升喂食机高度以适应鸡只采食需要。

(4)行车式喂料车：它主要用于高床平置或笼养鸡舍，它沿安装于鸡舍横梁上的导轨行走，通过水平搅龙将饲料从各个出料口排入饲槽，料箱中的饲料由运饲器送入。行车喂料是目前笼养设备中最节省能源的一种。一般三层全阶梯笼养设备，配用减速电机功率为0.55 W/列，行车速度8 m/min。

4.料桶

(1)开食盘：适用于雏鸡饲养，有方形、圆形等不同形状。面积大小视雏鸡数量而定，一般60～80只/个，圆形开食盘直径为35 cm或45 cm。

(2)料桶：平养鸡只10日龄以后换成料桶，料桶材料一般为塑料和玻璃钢，容重3～14 kg，料桶与食盘之间有环形带状间隙，饲料加入料桶中，饲料由此间隙流到料盘外周供鸡食用，料桶大小与鸡只的大小有关。通常100只鸡需要对应大小的料桶3个，料桶悬挂的高度应以料桶的边缘与鸡背的高度一致为宜。

(3)盘桶式饲槽：适用于平养。饲料从螺旋弹簧式输料管在卡箍部位下落到锥形筒和锥形盘之间，然后下流到饲盘，调节螺钉达到调节该饲槽的下料量。

(4)公、母分饲食盘：公鸡用料桶饲喂，母鸡用料盘饲喂，可实现公、母分饲功能。公鸡料桶吊到母鸡吃不到料的高度，在地上43～46 cm处。母鸡用料盘则通过调节外层分饲罩的位置，使食盘栅格间距为4.1～4.5 cm，公鸡因鸡头尺寸较大而不能采食。

(五)饮水设备

1.供水系统

(1)过滤器：自然水源水由进水口进入过滤器内部，当穿过无毒泡沫塑料滤芯时，污垢杂质被吸附、阻挡和过滤，而洁净水沿弹簧支撑的滤芯内部空腔向上流动，从出水口流出。过滤器可承受的水压为 8 kg/cm^2。疏水能力在管路压力为 1 kg/cm^2 时，压力降为 0.3 kg/cm^2 以下。为了保证过滤可靠，一般要求每 2 个月清洗更换一次滤芯。

（2）水箱：水塔的水从进水口进入水箱，箱内水面逐渐升高，浮球在浮力作用下也随之升高，当液面升到规定高度时，浮球杆使浮球阀关闭，停止进水。出水口连接饮水器水管，当水面因鸡群饮水而降低时，浮球下降，浮球阀被打开放水，水位升高，实现水箱水位高度的恒定控制。水箱上盖起防尘作用，开盖后可以往水中投药；溢流孔防止浮球阀失效以溢流方式保持恒定水压。

（3）减压阀：由主通道、副通道、主阀、副阀及调节机构、机体等组成。当减压阀出口水压因鸡群饮水而下降时，调节机构把副通道阀门开启到一个新的开度，进水经过窄小的副通道到达出水口，使出水压力有所提高，随着副通道的畅通，调节机构加速打开并增加阀门的开度使出水口水压迅速提高，直到达到规定水压值，实现了减压和稳压的功能。

2. 饮水器的种类　常用的饮水器有真空式、吊塔式、长水槽式、乳头式、杯式等。

（1）真空式饮水器：用于平养鸡。常用聚乙烯塑料制成，把水盛入，水罐盖上饮水盘再倒置放入鸡舍内。水罐底部边缘有一出水孔，在重力作用下，罐内水流出，直到饮水盘水面淹没出水孔，此时外界大气无法通过出水孔进入水罐，水罐中的水也无法再通过出水孔而外流。雏鸡饮水后饮水盘水面下降，出水孔外露，罐内的水自动外流又淹没出水孔，一直保持饮水盘中的恒定水位。这种饮水器结构简单，容量一般为 1～3 L，可供 50～100 只鸡饮用 1 天。

（2）吊塔式饮水器：饮水盘内无水时，重量变轻，弹簧克服饮水盘重量使控制杆向上运动，将出水阀打开，水顺饮水盘（中空结构）表面流入环形槽，随着环形槽水量增多，弹簧在不断变长，控制杆向下运动，关闭出水阀，停止流水。当饮水盘水面被鸡饮用重量减轻时，在弹簧恢复力作用下使控制杆重新打开出水阀再次出水，如此反复一直保持着饮水盘中设定的储水量。这种饮水器用于平养雏鸡、成鸡和火鸡。使用时要使饮水盘与雏鸡的背部或成鸡的眼睛平齐。

（3）长水槽饮水器：用塑料或镀锌铁皮制成，它有“U”和“V”形截面，供水时一端水龙头常流水，另一端有一控制水面高度的溢流塞和出水管。有的用浮子阀或弹簧阀来控制饮水槽水面。这种饮水方式，虽然具有结构简单、投资少的优点，但由于水槽是敞开式的，饮用水直接暴露在鸡舍内的空气中，极容易被污染，而造成鸡病的横向传播。

（4）乳头式饮水器：鸡啄阀杆时，阀杆上下移动，阀杆与阀套间出现间隙，水顺阀杆流下，在阀杆下端出现一滴水供鸡饮用；鸡停啄阀杆，则阀杆靠自重下落，阀杆与阀套间隙消除，停止供水。这种饮水器适用水压 2～6 kPa，流量 17～160 mL/min，开阀力 0.07～18.5 N。

（六）环境控制设备

1. 通风设备　通风方式一般分为 3 种，正压通风、负压通风、联合通风。通风机一般分为两种：轴流式和离心式。轴流式应用较多，它由叶轮、外壳、电机及支撑架、安全防护网、百叶窗等部分组成，如果是负压通风，电机转动时，经过皮带轮减速传动到叶轮，叶轮旋转产生轴向气流，百叶窗在轴向气流作用下自动开启，舍内污秽空气穿过安全防护网及百叶窗，排到舍外。

2. 鸡舍降温工艺与设备

(1)湿帘：湿帘装在一端山墙上，风机装在另一端山墙或侧墙上。风机抽风时，舍内产生负压，迫使舍外不饱和空气流经多孔湿帘表面时，显热转变为蒸发潜热，空气的干球温度降低并接近于舍外的湿球温度。湿帘降温系统运行时，源源不断地将降温空气吸入舍内进行防暑降温。

(2)水冷式空气冷却器：一般由一个轴流风机和位于其前部的通水翅片式换热器等组成。当轴流风机把空气吹过翅片式换热器时，空气与冷水发生热交换，空气温度下降，鸡舍得到降温。

(3)蒸发式冷却器：与湿帘降温原理类似，它是一个前后有网，中间为刨花，冷水从上向下渗透循环流过箱体的一种冷却器。通常将其装在通风系统的进气口，当热空气通过时，发生热交换而降温，它与湿帘相比，突出的特点是成本低。

(4)机械制冷设备：冷却介质在蒸发器汽化吸热，到了管道封闭系统的高温区液化散热，使低温区的热量不断地向高温区转移，直到温度低于或等于设定控制温度为止，从而实现制冷降温。

3. 鸡舍供暖工艺与设备

(1)热风炉式供暖通风设备：常见的立式热风炉系统包括热风炉、通风机和有孔风管。当燃煤点燃后，火焰使炉心及炉膛处于红热状态，低温空气经热风炉下半部的预热区充分预热后进入离心风机，再由离心风机以 4 500～7 000 m^3/h 的风量鼓入炉心高温区，在炉心循环时气温迅速升高，然后由出风口进入鸡舍，热空气与舍内空气混合后，使舍温迅速提高，保证了空气新鲜。

(2)暖风机通风设备：空气加热器为一排外有散热片的管子，锅炉供应的蒸汽或热水在管内流动。通风机把空气吹过空气加热器，空气被加热，然后进入家禽舍。这种供暖通风机常装在家禽舍的进风口上。有些系统采用集中加热器并配有若干离心风机和暖风管网把暖风分配至全舍。

4. 照明设备

(1)荧光灯：由镇流器、启辉器、荧光灯管等组成。开灯后，启辉器一闪一灭地闪烁是在一通一断地通断所在电路，促使镇流器激发荧光灯管内充气体放电，导致管壁荧光粉受激而发出可见光。

(2)紫外线灯：利用石英玻璃制成，灯管通电后发出紫外线，用于空气消毒、杀菌和饮水消毒。

(3)白炽灯：人们常叫做灯泡，它是一种简单、价廉、方便的光源，但发光效率低，寿命也较短。

(七)清粪设备

1. 刮板式清粪器　工作时电动机驱动绞盘通过钢丝绳牵引刮粪器，刮粪板紧贴地面把粪沟内的鸡粪从始点刮到终点，由于终点有行程开关，使电机反转，刮粪器随之返回，刮粪板回程时翘起不刮粪，到达始点完成一次清粪作业。通常用于双列鸡笼，一台刮粪时，另一台处于返回行程。

2. 输送带式清粪器　常用于叠层式鸡笼，每层鸡笼下面均安装一条输粪带，承接下落的鸡粪，定期启动输送带把带上鸡粪送往鸡笼一端，由刮板刮入横向清粪机中，再运到舍外。

3.螺旋弹簧横向清粪机　工作中，空心式清粪螺旋在电动机及变速箱动力驱动下把刮板式清粪机送入横向槽内的鸡粪直接推运到舍外（有的还可以倾斜输送），从而完成横向清粪作业。

（八）防疫设备

1.火焰消毒器　由于燃烧的火焰温度较高，触及之处可以烧死病原微生物，并且消毒效果较好。火焰消毒器是把一定压力的燃油（煤油或柴油）雾化并燃烧产生喷射火焰，喷向消毒部位来消毒的一种消毒工具。

2.喷雾消毒器　消毒防疫药液在正压力（或负压力）作用下，经过雾化机构雾化后，雾滴直接喷施于消毒空间或消毒部位，实现化学药液灭菌消毒。气动与电动喷雾器不同之处是气动喷雾器喷雾动力来源于加压气体，电动喷雾器则是单相电或可充电电池输出电力驱使电动部件给药施压。

3.电子消毒器　其工作原理是从离子产生器上发射上千亿个离子，并迅速向空间传播，这些离子吸住空气中的微粒并使其电极化，导致正负离子微粒相互吸引形成更大的微粒团，微粒团重量不断增加而降落并吸附到附近的物体表面上，使空气中的带病微生物、氨气和其他有机微粒显著减少，最终成功地减少了空气传播疾病的几率。

四、实验注意事项

每种设备使用之前，需仔细阅读产品说明书，并认真观察技术人员的示范操作，具体操作每种设备时，需有专人在旁边指导。在操作过程中要注意安全，以防事故发生。

五、作业

谈谈上述涉及到的家禽常用饲养设备适用范围、操作技术要领以及注意事项等。

实验十三　家禽场的参观

一、实验目的和要求

（1）了解综合禽场的场址选择、禽场布局和禽舍建设的要求。

（2）熟悉禽场生产工艺流程和生产计划的安排。

（3）熟悉综合型禽场的饲养管理技术和经营管理措施。

二、实验材料和器具

绘图用具、计算器、温度计、湿度计、米尺等，典型的综合型家禽场。

三、实验方法、步骤和操作要领

综合型家禽场包括孵化车间、种禽场、商品禽场及有关辅助设施等。家禽场参观的主要内容包括：

(一)了解禽场概况

禽场概况包括禽场饲养品种、生产规模、人员编制、主要工作内容、经营管理方式及经济效益等对此进行了解。

(二)了解禽场布局

1. 禽场场址　包括禽场所在位置、地势、水源及电源等。一般来说，禽场地势应高燥、避风向阳，地面平坦而略有坡度，方便排水，地形开阔整齐，水源充足、水质良好，交通便利，便于防疫等。

2. 禽场布局　包括管理区、生产区及隔离区等。对禽场进行总平面布置时，主要考虑人、畜卫生防疫和工艺流程两大因素。管理区中的职工生活区应设在全场的上风向和地势较高地段，自上风口至下风口依次为生产管理区—生产区—隔离区。

3. 禽舍布局　禽舍的排列要根据场地形状、禽舍的数量和每幢禽舍的长度，酌情布置为单列、双列或多列式。一般密闭式禽舍间距为 10～15 m，开放式禽舍间距约为禽舍高度的 5 倍。

4. 禽舍建筑　禽舍的建筑有开放式、封闭式和半开放半封闭式 3 种基本形式。封闭式禽舍禽群的生产不受季节等外界环境因素的影响，可通过人工光照控制性成熟和产蛋；开放式禽舍采用自然光照辅以人工光照，但易受外界影响和病原菌侵袭；半开放半封闭式兼备了开放与封闭鸡舍的双重特点。

(三)禽舍的建造要求

1. 育雏舍　育雏舍要低，墙壁要厚，屋顶设天花板，房顶铺保温材料，门窗要严密。一般朝向南方，高 2.3～2.5 m，跨度 6～9 m，南北设窗。南窗台高 1.5 m，宽 1.6 m，北窗台高 1.5 m，宽 1 m。水泥地面。

2. 育成舍　禽舍应有足够的活动面积保证禽生长发育，而且通风良好，坚固耐用，便于操作管理。有窗可封闭式和封闭式鸡舍均可选择。有窗可封闭式育成鸡舍一般高 3～3.5 m，宽 6～9 m，长度 60 m 以内；封闭式育成鸡舍长度 9～12 m，跨度 60～100 m。

3. 种禽舍　可采用平养或笼养方式饲养种禽。肉种鸡多采取 2/3 的半高床面积，形成两高一低的栅架床面与地面相结合的平养鸡舍。平养饲养密度以 3～4 只/m^2 为宜，但每群规模不宜超过 2 000 只。笼养种鸡舍有个体笼养和小群笼养，前者采用人工授精技术，后者要求公、母同笼，每只鸡占笼面积不小于 600 cm^2，笼高不低于 60 cm。

4. 商品蛋禽舍　要求坚固耐用，操作方便，内部环境好。采用密闭、开放均可。结构可参照育成鸡舍。

5. 商品肉禽舍　通常采用地面平养或网养。每平方米饲养12～15只。禽舍要求保温性能好，光照不宜过长、过强。结构可参照育雏舍。

(四)了解各主要生产场(车间)的技术环节

1. 孵化车间

(1)了解孵化室的建筑、布局，选用孵化机的型号、性能。

(2)了解所采用的孵化制度及其优缺点。

(3)学习孵化操作技术，如选蛋标准、方法、入孵时间、落盘时间、晾蛋次数等。

(4)学习分析孵化不良的原因的方法及提高孵化率的措施。

2. 种禽场(组)

(1)了解所饲养品种的生产性能、适应性。

(2)了解采用的饲养方式及生产中的应用效果。

(3)测量禽舍的大小和各种用具的形状、大小。

(4)了解种禽饲养管理关键技术的使用。

3. 商品禽场(组)

(1)了解饲养的品种(品系)的生产性能。

(2)学习提高商品禽生产性能的技术措施。

(五)了解家禽场的经营管理措施与产品质量控制技术

(1)了解综合型禽场制定的技术操作规程的主要内容。

(2)了解综合型禽场制定的日工作程序的主要内容。

(3)了解综合型禽场制定的岗位责任制的主要内容。

(4)了解综合型禽场制定的工作人员安排的主要内容。

(5)了解综合型禽场制定的综合防疫制度的主要内容。

四、实验注意事项

参观时要服从参观禽场工作人员的安排，严格遵守场里防疫规定和要求，并认真做好各项记录。

五、作业

(1)绘制供参观场的布局草图，分析其合理性和存在的问题，并提出改进意见。

(2)根据所参观的禽场的具体饲养情况，谈谈该场在饲养管理技术和经营管理措施方面有哪些优缺点，并提出改进意见。

(3)根据禽场的饲养规模和工艺流程编制生产计划。

实验十四　家禽饲养管理综合技术实例(录像或VCD)

一、实验目的和要求

通过观看现代化养鸡场和养鸭场的饲养管理综合技术实例录像，对家禽饲养管理有个整体的认识和了解，巩固和提高对家禽生产学课程内容的掌握和综合应用。

二、实验材料和器具

家禽饲养管理录像或VCD，例如：肉用仔鸡的饲养管理；种鸡、蛋鸡的饲养管理；肉用鸭的饲养管理；肥肝鹅的生产等。

三、观看家禽饲养管理综合技术实例录像

(一)肉用仔鸡的饲养管理要点

(1)35～40日龄出栏的快大肉仔鸡，要求营养含量较高的饲料，前期粗蛋白为21%～23%，后期为18%～20%，饲料代谢能是13～14 MJ/kg。只有这样，才能满足快速生长增重的营养需要。

(2)为了保证产品合格率，肉仔鸡一般以网床饲养和厚垫料为主。采用不限量自由采食与饮水，每天视垫料的清洁程度而添加垫料。

(3)采用部分鸡舍育雏法，即用塑料布帘将育雏育成鸡舍隔成两或三部分，一部分设置育雏器，3周前所有雏鸡均集中在这部分培育，3周后随雏鸡的发育，御寒能力增强，需要活动的面积增大，将间壁撤掉，使肉鸡自由疏散。育雏温度从35℃开始，每天降低0.5℃，至30天时降到20℃。在冬季，肉用仔鸡要一直保温至出栏日龄。

(4)育雏第1周舍内保持60%～65%的稍高湿度，还要注意通风，适当的通风可保持舍内空气新鲜，排出湿气，保持垫料的良好状态。

(5)光照：为促进鸡的采食和生长，一般均人工补充低亮度光照。育雏头2天连续48 h光照，而后每天照明23 h，关灯1 h保持黑暗，使鸡能够适应一旦停电时的环境变化，防止埋堆伤亡。

(6)免疫接种和预防球虫病：肉用仔鸡虽然饲养期短，但发病几率很高，需要进行鸡新城疫、传染性支气管炎、传染性法氏囊病的疫苗接种，以及对慢性呼吸道病、大肠杆菌、沙门氏菌病、球虫病等的药物防治。

(二)种鸡、蛋鸡的饲养管理要点

(1)肉用型或蛋用型种鸡和蛋鸡在后备期均要进行限制饲养，采用“质的限制”和“量的限制”方法，目前有4种限制喂料方式在生产中应用，即每日限料、隔日喂料、5/2喂料和综合限饲。其中隔日喂料法应用得较为普遍。每周随机抽样测定体重1次，算出平均体重，每次每群测1%～3%，作为限饲的依据。

(2)为预防在限制饲养期间发生啄癖，在限制饲养开始前要再进行1次切喙。

(3)光照：光照是影响后备鸡的性成熟早迟，影响产蛋期的产蛋量的主要因素之一。所以要采用合理的人工补充光照制度。在后备期实施弱光短时间光照，每天光照 8～10 h，在产蛋期则要实施较强光、较长时间光照，每天光照 16～17 h。注意光照的强弱与长短要逐渐过渡。

(4)后备期饲料粗蛋白含量为 15%～16%，代谢能为 11 MJ/kg，产蛋期饲料粗蛋白为 17%～18%，代谢能为 12 MJ/kg。

(5)肉种鸡多采用地面平养或网床＋地面混合饲养；蛋种鸡以多层笼养为主，采用人工授精技术。

(6)免疫接种和疾病防治：执行免疫程序和药物保健程序，保障后备期种鸡的健康生长，并在开产前做好为预防产蛋期传染病发生的多种免疫接种，还要做好为使后代鸡苗获得较高的母源抗体而对种鸡进行的免疫接种。

(三)肉用鸭的饲养管理要点

(1)饲养方式：肉用鸭以平养为主，育雏期在网上平养，脱温后地面平养，并让鸭自由下水。

(2)喂饲：育雏期肉鸭饲料粗蛋白为 22%，代谢能为 12 MJ/kg，1 周龄内的雏鸭采用自由采食，经常保持料盘(槽)内有饲料，随吃完随添加。生长期肉鸭饲料粗蛋白为 20%，代谢能为 12 MJ/kg，采用采用定时喂料，2 周龄昼夜 6 次，3 周龄昼夜 4 次，其中 1 次在晚上。

(3)搞好卫生防疫：肉鸭多发生鸭病毒性肝炎、大肠杆菌病、鸭传染性浆膜炎、禽出败等传染病，发病急，死亡快，所以一旦发生，打针用药要及时。搞好周围环境如鸭舍、运动场、水面等的卫生消毒，可有效减少鸭病发生。

(4)出栏：大型肉用鸭饲养 6 周可以出栏，如果是供制作烧烤用的肉鸭，则还需要填肥，即 6 周体重 1.75 kg 的中雏，经 2 周的填饲期后，体重达到 2.6 kg 以上即可上市，供制作烤鸭用。

(5)填肥鸭饲养管理：填肥鸭的营养水平以代谢能 12.14～12.56 MJ/kg，粗蛋白 14%～15%为宜，并要注意矿物质特别是钙、磷的含量和比例。填料是用水调稀料，即将混合料加水调成稠粥状，用填饲机搅拌均匀后再进行填饲。填饲量随填饲日龄的增长和消化情况逐渐增加，由开始时的每次 150 g 水料，到 8 天以后每次水料增至 350～400 g。填饲时间为每昼夜 4 次。采用填饲机填鸭的操作技术要点是：鸭体平，开嘴快，压舌准，进食慢，撤鸭快。

(四)肥肝生产技术

(1) 填饲肥肝鹅、肥肝鸭的适宜周龄、体重和季节：大型仔鹅为 15～16 周龄，体重 4.5～5.0 kg；肉用型仔鸭体重 3.0 kg 左右为宜。肥肝生产不宜在炎热季节进行。

(2)填饲饲料及调制：玉米是最佳的填饲饲料。常用的调制方法有 3 种，水煮法、干炒法、浸泡法，生产上多用浸泡法，即将玉米粒置于冷水中浸泡 8～12 h，随后沥干水分，加入 0.5%～1.0%食盐和 1%～2%的动(植)物油脂。

(3)填饲方法：填饲期的长短取决于填饲鹅、鸭的成熟程度。一般鹅的填饲期较长，鸭则较短。鹅每日填饲 4 次，鸭每日填饲 3 次。日填饲量和每次填饲量应根据鹅、鸭消化能力而定。填饲量应由少到多，使鹅、鸭有个适应过程。日填饲量以干玉米计为 0.5～1.5 kg。填饲用手摇填饲机和电动填饲机。

(4)填饲管理:填饲鹅、鸭一般采用舍饲垫料平养,要经常更换垫料,保持舍内干燥。供给充足的饮水,但在填料后半小时内不能让鹅、鸭饮水,以减少它们甩料。另外饮水盘中可加一些沙砾,让其自由选食,以增强消化能力。保持育肥舍的安静,舍内暗光,减少应激,限制活动,以减少能量消耗,加快脂肪沉积。

四、作业

(1)在开放式后备鸡舍饲养后备肉用种鸡,请为 5 月 20 日出雏的后备鸡设计光照制度。

(2)肉用仔鸡饲养管理与后备种鸡育雏期饲养管理有什么异同?

实验十五　禽场计划编制

一、实验目的和要求

学习和初步掌握禽场年度生产计划编制的方法。

二、实验材料和器具

白纸本、格尺、橡皮、计算器等。

三、实验方法、步骤和操作要领

(一)编制计划的依据

1.当年总生产任务　包括鸡群规模、总产品量、总利润额等。

2.编制具体计划的依据

(1)技术参数:根据畜牧常规和品种手册,结合本场生产工艺流程等实际情况,确定各项具体的技术参数,作为编制年度生产计划时计算各项生产指标的依据。

(2)其他资料:主要是当年的实际情况,包括人员、设备、品种、饲料、资金等。

(二)计划的主要内容

禽场计划有三类,即长期计划、年度计划和阶段计划。年度计划是禽场每年编制的最基本的计划。年度计划包括生产计划、基本建设计划、劳动工资计划、物资供应和产品销售计划、产品成本计划、财务计划等。

鸡场年度生产计划一般包括以下内容:①鸡场总生产任务;②育雏计划;③鸡群周转计划;④产品计划;⑤饲料计划;⑥物资供应计划;⑦基建维修计划;⑧劳动工资计划;⑨财务、成本和利润计划;⑩卫生防疫计划。

（三）禽场计划的编制

不同的禽场禽群周转计划繁简程度不同，综合性禽场因饲养各类不同类型的家禽，如鸡场需按种鸡、蛋鸡、雏鸡分别编制周转计划。以商品蛋鸡为例，说明鸡场年度生产计划的编制方法。

1. 制定总生产任务　根据本场现有条件和下年可能有的人力、物力及市场情况，确定鸡群规模和生产任务。

某商品蛋鸡场计划年存栏 10 万只（每栋饲养 8 500 只）蛋鸡，分两阶段饲养，以日为单位编制鸡群周转计划，全年均衡生产，同时根据生产指标确定每月的死淘数（率）、存栏数及饲料计划等。

按初生雏鸡鉴别准确率 97%，18 周龄育成率 92%计算，产蛋母鸡平均月死淘率＜1%计算。

2. 制定育雏计划　鸡的饲养按两阶段进行：0～124 日龄为后备鸡阶段；125～504 日龄为成年鸡阶段。成年鸡计划数量为 100 000 只。在饲养期内，每月的平均死淘率按 0.87%计算，全年 12 个月，共 10.44%，则成年鸡的入舍数量应为：100 000÷（1－10.44%）＝111 656.99（只），为方便起见，按 111 657 只计算，每批约 9 305 只。则雏鸡入舍数量应为：111 657÷97%÷92%＝125 120（只），每批约 10 426 只。育雏育成计划见表 15-1。

表 15-1　后备鸡鸡群周转计划　只

月份	栋别（后备鸡数）											
	1			2			3			4		
	雏鸡、育成鸡	死淘母鸡数	淘汰公鸡数	雏鸡、育成鸡	死淘母鸡数	淘汰公鸡数	雏鸡、育成鸡	死淘母鸡数	淘汰公鸡数	雏鸡、育成鸡	死淘母鸡数	淘汰公鸡数
1	A_1 10426			9 489	278		9 557	278	63	9 898	278	250
2	9 898	278①	250②	A_1 10426			9 279	278		9 557	278	63
3	9 557	278	63	9 898	278	250	A_1 10426			9 279	278	
4	9 279	278		9 557	278	63	9 898	278	250	A_1 10426		
5	A_2			9 279	278		9 557	278	63	9 898	278	250
6	9 898	278	250	A_2			9 279	278		9 557	278	63
7	9 557	278	63	9 898	278	250	A_2			9 279	278	
8	9 279	278		9 557	278	63	9 898	278	250	A_2		
9	A_3			9 279	278		9 557	278	63	9 898	278	250
10	9 898	278	250	A_3			9 279	278		9 557	278	63
11	9 557	278	63	9 898	278	250	A_3			9 279	278	
12	9 279	278		9 557	278	63	9 898	278	250	A_3		

注：每月以 33 天计算，在周转月份，周转月的前 10 天转出育成鸡，后 15 天转入新的雏鸡，中间 10 天为清扫、消毒和空舍时间，每栋周期 134 天。

①后备鸡育成率 92%，母雏死淘率 8%，按 3 个月计算，月平均 278 只。

②雌雄鉴别准确率 97%，淘汰公鸡数 3%，合计 10 426×3%＝313（只），其中育雏第 3 个月淘汰 80%，即 250 只，育雏第 4 个月淘汰 20%，即 63 只。

A_1：转入第一批雏鸡 10 426 只；A_2：转出 9 279 只育成蛋鸡，转入第二批雏鸡 10 426 只；A_3：转出 9 279 只育成蛋鸡，转入第三批雏鸡 10 426 只。如此循环。

3.编制鸡群周转计划　根据生产任务和指标(如育雏数、育成率、母鸡死亡淘汰率等资料),编制出鸡群周转计划。鸡舍与鸡群的年度周转计划见表15-2和表15-3。

表15-2　年存栏10万只蛋鸡(两阶段饲养)鸡舍与鸡群的周转计划

项目	雏鸡、育成鸡	成年鸡
入舍鸡总数(只)	125 120	111 657
鸡舍栋数	4	12
每栋鸡舍每次入舍鸡数(只)	10 426	9 305
饲养阶段(日龄)	0～124	125～504
饲养天数	124	380
清扫、消毒和空舍天数	10	22
每栋周期天数	134	402
402天内周转次数	3	1

若采用三阶段饲养制,鸡群需要周转两次。

成年鸡计划数量为100 000只。在饲养期内,每月的平均死淘率按0.87%计算,全年12个月,共10.44%,则成年鸡的入舍数量应为:100 000÷(1－10.44%)＝111 656.99(只),为方便起见,按111 657只计算,每批约9 305只;育成阶段成活率按98%计算,则育成鸡的入舍数量应为111 657÷98%＝113 936(只),每批约9 495只;雏鸡成活率按93%计算,雌雄鉴别准确率按97%计算,则雏鸡入舍数量应为:113 936÷97%÷93%＝126 300(只),每批约10 525只;周转模式见表15-3

表15-3　年存栏10万只蛋鸡(三阶段饲养)鸡舍与鸡群的周转模式

项目	雏鸡	育成鸡	成年鸡
入舍鸡总数(只)	126 300	113 936	111 657
鸡舍栋数	2	3	12
每栋鸡舍每批入舍鸡数(只)	10 525	9 495	9 305
饲养阶段(日龄)	0～42	42～125	126～504
饲养天数	42	84	379
清扫、消毒和空舍天数	25	16	21
每栋鸡舍每周期的天数	67	100	400
400天内每栋鸡舍周转次数	6	4	1

将年度生产计划分月实施,内容更细致具体,仍以上述介绍的10万只蛋鸡场为例,该场12栋蛋鸡舍,每隔33天进一批育成母鸡9 300只。进鸡当月的前半个月为鸡舍清洗消毒时间,后半个月养鸡,当月养鸡以半数(4 650只)计,以后每月死淘率以0.87%计算,每栋鸡舍饲养日母鸡按此死亡淘汰数扣除而变动,每月各栋鸡数相加为该月全场饲养日母鸡数,见表15-4。

表 15-4 年存栏 10 万只蛋鸡场鸡群周转计划

月份	栋别(饲养日母鸡数)												合计
	1	2	3	4	5	6	7	8	9	10	11	12	
1	4 650	8 409	8 490	8 571	8 652	8 733	8 814	8 895	8 976	9 057	9 138	9 219	101 604
2	9 219	4 650	8 409	8 490	8 571	8 652	8 733	8 814	8 895	8 976	9 057	9 138	101 604
3	9 138	9 219	4 650	8 409	8 490	8 571	8 652	8 733	8 814	8 895	8 976	9 057	101 604
4	9 057	9 138	9 219	4 650	8 409	8 490	8 571	8 652	8 733	8 814	8 895	8 976	101 604
5	8 976	9 057	9 138	9 219	4 650	8 409	8 490	8 571	8 652	8 733	8 814	8 895	101 604
6	8 895	8 976	9 057	9 138	9 219	4 650	8 409	8 490	8 571	8 652	8 733	8 814	101 604
7	8 814	8 895	8 976	9 057	9 138	9 219	4 650	8 409	8 490	8 571	8 652	8 733	101 604
8	8 733	8 814	8 895	8 976	9 057	9 138	9 219	4 650	8 409	8 490	8 571	8 652	101 604
9	8 652	8 733	8 814	8 895	8 976	9 057	9 138	9 219	4 650	8 409	8 490	8 571	101 604
10	8 571	8 652	8 733	8 814	8 895	8 976	9 057	9 138	9 219	4 650	8 409	8 490	101 604
11	8 490	8 571	8 652	8 733	8 814	8 895	8 976	9 057	9 138	9 219	4 650	8 409	101 604
12	8 409	8 490	8 571	8 652	8 733	8 814	8 895	8 976	9 057	9 138	9 219	4 650	101 604
总计													1 219 248

4. 产品计划 不同禽场其产品不同,蛋鸡场主产品是鸡蛋,联产品为淘汰鸡,副产品为鸡粪。做产品计划时,需分别编制主产品、联产品和副产品生产计划。表 15-5 产品生产计划同样以上述 10 万只蛋鸡场为例,按该场每月饲养日母鸡数,乘以每月天数,得数为每月各栋月累计饲养日母鸡数,再乘以月计划产蛋率得数为产蛋总数。计划产蛋率是参考过去各月的产蛋率或根据饲养鸡种的产蛋性能指标拟定的。此产蛋率为全场产蛋率,即各栋鸡舍平均产蛋率。用月产蛋总数乘以月平均蛋重,即得出每月生产的总产蛋重。

表 15-5 年存栏 10 万只蛋鸡场产品生产计划表

月份	饲养日母鸡数(只)	当月天数	月累计饲养日母鸡数(只)	月计划产蛋率(%)	月产蛋总数(枚)	月计划平均蛋重(g)	总蛋重(kg)
1	101 604	33	3 352 932	70	2 347 052	61	143 170
2	101 604	33	3 352 932	70	2 347 052	61	143 170
3	101 604	33	3 352 932	71	2 380 582	60	142 835
4	101 604	33	3 352 932	71	2 380 582	60	142 835
5	101 604	33	3 352 932	70	2 347 052	60	140 823
6	101 604	33	3 352 932	69	2 313 523	59	136 498
7	101 604	33	3 352 932	69	2 313 523	59	136 498
8	101 604	33	3 352 932	69	2 313 523	59	136 498
9	101 604	33	3 352 932	70	2 347 052	60	140 823
10	101 604	33	3 352 932	71	2 380 582	60	142 835
11	101 604	33	3 352 932	70	2 347 052	60	140 823
12	101 604	33	3 352 932	70	2 347 052	60	140 823
合计	1 219 248				28 164 627		1 687 631
平均	101 604			70	2 347 052	59.9	1 687 631/101 604=16.6

注:按饲养日母鸡数计,平均每只年产蛋数为 276 枚。

5. 饲料计划　饲料计划是根据月累计饲养数，乘以每只每天耗料，得数为月累计耗料，见表 15-6。这个饲料计划是全场各个月份饲料消耗的数量。然后根据饲料消耗数量，按饲料配方中各种饲料品种的配合比例，算出各个月份所需各种饲料的数量，见表 15-7。

表 15-6　饲料计划

月份	月累计饲养日母鸡数(只)	每只每天耗料(kg)	月累计耗料(kg)
1	3 352 932	0.105	352 057.9
2	3 352 932	0.105	352 057.9
3	3 352 932	0.100	335 293.2
4	3 352 932	0.100	335 293.2
5	3 352 932	0.100	335 293.2
6	3 352 932	0.095	318 528.5
7	3 352 932	0.095	318 528.5
8	3 352 932	0.095	318 528.5
9	3 352 932	0.100	335 293.2
10	3 352 932	0.100	335 293.2
11	3 352 932	0.100	335 293.2
12	3 352 932	0.105	352 057.9
合计	40 235 184		4 023 518.4
平均	3 352 932		335 293.2

注：按饲养日母鸡计数，平均每只 396 天耗料 4 023 518.4/101 604＝39.6(kg)，料蛋比 39.6/16.6＝2.4

表 15-7　产蛋鸡饲料计划

月份	饲养日母鸡数(只)	饲料总量(kg)	各种料量(kg)						添加剂
			玉米	豆粕	鱼粉	麸皮	骨粉	石粉	
合计									

四、实验注意事项

生产计划是家禽场全年生产任务的具体安排。制定生产计划要切合实际，只有切合实际的生产计划，才能更好地指导生产、检查进度、了解成效，完成和超额完成生产计划的可能性大；禽群周转计划中包括进鸡计划，如表 15-4，从 1 月份到 12 月份每月(33 天)各进育成母鸡 9 300 只。编制饲料计划时注意，每只每天平均耗料是根据过去鸡群实际采食量，或者按照家禽饲养标准计量，饲料计划中的数量应比实际采食量多 5%左右，因在运输、保存等环节会有些损耗。为使生产保持尽可能的平稳，在编制饲料计划中应有适当的储备，特别是一些紧缺饲料，以供调节。编制前后应充分听取群众意见，只有这样制定的各项指标才可能符合实际，才能很好地发挥群众的积极性，成为大家共同奋斗的目标。

五、作业

某商品蛋鸡场计划年存栏 5 万只(每栋饲养 5 000 只)蛋鸡,两阶段饲养,初生雏鸡鉴别准确率按 98%计算,18 周龄育成率按 92%计算,产蛋母鸡平均月死淘率按 1%计算,母鸡饲养日产蛋量 260 枚,平均蛋重 60 g,全年均衡生产,编制产蛋鸡群周转计划、育雏计划、产品计划和饲料计划。

参考文献

[1] 陈清明,王连纯.现代养猪生产.北京:中国农业大学出版社,1997
[2] 陈圣偶.养羊全书.第2版.成都:四川科学技术出版社,2000
[3] 冯定远.降低养猪生产所造成环境污染的营养措施.饲料广角,2001,(20):1~4
[4] 葛云山,林继煌,黄瑞华.养猪生产关键技术.南京:江苏科技出版社,2000
[5] 黄瑞华.养猪150天.北京:中国农业大学出版社,1998
[6] 黄瑞华主编.生猪无公害饲养综合技术.北京:中国农业出版社,2003
[7] 冀一伦主编.实用养牛科学.中国农业出版社,1999
[8] 贾志海.现代养羊生产.北京:中国农业大学出版社,1999
[9] 李建国.畜牧学概论.北京:中国农业出版社,2002
[10] 李瑞生,崔争争.科学养牛技术500问.合肥:安徽科技出版社,1999
[11] 李志农.中国养羊学.北京:农业出版社,1993
[12] 梁学武主编.现代奶牛生产.北京:中国农业出版社 2002
[13] 刘红林,吕艳丽.现代养猪大全.北京:中国农业出版社,2001
[14] 卢良恕主编.中国立体农业模式.郑州:河南科学出版社,1993
[15] 吕效吾.养羊学.第2版.北京:农业出版社,1992
[16] 莫放主编.养牛生产学.北京:中国农业出版社,2003
[17] 农业部.中华人民共和国农业行业标准无公害食品.北京:中国标准出版社,2001
[18] 邱怀主编.牛生产学.北京:农业出版,1995
[19] 邱祥聘,杨山.家禽学.第3版.成都:四川科学技术出版社,1994
[20] 孙国强,王世成主编.养牛手册.北京:中国农业出版社,1999
[21] 陶涛,李宝林.集约化猪场猪粪尿处理问题探讨.武汉城市建设学院学报,2000,4:63~66
[22] 汪开英,苗香雯,崔绍荣,R Geers.中国东南地区猪舍夏季降温效果的试验研究.农业机械学报,2002,3:80~83
[23] 王根林主编.养牛学.北京:中国农业出版社,2002
[24] 王杰,等.草地养羊学.成都:四川教育出版社,1993
[25] 王俊勋,王根林.现代规模养猪原理及其应用.南京:中国农业科技出版社,2000
[26] 王林云,高素兰,黄瑞华.养猪新技术手册.合肥:安徽科技出版社,1996
[27] 王庆民.家禽孵化与雏禽雌雄鉴别.北京:金盾出版社,1990
[28] 王维春,等.南江黄羊育种的成就与进展.南江县畜牧食品局,2001
[29] 王新谋主编.家畜粪便学.上海:上海交通大学出版社,1997
[30] 杨宁,单崇浩,朱元照.现代养鸡生产.北京:中国农业大学出版社,1994
[31] 杨宁.家禽生产学.北京:中国农业出版社,2002
[32] 杨山,李辉.现代养鸡.北京:中国农业出版社,2002
[33] 杨山.家禽生产学.北京:中国农业出版社,1995

[34] 昝林森主编.牛生产学.北京:中国农业出版社,2000
[35] 昝林森主编.牛生产学实验实习指导.西北农林科技大学自编教材,2000
[36] 张玉,孙宪如等主编.普通畜牧学.北京:农业出版社,1992
[37] 张开洲主编.畜牧学.北京:农业出版社,1992
[38] 张锁庚.畜牧业经济管理.南京:江苏科技出版社,1989
[39] 赵书广,熊远著,王津主编.中国养猪大成.北京:中国农业出版社,2001
[40] 赵有璋.羊生产学.北京:中国农业出版社,2000
[41] 赵有璋.羊生产学.第2版.北京:中国农业出版社,2002
[42] 中国羊品种志编写组.中国羊品种志.上海:上海科学技术出版社,1988
[43] AOAC. Official Methods of Analysis. 15 th Ed. Association of Official Analytical Chemists, Arlington, Virginia, 1990
[44] Australlan pork corporation, Handbook of Australian pork, 3rd Edition Australia, 1995
[45] Sauer W C, M Z Fan, R Mosenthin, W Drochner. Methods for measuring ileal amino acid digestibility in pigs. In: Farm Animal Metabolism and Nutrition. [Eds. J. P. F. D, Mello]. CAB International, 2000. 279～306

图书在版编目(CIP)数据

畜禽生产学实验教程/周贵,王立克,黄瑞华,臧素敏主编.—北京:中国农业大学出版社,2006.6(2017.1重印)

ISBN 978-7-81066-991-7

Ⅰ.畜… Ⅱ.①周…②王…③黄…④臧… Ⅲ.畜禽-饲养管理-高等学校-教材 Ⅳ.S815

中国版本图书馆CIP数据核字(2005)第159631号

书　　名　畜禽生产学实验教程

作　　者　周　贵　王立克　黄瑞华　臧素敏　主编

策划编辑　潘晓丽　　**责任编辑**　韩元凤

封面设计　郑　川　　**责任校对**　王晓凤　陈　莹

出版发行　中国农业大学出版社

社　　址　北京市海淀区圆明园西路2号　　**邮政编码**　100193

电　　话　发行部 010-62818525,8625　　读者服务部 010-62732336

编辑部 010-62732617,2618　　出　版　部 010-62733440

网　　址　http://www.cau.edu.cn/caup　　**E-mail**　caup@public.bta.net.cn

经　　销　新华书店

印　　刷　北京时代华都印刷有限公司

版　　次　2006年6月第1版　　2017年1月第3次印刷

规　　格　787×1 092　16开本　18印张　441千字

定　　价　32.00元

图书如有质量问题,本社发行部负责调换